高等学校自动化工程专业系列教材

现代控制理论及工程应用案例

主　编　刘沛津

副主编　贺　宁

西安电子科技大学出版社

内 容 简 介

本书详尽地论述了现代控制理论的主要理论与分析、设计方法，并对相关工程领域的案例进行了建模、分析与设计。本书包括绪论、状态空间分析法、控制系统状态方程求解、系统稳定性及其李雅普诺夫稳定性、系统的可控性和可观性、线性定常系统的综合、系统的最优控制及工程案例分析共8章内容。本书不仅在每一章的理论讲述之余介绍了相应的 MATLAB 分析方法，而且将分析和设计的理论与方法应用于典型的工程实际案例，对从系统建模到系统性能分析，再到控制系统的综合设计，进行了详细的论述，并给出了 MATLAB 仿真与分析结果。通过本书的系统学习，读者不仅能够掌握现代控制主要的理论与方法，而且能够培养并提高理论与实际工程应用结合的能力。

本书可作为工科类本科生以及机械工程专业、能源动力专业研究生的教材，也可作为工程技术人员的参考书。

图书在版编目(CIP)数据

现代控制理论及工程应用案例／刘沛津主编．—西安：
西安电子科技大学出版社，2021.12(2023.3 重印)
ISBN 978-7-5606-6231-2

Ⅰ.①现…　Ⅱ.①刘…　Ⅲ.①现代控制理论　Ⅳ.①O231

中国版本图书馆 CIP 数据核字(2021)第 191793 号

策　　划　戚文艳
责任编辑　阎　彬
出版发行　西安电子科技大学出版社(西安市太白南路 2 号)
电　　话　(029)88202421　88201467　　邮　　编　710071
网　　址　www.xduph.com　　电子邮箱　xdupfxb001@163.com
经　　销　新华书店
印刷单位　广东虎彩云印刷有限公司
版　　次　2021 年 12 月第 1 版　2023 年 3 月第 2 次印刷
开　　本　787 毫米×1092 毫米　1/16　印张　13.25
字　　数　310 千字
印　　数　1001～2000 册
定　　价　35.00 元
ISBN 978-7-5606-6231-2/O

XDUP 6533001-2

前　言

控制理论作为一门科学技术，已经广泛应用于社会生活的方方面面。现代控制理论一方面奠定在坚实的数学基础之上，需要从严格的、理论的角度学习；另一方面，控制理论的终极应用目标是实现对实际物理或工程系统的控制，需要在实际控制系统的实践中进行学习和总结。

现代控制理论是建立在状态空间法基础上，并利用现代数学方法和计算机来分析综合复杂控制系统的理论，适合应用于多输入、多输出、时变或非线性系统，其分析对象既可以是单变量、线性、定常、连续系统，也可以是多变量、非线性、时变、离散系统。现代控制理论是自动控制理论的一个重要组成部分。

本书以加强理论基础、突出解决控制工程问题的思维方法、培养学生分析问题和解决问题的能力为原则，从经典到现代，详细介绍了基于状态空间分析法的线性系统分析和综合方法，这些方法包括经典物理系统动态方程的建立方法，由系统输入输出微分方程及传递函数建立系统动态方程的方法，系统线性变换的方法及状态空间表达式的非唯一特性、离散时间系统状态空间表达式的建立方法，控制系统状态方程求解方法，李雅普诺夫稳定性理论及判别方法，连续系统及离散系统的可控性和可观性分析，线性系统的极点配置，状态观测器设计以及系统最优控制设计等现代控制理论的主要理论与方法。

本书叙述深入浅出，理论联系实际，每一章均给出了所论述经典理论的 MATLAB 分析与设计方法，并给出了仿真分析过程和结果。在第 8 章，针对工程领域实际物理系统，应用现代控制理论的主要理论与方法进行了建模、分析、设计及性能探讨，并给出了 MATLAB 仿真分析结果，具体包括打印机皮带驱动系统、光伏发电系统、直流电机驱动的精密机床位置控制系统、单级倒立摆系统和柴电动力系统等，以加深读者对理论和方法的理解，并掌握解决工程实际问题的思路和方法，为开展科学研究奠定基础。

由于编者能力有限，本书内容难免有不妥之处，希望读者，特别是使用本书的教师和同学积极提出批评和改进意见，以便今后修订。

编　者

2021 年 8 月

目　　录

第 1 章　绪　　论

1.1　自动控制发展历史简介

自动控制思想及其实践可以说历史悠久，它是人类在认识世界和改造世界的过程中产生的，并随着社会的发展和科学水平的进步而不断发展。早在公元前 300 年，古希腊就运用反馈控制原理设计了浮子调节器，并应用于水钟和油灯中。在如图 1-1 所示的水钟原理图中，最上面的蓄水池提供水源，中间的蓄水池浮动水塞保证恒定水位，以确保其流出的水滴速度均匀，从而保证最下面的水池中带有指针的浮子均匀上升，并指示出时间信息。同样，早在 1000 多年前，我国古代先人们也发明了铜壶滴漏计时器、指南车等控制装置。首次应用于工业的自控器是瓦特(J.Watt)于 1769 年发明的用来控制蒸汽机转速的飞球控制器，如图 1-2 所示。

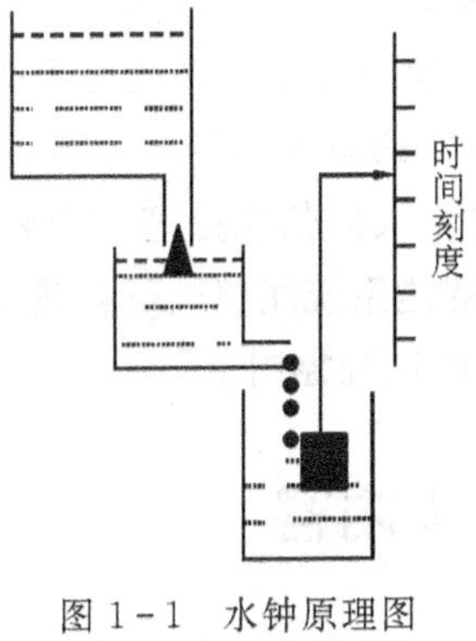

图 1-1　水钟原理图

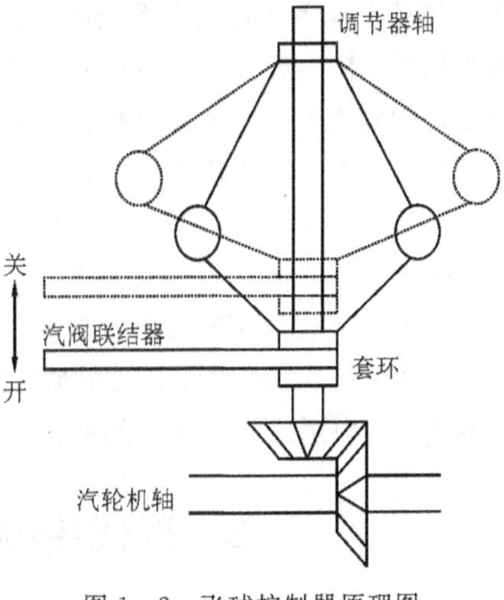

图 1-2　飞球控制器原理图

1868 年以前，自控装置和系统的设计还处于直觉阶段，没有系统的理论指导，因此在控制系统的各项性能(如稳、准、快)的协调控制方面经常出现问题。19 世纪后半叶，许多科学家开始致力于基于数学理论的自控理论的研究，这对控制系统的性能改善产生了积极的影响。1868 年，麦克斯韦(J.C.Maxwell)建立了飞球控制器的微分方程数学模型，并根据微分方程的解来分析系统的稳定性。1877 年，劳斯(E.J.Routh)提出了不需求解系统微分方程根的稳定性判据。1895 年，霍尔维茨(A.Hurwitz)也独立提出了类似的霍尔维茨稳定性判据。

第二次世界大战前后，自动武器的发展为控制理论的研究和实践提出了更大的需求，从而大大推动了自控理论的发展。1948 年，数学家维纳(N.Wiener)的《控制论》一书的出版，标志着控制论的正式诞生。这个“关于在动物和机器中的控制和通信的科学”（Wiener所下的经典定义）经过了半个多世纪的不断发展，其研究内容及其研究方法都有了很大的变化。

概括来说，控制论发展经过了三个阶段：经典控制、现代控制、大系统和智能控制理论。这是一个从理想简化模型、简单小规模、单个系统、低可靠性、局部性、低精度到客观存在的真实具体模型、复杂大规模、众多系统、高可靠性、全局性、高精度的发展过程。

第一阶段是 20 世纪 40 年代末到 20 世纪 50 年代的经典控制论时期，着重研究单机自动化，解决单输入单输出（Single Input Single Output，SISO）系统的控制问题；它的主要数学工具是微分方程、拉普拉斯变换和传递函数；主要研究方法是时域法、频域法和根轨迹法；主要问题是控制系统的快速性、稳定性及其准确性。

第二阶段是 20 世纪 60 年代的现代控制理论时期，着重解决机组自动化和生物系统的多输入多输出（Multi-Input Multi-Output，MIMO）系统的控制问题；主要数学工具是一次微分方程组、矩阵论、状态空间法等；主要方法是变分法、极大值原理、动态规划理论等；重点是最优控制、随机控制和自适应控制；核心控制装置是电子计算机。

第三阶段是 20 世纪 70 年代的大系统和智能控制理论时期，着重解决生物系统、社会系统这样一些具有众多变量的大系统的综合自动化问题；方法以时域法为主；重点是大系统多级递阶控制；核心装置是网络化的电子计算机。

从控制论的观点看，人是最巧妙、最灵活的控制系统。人善于根据条件的变化做出正确的处理。如何将人的智能应用于实际的自动控制系统中，是一个具有重要意义的问题。从 20 世纪 70 年代开始，人们不仅解决社会、经济、管理、生态环境等系统问题，而且模拟人脑功能，形成了新的学科——人工智能科学，这是控制论的发展前沿。计算机技术的发展为人工智能的发展提供了坚实的基础。人们通过计算机强大的信息处理能力来开发人工智能，并用它来模仿人脑。在没有人干预的情况下，人工智能系统能够进行自我调节、自我学习和自我组织，以适应外界环境的变化，并做出相应的决策和控制。

1.2　现代控制理论的基本内容

实际上，我们讲的现代控制理论指的是 20 世纪五六十年代所产生的一些控制理论，是以状态空间为基础，以线性代数和微分方程等为主要数学工具，分析与构建控制系统的一种控制理论。

现代控制理论用状态空间法对多输入多输出复杂系统建模，并进一步通过状态方程求解分析，研究系统的可控性、可观性及其稳定性，分析系统的实现问题；用变分法、最大（最小）值原理、动态规划原理等求解系统的最优控制问题（其中常见的最优控制包括时间最短、能耗最少等），以及它们的组合优化问题；相应的有状态调节器、输出调节器、跟踪器等综合设计问题。最优控制往往要求解系统的状态反馈控制，但在许多情况下系统的状态是很难求得的，往往需要一些专门的处理方法，如卡尔曼滤波技术。以上这些都是现代控制理论的范畴。20 世纪 60 年代以来，现代控制理论各方面有了很大的发展，而且形成了几个重要的分支，如线性系统理论、最优控制理论、自适应控制理论和系统辨识理论等。

对控制系统一定要进行定量分析，否则就没有控制论；而要进行定量分析，就必须用数学模型来描述系统，也即建立系统的数学模型，这是一个很重要的问题。

经典控制论中常用一个高阶微分方程来描述系统的运动规律，而现代控制论中采用的是状态空间法，就是用一组状态变量的一阶微分方程组作为系统的数学模型。这是现代控制理论与经典控制理论的一个重要区别。从某种意义上说，经典控制论中的微分方程只能描述系统的输入与输出的关系，却不能描述系统内部的结构及其状态变量，它描述的只是一个“黑箱”系统。而现代控制论中的状态空间法不但能描述系统输入与输出的关系，而且还能完全描述内部的结构及其状态变量的关系，它描述的是一个“白箱”系统。由于能够描述更多的系统信息，因此现代控制理论可以实现更好的系统控制。

1.3　控制论、信息论及系统论

控制论、信息论、系统论作为独立的学科，各自都有自己的发展方向，同时又有内在的联系。在研究信息和控制时，都离不开系统；研究系统或控制时，又离不开信息。一般系统论把其研究对象作为一个整体加以考虑，提出适合于一切系统的模式、原则和规律，强调系统大于个体，这有助于说明有组织的系统。而控制论的研究对象是系统，它对于进一步考察系统内部的组织、控制和调节的功能是不可缺少的。信息是组织系统的一个重要特征，它使系统得以实现自我调节，是系统之间、系统与环境之间联系的主要方式。系统、信息、控制不可分离。

我们知道，一般系统有三大要素：物质、能量和信息。对控制系统而言，信息是最重要的，信息与控制是不可分的，系统中任何信息的传递、交换和处理都是为了系统的控制，而控制正是控制论系统要达到的主要目的。所以，从某种意义上说，控制系统一定是一个信息系统。

实际上，控制论中的系统常常是一个很复杂的系统，施控系统和受控系统都由许多子系统组成，而且常常不能明显地区分。例如，一个企业可看作一个复杂的控制系统，厂长施控于各部门负责人，而各部门负责人又施控于其下属，直到每个工人施控于各机床设备，以及具体的车刀、主轴、马达、油泵等。

所以，控制论思想不但可以广泛应用于军事、航天航空、化工生产等装备和生产线的控制，也可对人文、社会等方面的管理控制带来积极的指导。

1.4　现代控制系统举例

随着社会的发展，汽车已成为现代社会的主要交通工具之一。反馈控制是现代工业和社会生活的一个基本要素。汽车驾驶控制系统就是一个典型的反馈控制系统，汽车的驾驶和制动用的动力装置，通过液压放大器将操纵力放大，以便驱动汽车车轮或者刹车。

汽车驾驶控制系统的工作原理如图 1-3 所示。

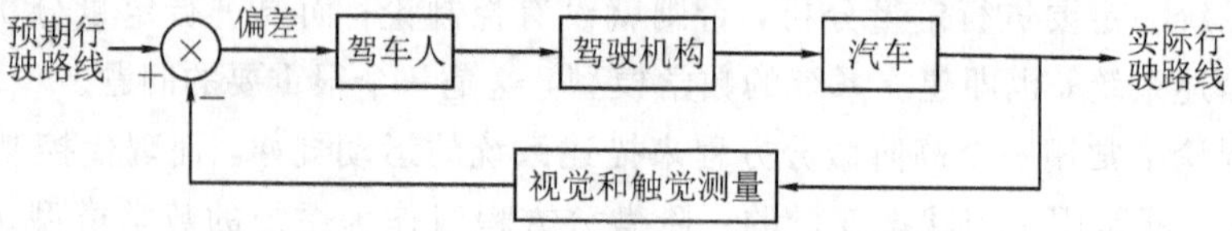

图 1-3　汽车驾驶控制系统的工作原理

将预期的行驶路线与实际测量的行车路线相比较，得到行驶偏差，通过驾驶员对驾驶机构的操纵，修正汽车行驶路线。

电力工业的自动控制技术应用与发展超前于机械系统，应用了控制工程最先进、最突出的成果。电力工业关心的问题是能量的储存、控制和传输。电力工业广泛采用计算机控制，有效提高了能源利用率。发电量达上千兆瓦的大型现代化发电厂，需要控制系统妥善处理生产过程中各个变量之间的关系，以提高发电量，通常需要协同控制上百个操作变量。如图 1-4 所示，大型火力发电厂简化模型给出了重要的控制变量。

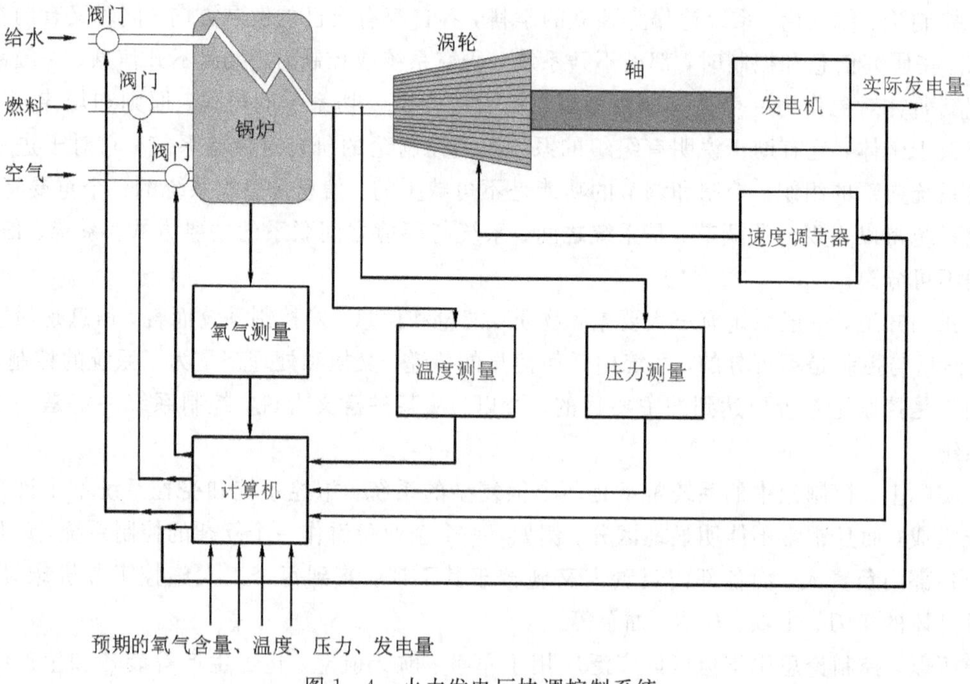

图 1-4　火力发电厂协调控制系统

这个例子说明同时测量多个变量，如压力、氧气、温度、发电量等的重要性，这些测量值为计算机实施控制提供了依据。图 1-5 给出了计算机控制系统框图，其中计算机起到了

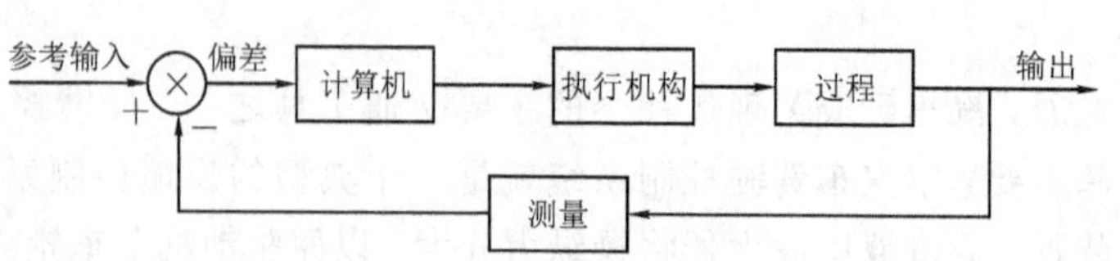

图 1-5　计算机控制系统框图

控制器的作用。

此外，风力发电、太阳能光伏发电等也是重要的现代控制系统的实例。图1-6所示为太阳能光伏发电微网系统。

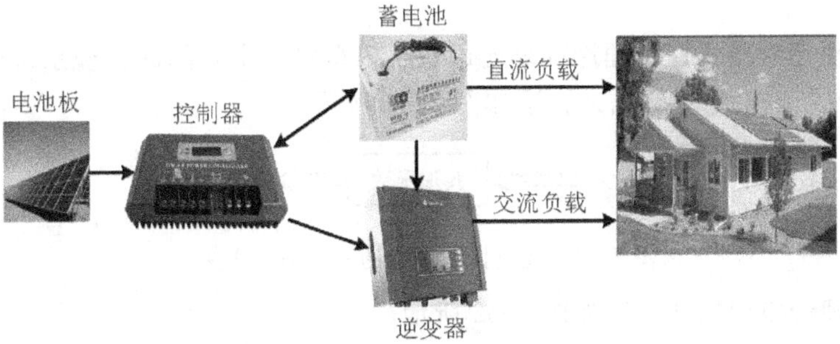

图1-6　太阳能光伏发电微网系统

太阳能光伏发电微网系统的工作过程是：在白天的光照条件下，太阳电池组件产生一定的电动势，通过组件的串并联形成太阳能电池方阵，当方阵电压达到系统输入电压的要求时，再通过充放电控制器对蓄电池进行充电，将由光能转换而来的电能储存起来。晚上，蓄电池组为逆变器提供输入电能，通过逆变器的作用，将直流电转换成交流电，进行供电。光伏发电微网系统适用于山区、牧区、沙漠、哨所、草原等缺电、少电的地区。

图1-7所示为风力发电系统。风力机把风能转化为动能，齿轮箱将风力机的低转速转化为发电机运行所需高转速，发电机把风力机输出的机械能转变为电能，发电机侧变流器将发电机发出的变频交流电转换为直流电，网侧变流器将直流电转变为三相正弦交流电，并能有效地补偿电网功率因数，变压器将电能变为高压交流电，通过输电线路将电能输送给工矿企业用户。

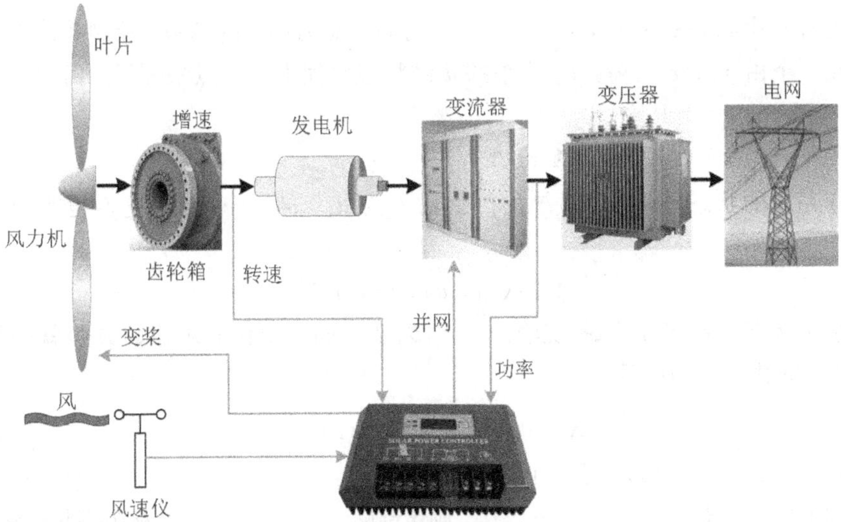

图1-7　风力发电系统

第2章　状态空间分析法

经典控制理论与现代控制理论都是通过数学模型对一个实际的物理系统的动态行为进行描述。经典控制理论的系统描述方法如图2-1所示。

图2-1　经典控制理论的系统描述方法

现代控制理论模型描述方法如图2-2所示。

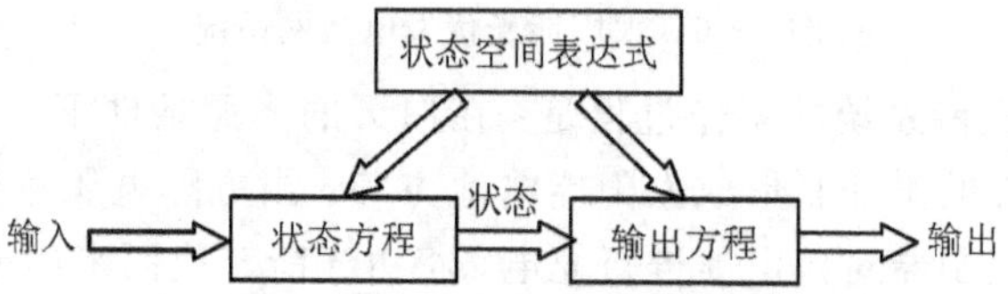

图2-2　现代控制理论模型描述方法

2.1　状态、状态变量、状态空间、状态方程和动态方程

系统的状态是指系统的过去、现在和将来的状况。如一个质点作直线运动，它的状态就是它每个时刻的位置和速度。任何一个系统在特定时刻都有一个特定的状态，每个状态都可以用最小的一组(一个或多个)独立的状态变量来描述。

设系统有 n 个状态变量 $x_1, x_2, \cdots, x_n$，它们都是时间 t 的函数，控制系统的每一个状态都可以在一个由 $x_1, x_2, \cdots, x_n$ 为轴的 n 维状态空间上的一点来表示，用向量形式表示就是：

$$\boldsymbol{X}=(x_1, x_2, \cdots, x_n)^{\mathrm{T}}$$

$\boldsymbol{X}$ 称作系统的状态向量。设系统的控制输入为 $u_1, u_2, \cdots, u_r$，它们也是时间 t 的函数，记

$$\boldsymbol{U}=(u_1, u_2, \cdots, u_r)^{\mathrm{T}}$$

那么表示系统状态变量 $\boldsymbol{X}(t)$ 随系统输入 $\boldsymbol{U}(t)$ 以及时间 t 变化的规律的方程就是控制系统的状态方程，如式(2-1)所示。

$$\dot{\boldsymbol{X}}(t)=\boldsymbol{F}(\boldsymbol{X}(t), \boldsymbol{U}(t), t) \tag{2-1}$$

其中，$\boldsymbol{F}=(f_1, f_2, \cdots, f_n)^{\mathrm{T}}$ 是一个函数矢量。

设系统的输出变量为 $y_1, y_2, \cdots, y_m$，则 $\boldsymbol{Y}=(y_1, y_2, \cdots, y_m)^{\mathrm{T}}$ 称为系统的输出向量。表示输出变量 $\boldsymbol{Y}(t)$ 与系统状态变量 $\boldsymbol{X}(t)$、系统输入 $\boldsymbol{U}(t)$ 以及时间 t 的关系的方程就称作系统的输出方程，如式(2-2)所示。

$$\boldsymbol{Y}(t)=\boldsymbol{G}(\boldsymbol{X}(t), \boldsymbol{U}(t), t) \tag{2-2}$$

其中，$G=(g_1, g_2, \cdots, g_m)$，$G$ 是一个函数矢量。

在现代控制理论中，用系统的状态方程和输出方程来描述系统的动态行为，状态方程和输出方程合起来称作系统的状态空间表达式或动态方程。

根据函数向量 F 和 G 的不同情况，一般控制系统可以分为四种：线性定常(时不变)系统、线性不定常(时变)系统、非线性定常系统和非线性时变系统。

在本课程中，我们主要考虑线性定常系统(LTIS，Linear Time-Invariant System)。这时，系统的动态方程可以表示如下：

$$\begin{cases} \dot{x}_1 = a_{11}x_1 + a_{12}x_2 + \cdots + a_{1n}x_n + b_{11}u_1 + b_{12}u_2 + \cdots + b_{1r}u_r \\ \dot{x}_2 = a_{21}x_1 + a_{22}x_2 + \cdots + a_{2n}x_n + b_{21}u_1 + b_{22}u_2 + \cdots + b_{2r}u_r \\ \qquad \vdots \\ \dot{x}_n = a_{n1}x_1 + a_{n2}x_2 + \cdots + a_{nn}x_n + b_{n1}u_1 + b_{n2}u_2 + \cdots + b_{nr}u_r \end{cases} \tag{2-3}$$

$$\begin{cases} y_1 = c_{11}x_1 + c_{12}x_2 + \cdots + c_{1n}x_n + d_{11}u_1 + d_{12}u_2 + \cdots + d_{1r}u_r \\ y_2 = c_{21}x_1 + c_{22}x_2 + \cdots + c_{2n}x_n + d_{21}u_1 + d_{22}u_2 + \cdots + d_{2r}u_r \\ \qquad \vdots \\ y_m = c_{m1}x_1 + c_{m2}x_2 + \cdots + c_{mn}x_n + d_{m1}u_1 + d_{m2}u_2 + \cdots + d_{mr}u_r \end{cases} \tag{2-4}$$

写成矢量形式为

$$\begin{cases} \dot{\boldsymbol{X}} = \boldsymbol{AX} + \boldsymbol{BU} \\ \boldsymbol{Y} = \boldsymbol{CX} + \boldsymbol{DU} \end{cases} \tag{2-5}$$

$$\boldsymbol{A} = \begin{bmatrix} a_{11} & a_{12} & \cdots & a_{1n} \\ a_{21} & a_{22} & \cdots & a_{2n} \\ \vdots & \vdots & & \vdots \\ a_{n1} & a_{n2} & \cdots & a_{nn} \end{bmatrix}, \quad \boldsymbol{B} = \begin{bmatrix} b_{11} & b_{12} & \cdots & b_{1r} \\ b_{21} & b_{22} & \cdots & b_{2r} \\ \vdots & \vdots & & \vdots \\ b_{n1} & b_{n2} & \cdots & b_{nr} \end{bmatrix}$$

$$\boldsymbol{C} = \begin{bmatrix} c_{11} & c_{12} & \cdots & c_{1n} \\ c_{21} & c_{22} & \cdots & c_{2n} \\ \vdots & \vdots & & \vdots \\ c_{m1} & c_{m2} & \cdots & c_{mn} \end{bmatrix}, \quad \boldsymbol{D} = \begin{bmatrix} d_{11} & d_{12} & \cdots & d_{1r} \\ d_{21} & d_{22} & \cdots & d_{2r} \\ \vdots & \vdots & & \vdots \\ d_{m1} & d_{m2} & \cdots & d_{mr} \end{bmatrix}$$

式中，$\boldsymbol{A}_{n\times n}$ 称为系统矩阵，$\boldsymbol{B}_{n\times r}$ 称为输入(或控制)矩阵。$\boldsymbol{A}$ 由系统内部结构及其参数决定，体现了系统内部的特性，而 $\boldsymbol{B}$ 则主要体现了系统输入的施加情况。$\boldsymbol{C}_{m\times n}$ 称为输出矩阵，它表达了输出变量与状态变量之间的关系，$\boldsymbol{D}_{m\times r}$ 称为直接转移矩阵，表示控制向量 $\boldsymbol{U}$ 直接转移到输出变量 $\boldsymbol{Y}$ 的转移关系，也可称为前馈矩阵。一般控制系统中，通常情况 $\boldsymbol{D}=\boldsymbol{0}$。

将式(2-5)表示的系统动态方程用方块图表示，如图 2-3 所示。系统由两个前向通道和一个状态反馈回路组成，其中 $\boldsymbol{D}$ 通道表示控制输入 $\boldsymbol{U}$ 到系统输出 $\boldsymbol{Y}$ 的直接转移。

通过图 2-3 可见，状态空间分析法具有下列优越之处：数学描述简化，便于在数字计算机上求解，容易考虑初始条件，能了解并利用处于系统内部的状态信息，适于描述多输入多输出、时变、非线性、随机和离散等各类系统，是最优控制、最优估计、辨识和自适应控制等现代控制系统的基本描述方法，应用于各领域，例如图 2－4(a)～(d)，从生活领域到航空航天及国防领域的主要装备控制系统。

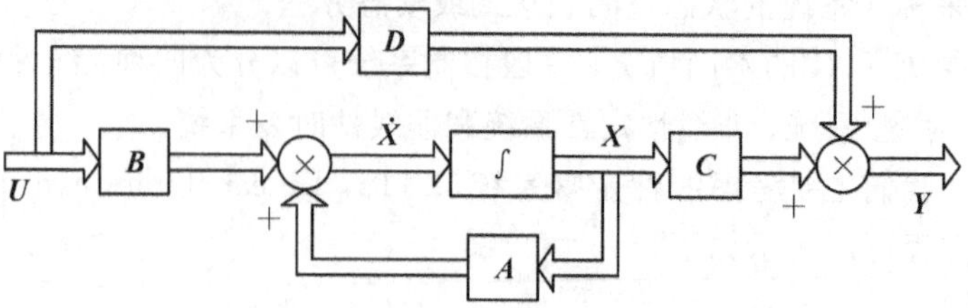

图 2－3　系统动态方程的方块图结构

(a) 无人驾驶汽车控制系统　(b) 航天器控制系统

(c) 导弹控制系统　(d) 机器人控制系统

图 2－4　控制系统应用图例

2.2　建立实际物理系统的动态方程

一般控制系统可分为电气、机械、机电、液压、热力等。要研究它们，一般先要建立其运动的数学模型(动态数学模型)(微分方程(组)、传递函数、动态方程等)。根据具体系统结构及其研究目的，选择一定的物理量作为系统的状态变量和输出变量，并利用各种物理定律，如牛顿定律、基尔霍夫电压电流定律、能量守恒定律、热力学、流体动力学等，即可建立系统的动态方程模型。

例 2－1　设机械位移系统如图 2－5 所示。力 $\dot{F}$ 及阻尼器汽缸速度 v 为两种外作用，给定输出量为质量块的位移 x 及其速度 $\dot{x}$、加速度 $\ddot{x}$。图中 m、k、μ 分别为质量、弹簧刚度、阻尼系数。试求该双输入三输出系统的动态方程。

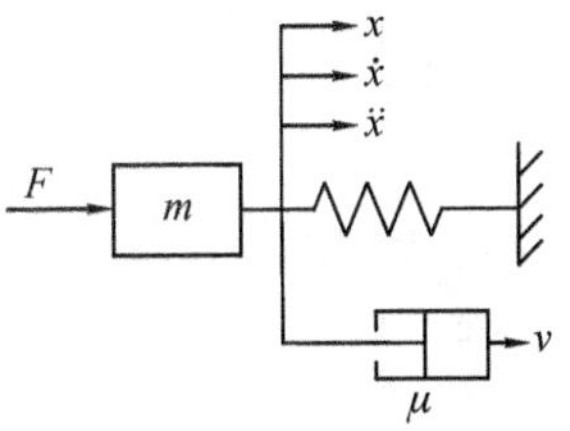

图 2-5　双输入三输出机械位移系统

解　根据牛顿力学，有

$$m\ddot{x}+\mu(\dot{x}-\nu)+kx=F \tag{2-6}$$

显见，该系统为二阶系统，若已知质量块的初始位移及初始速度，该微分方程在输入作用下的解便能唯一确定，故选 x 和 $\dot{x}$ 作为状态变量。设 $x_1=x$，$x_2=\dot{x}$，三个输出量为 $y_1=x$，$y_2=\dot{x}$，$y_3=\ddot{x}$，可由微分方程导出下列动态方程：

$$\begin{cases}\dot{x}_1=x_2\\ \dot{x}_2=\ddot{x}=\dfrac{1}{m}[-\mu(x_2-\nu)-kx_1+F]\end{cases}$$

$$\begin{cases}y_1=x_1\\ y_2=x_2\\ y_3=\dfrac{1}{m}[-\mu(x_2-\nu)-kx_1+F]\end{cases}$$

其向量矩阵形式为

$$\begin{cases}\dot{\boldsymbol{X}}=\boldsymbol{AX}+\boldsymbol{BU}\\ \boldsymbol{Y}=\boldsymbol{CX}+\boldsymbol{DU}\end{cases}$$

式中

$$\dot{\boldsymbol{X}}=\begin{bmatrix}x_1\\x_2\end{bmatrix}\quad \boldsymbol{U}=\begin{bmatrix}F\\\nu\end{bmatrix}\quad \boldsymbol{A}=\begin{bmatrix}0 & 1\\ -\dfrac{k}{m} & -\dfrac{\mu}{m}\end{bmatrix}\quad \boldsymbol{B}=\begin{bmatrix}0 & 0\\ \dfrac{1}{m} & \dfrac{\mu}{m}\end{bmatrix}$$

$$\boldsymbol{Y}=\begin{bmatrix}y_1\\y_2\\y_3\end{bmatrix},\quad \boldsymbol{C}=\begin{bmatrix}1 & 0\\ 0 & 1\\ -\dfrac{k}{m} & -\dfrac{\mu}{m}\end{bmatrix},\quad \boldsymbol{D}=\begin{bmatrix}0 & 0\\ 0 & 0\\ \dfrac{k}{m} & \dfrac{\mu}{m}\end{bmatrix}$$

例 2-2　电路如图 2-6 所示。以 e_i 作为系统的控制输入 $u(t)$，e_o 作为系统输出 $y(t)$。建立系统的动态方程。

解　该 RLC 电路有两个独立的储能元件 L 和 C，我们可以取电容 C 两端电压和流过电感 L 的电流作为系统的两个状态变量，分别记作 x_1 和 x_2。根据基尔霍夫电压定律和 R、L、C 元件的电压电流关系，可得到下列方程：

$$\begin{cases} L\dfrac{\mathrm{d}x_2}{\mathrm{d}t}+Rx_2+x_1=u(t) \\ x_1=\dfrac{1}{C}\displaystyle\int x_2\mathrm{d}t \\ y=e_o=x_1 \end{cases}$$

整理得

$$\begin{cases} \dot{x}_1=\dfrac{1}{C}x_2 \\ \dot{x}_2=-\dfrac{1}{L}x_1-\dfrac{R}{L}x_2+\dfrac{1}{L}u(t) \\ y=e_o=x_1 \end{cases}$$

写成矢量形式为

$$\begin{cases} \dot{\boldsymbol{X}}=\begin{bmatrix} 0 & \dfrac{1}{C} \\ -\dfrac{1}{L} & -\dfrac{R}{L} \end{bmatrix}\boldsymbol{X}+\begin{bmatrix} 0 \\ \dfrac{1}{L} \end{bmatrix}\boldsymbol{U}(t) \\ \boldsymbol{Y}=[1 \quad 0]\boldsymbol{X} \end{cases} \tag{2-7}$$

这就是如图 2-6 所示 RLC 电网络的动态方程。

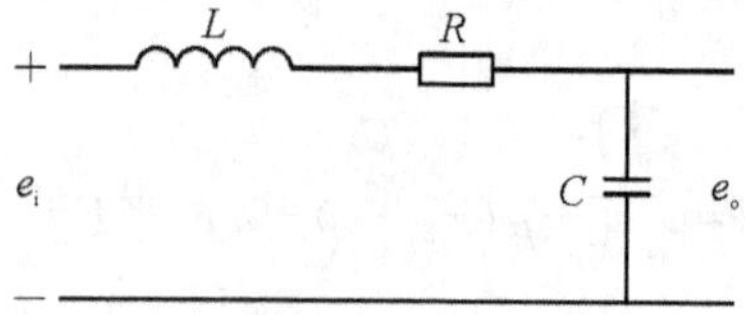

图 2-6 RLC 电路

例 2-3 电枢控制式直流电机控制系统如图 2-7 所示。其中 R、L 和 $i(t)$ 分别为电枢回路的内阻、内感和电流，$u(t)$ 为电枢回路的控制电压，K_m 为电动机的力矩系数，K_b 为电动机的反电动势系数。建立系统的动态方程。

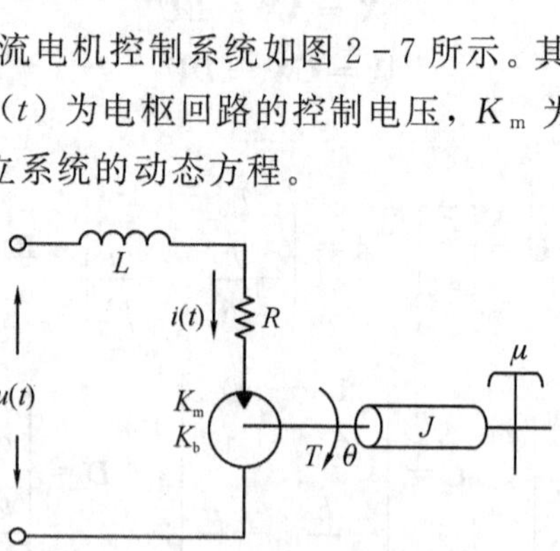

图 2-7 电枢控制式电机控制系统

解 根据电机原理，电机转动时，将产生反电势 e_b，其大小为 $e_b=K_b\omega$。

在磁场强度不变的情况下，电动机产生的力矩 T_m 与电枢回路的电流成正比，即：

$$T_m=K_m i(t)$$

根据基尔霍夫电压定律，电枢回路有下列关系：

$$L\frac{\mathrm{d}i}{\mathrm{d}t}+Ri+e_b=u(t)$$

对电机转轴，根据牛顿定律，有

$$T_L=J\ddot{\theta}+\mu\dot{\theta}$$

取电枢回路电流 $i(t)$、电机轴转角 θ 及其角速度 ω 为系统的三个状态变量 x_1，x_2，x_3，取电机轴转角 θ 为系统输出，电枢控制电压 $u(t)$ 为系统输入，忽略扰动扭矩，则

$$T_m=T_L$$

有

$$\begin{cases}\dot{x}_1=-\dfrac{R}{L}x_1-\dfrac{K_b}{L}x_3+\dfrac{1}{L}u(t)\\ \dot{x}_2=x_3\\ \dot{x}_3=\dfrac{K_m}{J}x_1-\dfrac{\mu}{J}x_3\end{cases}$$

$$y=x_2$$

写成矢量形式为

$$\begin{cases}\dot{\boldsymbol{X}}=\begin{bmatrix}-\dfrac{R}{L} & 0 & -\dfrac{K_b}{L}\\ 0 & 0 & 1\\ \dfrac{K_m}{J} & 0 & -\dfrac{\mu}{J}\end{bmatrix}\boldsymbol{X}+\begin{bmatrix}\dfrac{1}{L}\\ 0\\ 0\end{bmatrix}\boldsymbol{U}\\ \boldsymbol{Y}=[0\quad 1\quad 0]\boldsymbol{X}\end{cases}\tag{2-8}$$

例 2-4　多输入多输出(MIMO)机械系统如图 2-8 所示，质量 m_1，m_2 各受到 $\boldsymbol{f}_1$，$\boldsymbol{f}_2$ 的作用，其相对静平衡位置的位移分别为 $\boldsymbol{X}_1$，$\boldsymbol{X}_2$。建立系统的动态方程。

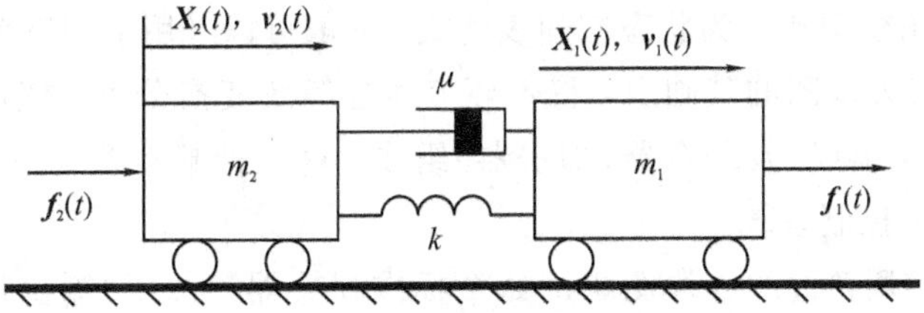

图 2-8　多输入多输出(MIMO)机械系统

解　根据牛顿定律，分别对 m_1，m_2 进行受力分析，有：

$$\begin{cases}m_1\ddot{\boldsymbol{X}}_1=\boldsymbol{f}_1(t)+\mu(\boldsymbol{v}_2-\boldsymbol{v}_1)+k(\boldsymbol{X}_2-\boldsymbol{X}_1)\\ m_2\ddot{\boldsymbol{X}}_2=\boldsymbol{f}_2(t)-\mu(\boldsymbol{v}_2-\boldsymbol{v}_1)-k(\boldsymbol{X}_2-\boldsymbol{X}_1)\end{cases}$$

取 $\boldsymbol{X}_1$、$\boldsymbol{X}_2$、$\boldsymbol{v}_1$、$\boldsymbol{v}_2$ 为系统四个状态变量 x_1，x_2，x_3，x_4；$f_1(t)$，$f_2(t)$ 为系统两个控制输入 $u_1(t)$、$u_2(t)$，则有状态方程：

$$\begin{cases}\dot{x}_1=x_3\\ \dot{x}_2=x_4\\ \dot{x}_3=-\dfrac{k}{m_1}x_1+\dfrac{k}{m_1}x_2-\dfrac{\mu}{m_1}x_3+\dfrac{\mu}{m_1}x_4+\dfrac{1}{m_1}u_1(t)\\ \dot{x}_4=\dfrac{k}{m_2}x_1-\dfrac{k}{m_2}x_2+\dfrac{\mu}{m_2}x_3-\dfrac{\mu}{m_2}x_4+\dfrac{1}{m_2}u_2(t)\end{cases}$$

如果取 x_1、x_2 为系统的两个输出，即：

$$\begin{cases}y_1=x_1\\ y_2=x_2\end{cases}$$

写成矢量形式，得系统的动态方程为

$$\begin{cases}\dot{\boldsymbol{X}}=\begin{bmatrix}0&0&1&0\\0&0&0&1\\-\dfrac{k}{m_1}&\dfrac{k}{m_1}&-\dfrac{\mu}{m_1}&\dfrac{\mu}{m_1}\\ \dfrac{k}{m_2}&-\dfrac{k}{m_2}&\dfrac{\mu}{m_2}&-\dfrac{\mu}{m_2}\end{bmatrix}\boldsymbol{X}+\begin{bmatrix}0&0\\0&0\\ \dfrac{1}{m_1}&0\\0&\dfrac{1}{m_2}\end{bmatrix}\boldsymbol{U}\\ \boldsymbol{Y}=\begin{bmatrix}1&0&0&0\\0&1&0&0\end{bmatrix}\boldsymbol{X}\end{cases}\tag{2-9}$$

2.3　由控制系统的方块图求系统动态方程

系统方块图是经典控制中常用的一种用来表示控制系统中各环节、各信号相互关系的图形化的模型，具有形象、直观的优点，常为人们采用。

要将系统方块图模型转化为状态空间表达式，一般可以采用下列三个步骤：

第一步：在系统方块图的基础上，将各环节通过等效变换分解，使得整个系统只有标准积分器($1/s$)、比例器(k)及综合器(加法器)组成，这三种基本器件通过串联、并联和反馈三种形式组成整个控制系统。

第二步：将上述调整过的方块图中的每个标准积分器($1/s$)的输出作为一个独立的状态变量 x_i，积分器的输入端就是状态变量的一阶导数 $\mathrm{d}x_i/\mathrm{d}t$。

第三步：根据调整过的方块图中各信号的关系，可以写出每个状态变量的一阶微分方程，从而写出系统的状态方程。根据需要指定输出变量，即可以从方块图写出系统的输出方程。

例 2-5　某控制系统的方块图如图 2-9(a)所示，试求出其动态方程。

解　该系统主要由一个一阶惯性环节和一个积分器组成。对于一阶惯性环节，我们可以通过等效变换，转化为一个前向通道为一标准积分器的反馈系统。

图 2-9(a)所示方块图经等效变换后如图 2-9(b)所示。我们取每个积分器的输出端信号为状态变量 x_1 和 x_2，积分器的输入端即 $\dot{x}_1$ 和 $\dot{x}_2$，从图可得系统状态方程：

$$\begin{cases}\dot{x}_1=\dfrac{k_2}{T_2}x_2\\ \dot{x}_2=-\dfrac{1}{T_1}x_2+\dfrac{k_1}{T_1}(u-k_3x_1)=-\dfrac{k_1k_3}{T_1}x_1-\dfrac{1}{T_1}x_2+\dfrac{k_1}{T_1}u\end{cases}$$

取 y 为系统输出，输出方程为

$$y=x_1$$

写成矢量形式，得到系统动态方程为

$$\begin{cases}\dot{\boldsymbol{X}}=\begin{bmatrix}0 & \dfrac{k_2}{T_2}\\ -\dfrac{k_1k_3}{T_1} & -\dfrac{1}{T_1}\end{bmatrix}\boldsymbol{X}+\begin{bmatrix}0\\ \dfrac{k_1}{T_1}\end{bmatrix}\boldsymbol{U}\\ \boldsymbol{Y}=[1\quad 0]\boldsymbol{X}\end{cases}\tag{2-10}$$

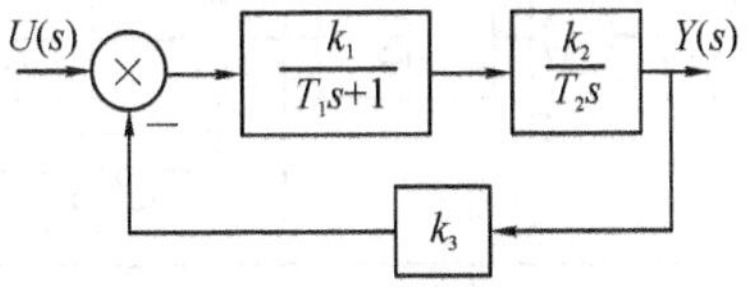

(a) 系统方块图

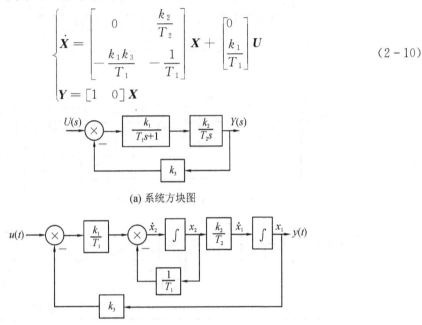

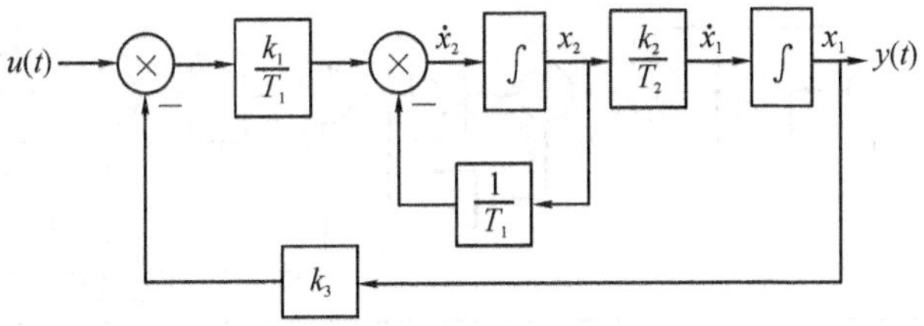

(b) 等效变换后系统方块图

图 2-9　控制系统的方框图

例 2-6　求如图 2-10(a)所示系统的动态方程。

解　图 2-10(a)中第一个环节 $\dfrac{s+1}{s+2}$ 可以分解为 $1-\dfrac{1}{s+2}$，即分解为两个通道，如图 2-10(b)左侧点画线所框部分。第三个环节为一个二阶振荡环节，它可以等效变换为如图 2-10(b)右侧双点画线所框部分。

进一步，我们可以得到图 2-10(c)所示的由标准积分器组成的等效方块图。

依次取各个积分器的输出端信号为系统状态变量 x_1、x_2、x_3、x_4，由图 2-10(c)可得系统状态方程：

$$\begin{cases}\dot{x}_1=-8x_1+x_2\\ \dot{x}_2=-64x_1+x_3\\ \dot{x}_3=-3x_3-x_4-x_1+u=-x_1-3x_3-x_4+u\\ \dot{x}_4=-2x_4-x_1+u=-x_1-2x_4+u\end{cases}$$

由图可知，系统输出为 $y=x_1$。

写成矢量形式，得到系统动态方程：

$$\begin{cases}\dot{\boldsymbol{X}}=\begin{bmatrix}-8 & 1 & 0 & 0\\ -64 & 0 & 1 & 0\\ -1 & 0 & -3 & -1\\ -1 & 0 & 0 & -2\end{bmatrix}\boldsymbol{X}+\begin{bmatrix}0\\0\\1\\1\end{bmatrix}\boldsymbol{u}\\ \boldsymbol{y}=\begin{bmatrix}1 & 0 & 0 & 0\end{bmatrix}\boldsymbol{X}\end{cases} \tag{2-11}$$

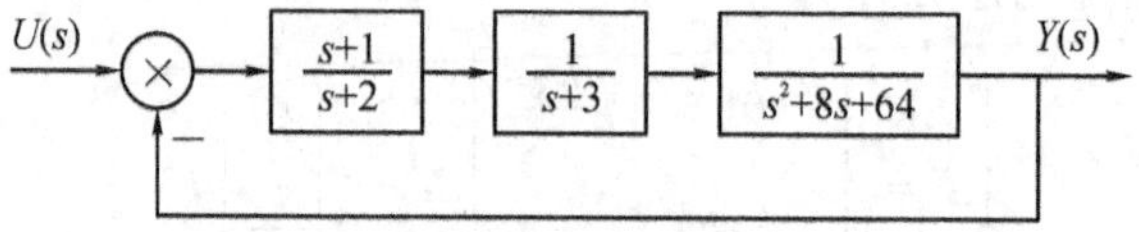

(a) 系统方块图

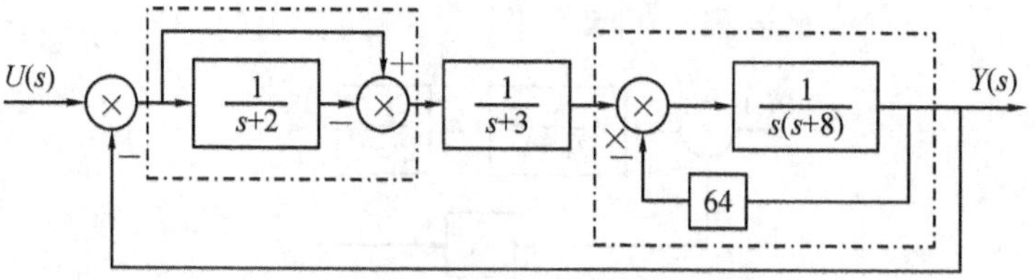

(b) 第一次等效变换

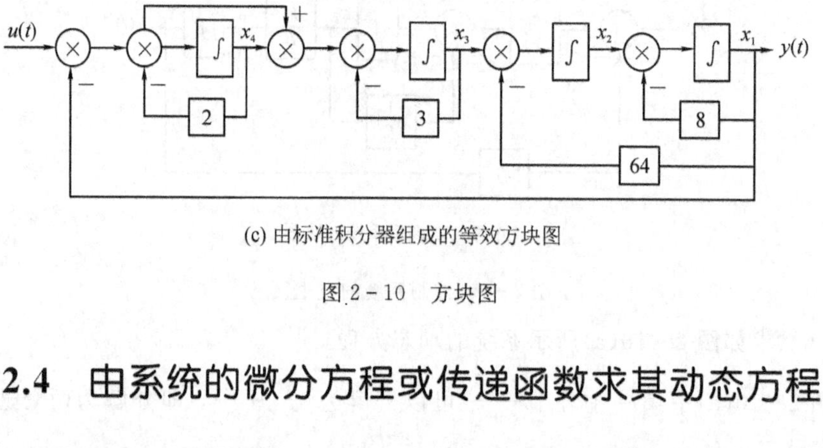

(c) 由标准积分器组成的等效方块图

图 2-10　方块图

2.4　由系统的微分方程或传递函数求其动态方程

从经典控制理论中知道，任何一个线性系统都可以用下列线性微分方程表示：

$$y^{(n)}+a_{n-1}y^{(n-1)}+\cdots+a_1y^{(1)}+a_0y=b_mu^{(m)}+b_{m-1}u^{(m-1)}+\cdots+b_1u^{(1)}+b_0u \tag{2-12}$$

其传递函数就是输出信号 $y(t)$ 的拉普拉斯变换 $Y(s)$ 与输入信号 $u(t)$ 的拉普拉斯变换 $U(s)$ 之比，其形式为如下 s 的有理分式：

$$G(s)=\frac{Y(s)}{U(s)}=\frac{b_ms^m+b_{m-1}s^{m-1}+\cdots+b_1s+b_0}{s^n+a_{n-1}s^{n-1}+\cdots+a_1s+a_0} \tag{2-13}$$

式(2-12)与式(2-13)表示同一系统，只不过前者在时间域上表示，后者在复域 s 上表示。式(2-13)中，$m<n$ 时称系统为严格正常型；$m=n$ 时为正常型；$m>n$ 时为非正常型，这是不能实现的系统，所以我们一般假定 $m\leqslant n$。

由系统的传递函数求其状态方程的过程称为系统的实现问题，因为传递函数只是表达了系统输出与输入的关系，却没有表明系统内部的结构，而状态空间表达式却可以完整地表明系统内部的结构，有了系统的状态空间表达式，就可以唯一地模拟实现该系统。系统的实现是非唯一的。

系统的实现一般有直接法、串联法和并联法三种。

2.4.1　系统实现的直接法

不失一般性，假设 $m=n$，则式(2-13)可以写成

$$G(s)=\frac{Y(s)}{U(s)}=b_n+\frac{b'_{n-1}s^{n-1}+b'_{n-2}s^{n-2}+\cdots+b'_1 s+b'_0}{s^n+a_{n-1}s^{n-1}+\cdots+a_1 s+a_0} \tag{2-14}$$

其中，$b'_i=b_i-b_n a_i \quad (i=0, 1,\cdots,n-1)$。

令

$$\frac{Z(s)}{U(s)}=\frac{b'_{n-1}s^{n-1}+b'_{n-2}s^{n-2}+\cdots+b'_1 s+b'_0}{s^n+a_{n-1}s^{n-1}+\cdots+a_1 s+a_0} \tag{2-15}$$

代入式(2-14)则得

$$Y(s)=Z(s)+b_n U(s) \tag{2-16}$$

式(2-15)代表的子系统是一个严格正常型系统，其实现可如下进行：

引入新变量 $Y_1(s)$，并且令

$$\frac{Y_1(s)}{U(s)}=\frac{1}{s^n+a_{n-1}s^{n-1}+\cdots+a_1 s+a_0} \tag{2-17}$$

则由式(2-15)得

$$\frac{Z(s)}{Y_1(s)}=b'_{n-1}s^{n-1}+b'_{n-2}s^{n-2}+\cdots+b'_1 s+b'_0 \tag{2-18}$$

将式(2-17)和式(2-18)分别作拉普拉斯反变换，得

$$y_1^{(n)}+a_{n-1}y_1^{(n-1)}+\cdots+a_1 y_1^{(1)}+a_0 y_1=u \tag{2-19}$$

选择状态变量：

$$\begin{cases} x_1=y_1 \\ x_2=y_1^{(1)}=\dot{x}_1 \\ x_3=y_1^{(2)}=\dot{x}_2 \\ \quad\vdots \\ x_n=y_1^{(n-1)}=\dot{x}_{n-1} \end{cases} \tag{2-20}$$

$$z(t)=b'_{n-1}y_1^{(n-1)}+b'_{n-2}y_1^{(n-2)}+\cdots+b'_1 y_1^{(1)}+b'_0 y_1$$

即

$$\begin{cases} \dot{x}_1=x_2 \\ \dot{x}_2=x_3 \\ \quad\vdots \\ \dot{x}_{n-1}=x_n \\ \dot{x}_n=y_1^{(n)} \end{cases} \tag{2-21}$$

关于 $\dot{x}_n$，由式(2-19)可得

$$\begin{aligned}\dot{x}_n &= y_1^{(n)} = -a_0 y_1 - a_1 y_1^{(1)} - \cdots - a_{n-1} y_1^{(n-1)} + u \\ &= -a_0 x_1 - a_1 x_2 - \cdots - a_{n-1} x_n + u\end{aligned}$$

所以得系统状态方程为

$$\begin{cases}\dot{x}_1 = x_2 \\ \dot{x}_2 = x_3 \\ \vdots \\ \dot{x}_{n-1} = x_n \\ \dot{x}_n = -a_0 x_1 - a_1 x_2 - \cdots - a_{n-1} x_n + u\end{cases} \tag{2-22}$$

至于系统的输出 y，由式(2-16)作拉普拉斯反变换，并将式(2-20)代入，可得

$$y = z(t) + b_n u(t) = b'_0 x_1 + b'_1 x_2 + \cdots + b'_{n-1} x_n + b_n u \tag{2-23}$$

将式(2-22)和式(2-23)写成矢量形式，得式(2-13)的系统动态方程：

$$\begin{cases}\dot{\boldsymbol{X}} = \begin{bmatrix} 0 & 1 & 0 & \cdots & 0 \\ 0 & 0 & 1 & \cdots & 0 \\ \vdots & \vdots & \vdots & & \vdots \\ 0 & 0 & 0 & \cdots & 1 \\ -a_0 & -a_1 & -a_2 & \cdots & -a_{n-1} \end{bmatrix} \boldsymbol{X} + \begin{bmatrix} 0 \\ 0 \\ \vdots \\ 0 \\ 1 \end{bmatrix} \boldsymbol{u} \\ \boldsymbol{y} = [b'_0 \quad b'_1 \quad \cdots \quad b'_{n-1}] \boldsymbol{X} + b_n \boldsymbol{u}\end{cases} \tag{2-24}$$

式(2-24)所代表的系统实现的结构图如图 2-11 所示。当矩阵 $\boldsymbol{A}$ 具有如上所示的形式时，称为友矩阵。友矩阵的特点是主对角线上方的元素都为 1。这种系统的实现称作可控型(I 型)实现，关于可控型我们将在后续章节介绍。

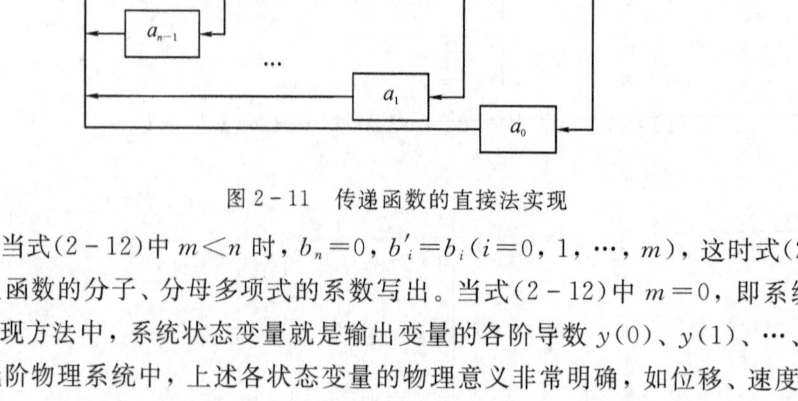

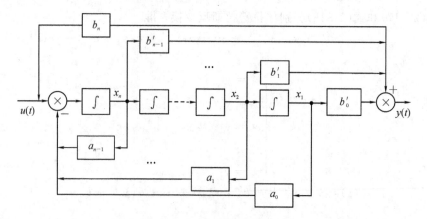

图 2-11 传递函数的直接法实现

注意：当式(2-12)中 $m<n$ 时，$b_n=0$，$b'_i=b_i(i=0, 1, \cdots, m)$，这时式(2-24)直接可以由传递函数的分子、分母多项式的系数写出。当式(2-12)中 $m=0$，即系统没有零点时，上述实现方法中，系统状态变量就是输出变量的各阶导数 $y(0)$、$y(1)$、…、$y(n-1)$。在通常的低阶物理系统中，上述各状态变量的物理意义非常明确，如位移、速度、加速度。

例 2-7　利用直接法实现下列传递函数。

$$G(s)=\frac{2s+6}{s^3+4s^2+5s+2}$$

解

$$a_0=2,\ a_1=5,\ a_2=4$$

$$b_0=6,\ b_1=2,\ b_2=b_3=0$$

由式(2-24)可得系统的直接法实现为

$$\begin{cases}\dot{\boldsymbol{X}}=\begin{bmatrix}0 & 1 & 0\\ 0 & 0 & 1\\ -2 & -5 & -4\end{bmatrix}\boldsymbol{X}+\begin{bmatrix}0\\0\\1\end{bmatrix}\boldsymbol{u}\\ \boldsymbol{y}=[6\quad 2\quad 0]\boldsymbol{X}\end{cases}$$

2.4.2　传递函数的串联实现

式(2-13)所示传递函数为两多项式相除形式，分子多项式(Numerator)为

$$\text{Num}=b_m s^m+b_{m-1}s^{m-1}+\cdots+b_1 s+b_0$$

分母多项式(Denominator)为

$$\text{Den}=s^n+a_{n-1}s^{n-1}+\cdots+a_1 s+a_0$$

如果 z_1，z_2，…，z_m 为$G(s)$的 m 个零点，p_1，p_2，…，p_n 为$G(s)$的 n 个极点，那么$G(s)$可以表示为

$$\begin{aligned}G(s)&=\frac{b_m(s-z_1)(s-z_2)\cdots(s-z_m)}{(s-p_1)(s-p_2)\cdots(s-p_n)}\\&=\frac{s-z_1}{s-p_1}\,\frac{s-z_2}{s-p_2}\cdots\frac{s-z_m}{s-p_m}\,\frac{b_m}{s-p_{m+1}}\cdots\frac{1}{s-p_n}\end{aligned}\tag{2-25}$$

所以系统的实现可以由$\dfrac{s-z_1}{s-p_1}$，$\dfrac{s-z_2}{s-p_2}$，…，$\dfrac{1}{s-p_n}$共n 个环节串联而成，如图 2-12(a)所示。对第一个环节，由于：

$$\frac{s-z_1}{s-p_1}=1+\frac{p_1-z_1}{s-p_1}=1+(p_1-z_1)\frac{1}{s-p_1}$$

其结构图如图 2-12(b)中虚框表示。其他环节可类似地等效变换，得图 2-12(b)所示的只有标准积分器和比例器、综合器组成的等效方块图。根据 2.3 节所述方法，我们令各个积分器的输出为系统状态变量，则得系统状态方程为

$$\begin{cases}\dot{x}_1=p_1x_1+u\\ \dot{x}_2=(p_1-z_1)x_1+p_2x_2+u\\ \quad\vdots\\ \dot{x}_n=(p_1-z_1)x_1+(p_2-z_2)x_2+\cdots+(p_{n-1}-z_{n-1})x_{n-1}+p_nx_n+u\end{cases}$$

$$y=b_mx_n=b_{n-1}x_n(m=n-1)$$

写成矢量形式为

$$
\begin{cases}
\dot{\boldsymbol{X}}=\begin{bmatrix} p_1 & 0 & 0 & \cdots & 0 \\ p_1-z_1 & p_2 & 0 & \cdots & 0 \\ p_1-z_1 & p_2-z_2 & p_3 & \cdots & 0 \\ \vdots & \vdots & \vdots & & \vdots \\ p_1-z_1 & p_2-z_2 & p_3-z_3 & \cdots & p_n \end{bmatrix}\boldsymbol{X}+\begin{bmatrix} 1 \\ 1 \\ 1 \\ \vdots \\ 1 \end{bmatrix}\boldsymbol{u} \\
\boldsymbol{y}=\begin{bmatrix} 0 & 0 & \cdots & 0 & b_{n-1} \end{bmatrix}\boldsymbol{X}
\end{cases} \tag{2-26}
$$

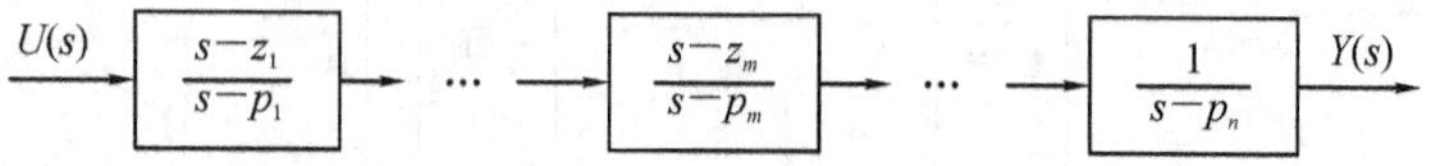

(a)

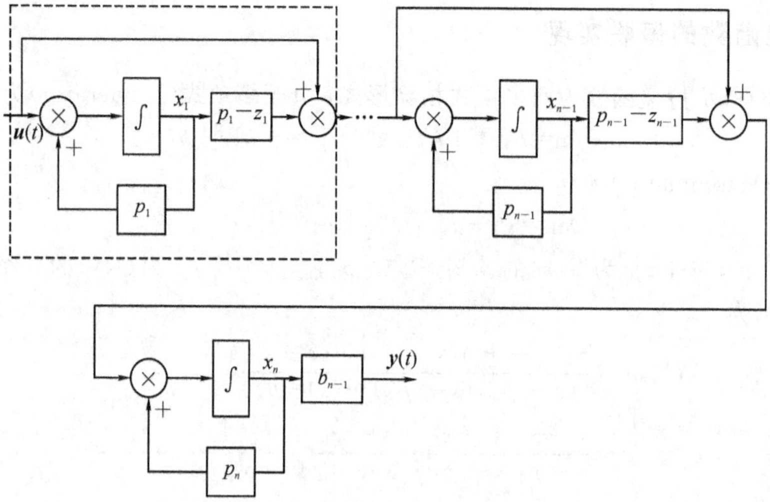

(b) ($m=n-1$)

图 2-12　串联实现结构图

例 2-8　已知 $G(s)=\dfrac{b_0}{(s-\lambda_1)(s-\lambda_2)\cdots(s-\lambda_n)}$，求串联实现。

解

$$G(s)=\frac{1}{s-\lambda_1}\frac{1}{s-\lambda_2}\cdots\frac{1}{s-\lambda_n}b_0$$

其串联实现结构如图 2-13 所示。

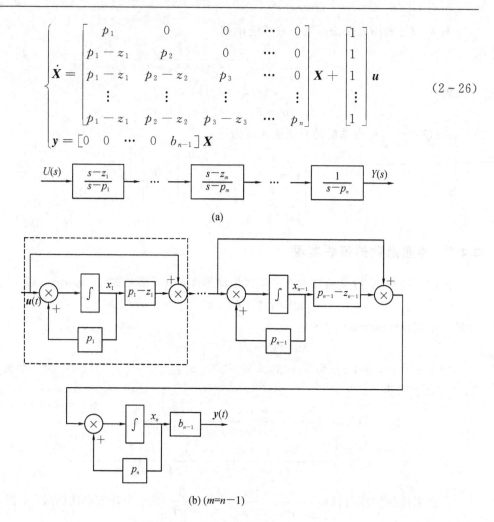

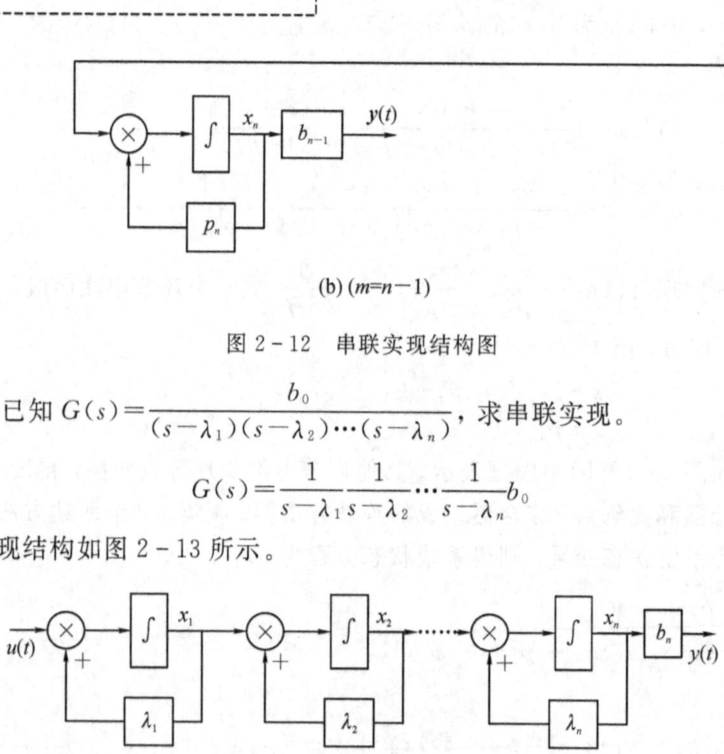

图 2-13　串联实现结构图

从图可知

$$\begin{cases}\dot{x}_1=\lambda_1 x_1+u\\ \dot{x}_2=\lambda_2 x_2+x_1\\ \quad\vdots\\ \dot{x}_n=\lambda_n x_n+x_{n-1}\end{cases}$$

$$y=b_0 x_n$$

矢量形式为

$$\begin{cases}\dot{\boldsymbol{X}}=\begin{bmatrix}\lambda_1 & 0 & \cdots & 0 & 0\\ 1 & \lambda_2 & \cdots & 0 & 0\\ 0 & 1 & & \vdots & 0\\ \vdots & \vdots & \cdots & \lambda_{n-1} & \vdots\\ 0 & 0 & \cdots & 1 & \lambda_n\end{bmatrix}\boldsymbol{X}+\begin{bmatrix}1\\0\\0\\\vdots\\0\end{bmatrix}\boldsymbol{U}\\ \boldsymbol{Y}=[0\ \ 0\ \ \cdots\ \ 0\ \ b_0]\boldsymbol{X}\end{cases}$$

2.4.3　传递函数的并联实现

系统传递函数为

$$G(s)=\frac{\mathrm{Num}(s)}{\mathrm{Den}(s)}=\frac{b_m s^m+b_{m-1}s^{m-1}+\cdots+b_1 s+b_0}{s^n+a_{n-1}s^{n-1}+\cdots+a_1 s+a_0}\quad(m\leqslant n)$$

其中 $\mathrm{Den}(s)=s^n+a_{n-1}s^{n-1}+\cdots+a_1 s+a_0=0$ 为系统的特征方程。当 $\mathrm{Den}(s)=0$ 有 n 个不等的特征根(p_i, $i=1, 2, \cdots, n$)时，$G(s)$可以分解为 n 个分式之和，即：

$$G(s)=\frac{Y(s)}{U(s)}=\frac{c_1}{s-p_1}+\frac{c_2}{s-p_2}+\cdots+\frac{c_n}{s-p_n}=\sum_{i=1}^{n}\frac{c_i}{s-p_i}\tag{2-27}$$

其中，$c_i=\lim\limits_{s\to p_i}(s-p_i)G(s)$，称作系统对应极点 p_i 的留数。

根据式(2-27)，有

$$\begin{aligned}Y(s)&=\frac{c_1}{s-p_1}U(s)+\frac{c_2}{s-p_2}U(s)+\cdots+\frac{c_n}{s-p_n}U(s)\\&=\sum_{i=1}^{n}\frac{c_i}{s-p_i}U(s)\end{aligned}$$

上式可以用如图 2-14 所示的并联方式实现。

从图 2-14(b)可得系统的状态方程为

$$\begin{cases}\dot{x}_1=p_1 x_1+u\\ \dot{x}_2=p_2 x_2+u\\ \quad\vdots\\ \dot{x}_n=p_n x_n+u\end{cases}$$

输出方程为

$$y=c_1 x_1+c_2 x_2+\cdots+c_n x_n$$

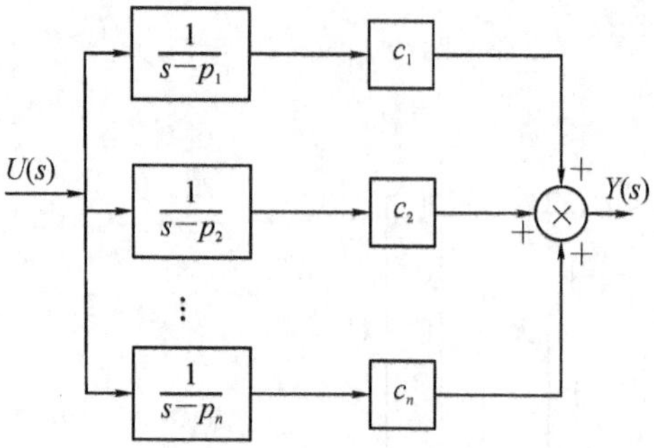

(a)

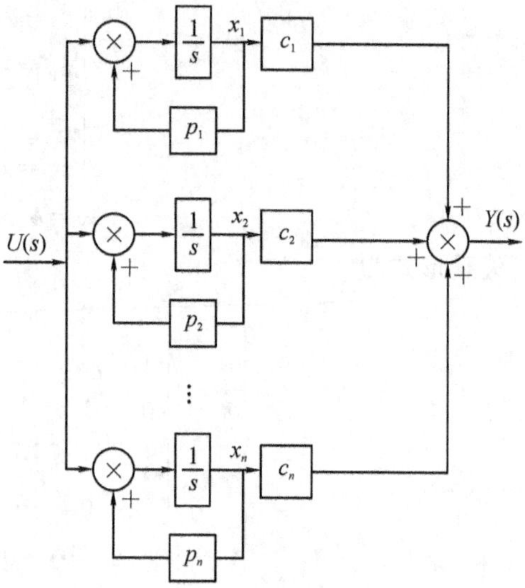

(b)

图 2-14　并联实现(无重根)

写成矢量形式为

$$\begin{cases}\dot{\boldsymbol{X}}=\begin{bmatrix}p_1 & 0 & \cdots & 0\\ 0 & p_2 & \cdots & 0\\ \vdots & \vdots & & \vdots\\ 0 & 0 & \cdots & p_n\end{bmatrix}\boldsymbol{X}+\begin{bmatrix}1\\1\\ \vdots\\1\end{bmatrix}\boldsymbol{u}\\ \boldsymbol{y}=[c_1\quad c_2\quad \cdots\quad c_n]\boldsymbol{X}\end{cases}\tag{2-28}$$

请注意，这里的系统矩阵 $\boldsymbol{A}$ 为一标准的对角型。

当上述 $G(s)$ 的分母 $\mathrm{Den}(s)=0$ 有重根时，不失一般性，假设：

$$\mathrm{Den}(s)=(s-p_1)^q(s-p_{q+1})\cdots(s-p_n)$$

即 $s=p_1$ 为 q 重根，其他为单根。这时 $G(s)$ 可以分解为

$$G(s)=\frac{\mathrm{Num}(s)}{\mathrm{Den}(s)}$$

$$=\frac{c_{11}}{s-p_1}+\frac{c_{12}}{(s-p_1)^2}+\cdots+\frac{c_{1q}}{(s-p_1)^q}+\frac{c_{q+1}}{s-p_{q+1}}+\cdots+\frac{c_n}{s-p_n}\tag{2-29}$$

其中，

$$c_{1i}=\frac{1}{(q-1)!}\lim_{s\to p_1}\frac{\mathrm{d}^{q-i}}{\mathrm{d}s^{q-i}}[(s-p_1)^qG(s)],\ i=1,\ 2,\ \cdots,\ q$$

$$c_j=\lim_{s\to p_j}(s-p_j)G(s),\ j=q+1,\ q+2,\ \cdots,\ n$$

由式(2-29)可知：

$$Y(s)=\frac{c_{11}}{s-p_1}U(s)+\frac{c_{12}}{(s-p_1)^2}U(s)+\cdots+\frac{c_{1q}}{(s-p_1)^q}U(s)+$$

$$\frac{c_{q+1}}{s-p_{q+1}}U(s)+\cdots+\frac{c_n}{s-p_n}U(s)\tag{2-30}$$

式(2-30)可以用图 2-15 所示的方块图表示。

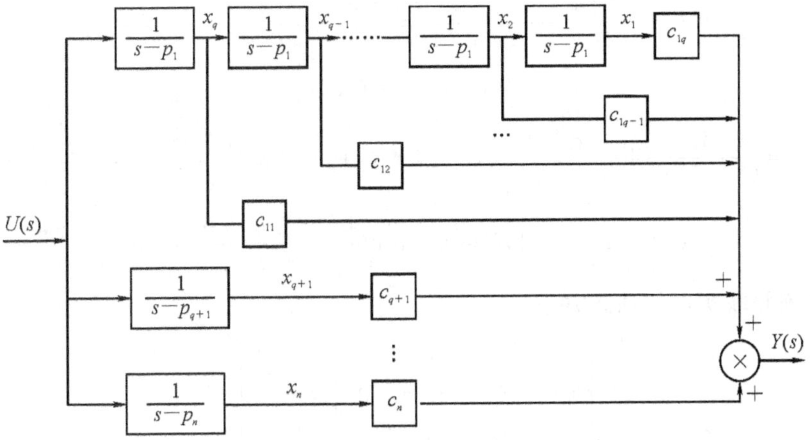

图 2-15 并联实现(有重根)

取图 2-15 中每个积分器输出为状态变量，则有

$$\begin{cases}\dot{x}_1=p_1x_1+x_2\\ \dot{x}_2=p_1x_2+x_3\\ \quad\vdots\\ \dot{x}_{q-1}=p_1x_{q-1}+x_q\\ \dot{x}_q=p_1x_q+u\\ \quad\vdots\\ \dot{x}_n=p_nx_n+u\end{cases}$$

$$y=c_{1q}x_1+c_{1q-1}x_2+\cdots+c_{11}x_q+c_{q+1}x_{q+1}+\cdots+c_nx_n$$

矢量形式为

$$\begin{cases}\dot{\boldsymbol{X}}=\begin{bmatrix}p_1 & 1 & \cdots & 0 & 0 & \cdots & 0\\ 0 & p_1 & \cdots & 0 & 0 & \cdots & 0\\ \vdots & \vdots & & \vdots & \vdots & & \vdots\\ 0 & 0 & \cdots & p_1 & 0 & \cdots & 0\\ 0 & 0 & \cdots & 0 & p_{q+1} & \cdots & 0\\ \vdots & \vdots & & \vdots & \vdots & & \vdots\\ 0 & 0 & \cdots & 0 & 0 & \cdots & p_n\end{bmatrix}\boldsymbol{X}+\begin{bmatrix}0\\0\\\vdots\\1\\1\\\vdots\\1\end{bmatrix}\boldsymbol{U}\\ \boldsymbol{y}=\begin{bmatrix}c_{1q} & c_{1q-1} & \cdots & c_{11} & c_{q+1} & \cdots & c_n\end{bmatrix}\boldsymbol{X}\end{cases} \tag{2-31}$$

注意这里的 **A** 为约旦标准型。关于约当标准型，请参见 2.5.3 节。

例 2-9 求下列传递函数的并联实现。

$$G(s)=\frac{4s^2+10s+5}{s^3+5s^2+8s+4}$$

解 分母各项多项式分解可得$(s+2)^2(s+1)$，所以

$$G(s)=\frac{4s^2+10s+5}{(s+2)^2(s+1)}=\frac{c_{11}}{s+2}+\frac{c_{12}}{(s+2)^2}+\frac{c_3}{s+1}$$

$$c_{12}=\lim_{s\to-2}(s+2)^2G(s)=-1$$

$$c_{11}=\frac{1}{(2-1)!}\lim_{s\to-2}\frac{\mathrm{d}^{(2-1)}}{\mathrm{d}s^{(2-1)}}[(s+2)^2G(s)]=\lim_{s\to-2}\frac{\mathrm{d}}{\mathrm{d}s}\left[\frac{4s^2+10s+5}{(s+1)}\right]=5$$

$$c_3=\lim_{s\to-1}(s+1)G(s)=\lim_{s\to-1}\frac{4s^2+10s+5}{(s+2)^2}=-1$$

所以系统并联实现的动态方程为

$$\begin{cases}\dot{\boldsymbol{X}}=\begin{bmatrix}-2 & 1 & 0\\ 0 & -2 & 0\\ 0 & 0 & -1\end{bmatrix}\boldsymbol{X}+\begin{bmatrix}0\\1\\1\end{bmatrix}\boldsymbol{u}\\ \boldsymbol{y}=\begin{bmatrix}-1 & 5 & -1\end{bmatrix}\boldsymbol{X}\end{cases}$$

2.5 系统状态方程的线性变换

2.5.1 系统状态空间表达式的非唯一性

回顾前面几节有关系统动态方程建立的过程，无论从实际物理系统出发，从系统方块图出发，还是从系统微分方程或传递函数出发，在状态变量的选取方面都带有很大的人为的随意性，因而求得的系统的状态方程也有很大的人为因素及随意性，因此不同的人会得出不同的系统状态方程。实际物理系统虽然结构不可能变化，但不同的状态变量取法就产生不同的动态方程；系统方块图在取状态变量之前需要进行等效变换，而等效变换过程就有很大程度上的随意性，因此会产生一定程度上的结构差异，这也会导致动态方程差异的产生；从系统微分方程或传递函数出发的系统实现问题，更是会导致迥然不同的系统内部结构的产生，因而也产生了不同的动态方程。所以说系统动态方程是不唯一的。

虽然同一实际物理系统，或者同一方块图，或同一传递函数所产生的动态方程各种各样，但其独立的状态变量的个数是相同的，而且各种不同动态方程间也是有一定联系的，这种联系就是变量间的线性变换关系。

例如图 2-11 所示的传递函数的直接法实现，按照图上所示各状态变量的取法，我们有式(2-24)所示动态方程。如果将各变量次序颠倒，即令

$$\begin{cases}\bar{x}_1=x_n\\ \bar{x}_2=x_{n-1}\\ \quad\vdots\\ \bar{x}_n=x_1\end{cases}$$

即取

$$\bar{\boldsymbol{X}}=\begin{bmatrix}0&0&\cdots&0&1\\0&0&\cdots&1&0\\\vdots&\vdots&&\vdots&\vdots\\1&0&\cdots&0&0\end{bmatrix}\boldsymbol{X}=\boldsymbol{TX}$$

将 $\boldsymbol{X}=\boldsymbol{T}^{-1}\bar{\boldsymbol{X}}$ 代入式(2-24)动态方程，有

$$\boldsymbol{T}^{-1}\dot{\bar{\boldsymbol{X}}}=\boldsymbol{AT}^{-1}\bar{\boldsymbol{X}}+\boldsymbol{Bu}$$

$$\boldsymbol{Y}=\boldsymbol{CT}^{-1}\bar{\boldsymbol{X}}$$

因此有

$$\begin{cases}\dot{\bar{\boldsymbol{X}}}=\boldsymbol{TAT}^{-1}\bar{\boldsymbol{X}}+\boldsymbol{TBu}=\begin{bmatrix}-a_{n-1}&-a_{n-2}&\cdots&-a_0\\1&0&\cdots&0\\\vdots&\ddots&&\vdots\\0&\cdots&1&0\end{bmatrix}\bar{\boldsymbol{X}}+\begin{bmatrix}1\\0\\\vdots\\0\end{bmatrix}\boldsymbol{u}\\\boldsymbol{Y}=\boldsymbol{CT}^{-1}\bar{\boldsymbol{X}}+b_n\boldsymbol{u}=[b'_{n-1},\ b'_{n-2},\ \cdots,\ b'_1,\ b'_0]\bar{\boldsymbol{X}}+b_n\boldsymbol{u}\end{cases}\tag{2-32}$$

式(2-32)与式(2-24)相同。也就是说，式(2-32)与式(2-24)代表的动态方程是一种线性变换的关系。

进一步，由于上述非奇异的变换矩阵 $\boldsymbol{T}$ 可以有无数种，所以系统的动态方程也有无数种。

例 2-10　某系统状态空间表达式为

$$\begin{cases}\begin{bmatrix}\dot{x}_1\\\dot{x}_2\end{bmatrix}=\begin{bmatrix}0&-2\\1&-3\end{bmatrix}\begin{bmatrix}x_1\\x_2\end{bmatrix}+\begin{bmatrix}2\\0\end{bmatrix}\boldsymbol{u}\\\boldsymbol{y}=[0\quad 3]\boldsymbol{X}\end{cases}$$

若取变换矩阵

$$\boldsymbol{P}=\begin{bmatrix}6&2\\2&0\end{bmatrix}$$

即

$$\boldsymbol{P}^{-1}=\begin{bmatrix}0&\frac{1}{2}\\\frac{1}{2}&-\frac{3}{2}\end{bmatrix}$$

则变换后的系数矩阵为

$$\tilde{\boldsymbol{A}}=\boldsymbol{P}^{-1}\boldsymbol{AP}=\begin{bmatrix}0&\frac{1}{2}\\\frac{1}{2}&-\frac{3}{2}\end{bmatrix}\begin{bmatrix}0&-2\\1&-3\end{bmatrix}\begin{bmatrix}6&2\\2&0\end{bmatrix}=\begin{bmatrix}0&1\\-2&-3\end{bmatrix}$$

$$\tilde{\boldsymbol{B}}=\boldsymbol{P}^{-1}\boldsymbol{B}=\begin{bmatrix}0&\frac{1}{2}\\\frac{1}{2}&-\frac{3}{2}\end{bmatrix}\begin{bmatrix}2\\0\end{bmatrix}=\begin{bmatrix}0\\1\end{bmatrix}$$

$$\widetilde{C}=CP=\begin{bmatrix}0 & 3\end{bmatrix}\begin{bmatrix}6 & 2\\2 & 0\end{bmatrix}=\begin{bmatrix}6 & 0\end{bmatrix}$$

可以得到变换后的状态空间表达式为

$$\begin{cases}\dot{\widetilde{X}}=\begin{bmatrix}0 & 1\\-2 & -3\end{bmatrix}\widetilde{X}+\begin{bmatrix}0\\1\end{bmatrix}u\\ y=\begin{bmatrix}6 & 0\end{bmatrix}\widetilde{X}\end{cases}$$

这里如果取 P 为其他不同的变换矩阵，则得到系统的另一种状态空间表达式。

2.5.2 转换为对角标准型

虽然通过非奇异的线性变换，可以求出无数种系统的动态方程，但是有几种标准型对我们特别有用，如可控标准型、可观标准型、对角标准型和约当标准型。在本章，我们先讨论对角型和约当型。

设某系统的动态方程为

$$\begin{cases}\dot{X}=AX+BU\\ Y=CX+DU\end{cases} \tag{2-33}$$

其中，系统矩阵 A 有 n 个不相等的特征根 $\lambda_i(i=1, 2, 3, \cdots, n)$，相应地有 n 个不相等的特征向量 $m_i(i=1, 2, 3, \cdots, n)$，所以有矩阵 A 的特征矩阵(模态矩阵)：

$$M=\begin{bmatrix}m_1 & m_2 & \cdots & m_n\end{bmatrix}$$

根据矩阵论中的知识，我们知道

$$A'=M^{-1}AM=\begin{bmatrix}\lambda_1 & & & \\ & \lambda_2 & & \\ & & \ddots & \\ & & & \lambda_n\end{bmatrix}=\mathrm{diag}[\lambda_1, \lambda_2, \cdots, \lambda_n]$$

所以，对原系统式(2-33)作下列线性变换：

$$X=MZ$$

代入式(2-33)，有

$$\begin{cases}M\dot{Z}=AMZ+BU\\ Y=CMZ+DU\end{cases}$$

$$\begin{cases}\dot{Z}=M^{-1}AMZ+M^{-1}BU=A'Z+B'U\\ Y=C'Z+D'U\end{cases} \tag{2-34}$$

其中

$$\begin{aligned}A'&=M^{-1}AM=\mathrm{diag}(\lambda_1, \lambda_2, \cdots, \lambda_n)\\ B'&=M^{-1}B\\ C'&=CM\\ D'&=D\end{aligned} \tag{2-35}$$

所以要将式(2-33)化为式(2-34)所示的对角型，只要系统矩阵 $\boldsymbol{A}$ 的 n 个不等的特征根 λ_i($i=1$, 2, 3, …, n)已求出，$\boldsymbol{A}'$和 $\boldsymbol{D}'$就可以直接写出，但要求出 $\boldsymbol{B}'$和 $\boldsymbol{C}'$，还需根据矩阵论中的知识求出矩阵 $\boldsymbol{M}$ 及其逆矩阵 $\boldsymbol{M}^{-1}$，然后根据式(2-35)求得。

例 2-11　已知某系统的动态方程为

$$\begin{cases}\dot{\boldsymbol{X}}=\begin{bmatrix}0 & 1 & 0\\ 0 & 0 & 1\\ -6 & -11 & -6\end{bmatrix}\boldsymbol{X}+\begin{bmatrix}1\\0\\0\end{bmatrix}\boldsymbol{U}\\ \boldsymbol{y}=\begin{bmatrix}1 & 1 & 0\end{bmatrix}\boldsymbol{X}\end{cases}$$

试将系统化为对角型。

解　系统特征方程为

$$|\lambda\boldsymbol{I}-\boldsymbol{A}|=\begin{vmatrix}\lambda & -1 & 0\\ 0 & \lambda & -1\\ 6 & 11 & \lambda+6\end{vmatrix}=\lambda^3+6\lambda^2+11\lambda+6=(\lambda+1)(\lambda+2)(\lambda+3)=0$$

$$\lambda_1=-1,\ \lambda_2=-2,\ \lambda_3=-3$$

有三个不等的特征根。特征向量满足下列条件：

$$\boldsymbol{m}_i\lambda_i=\boldsymbol{A}\boldsymbol{m}_i\quad(i=1,\ 2,\ 3)$$

因此对 $\lambda_1=-1$，有

$$\begin{bmatrix}m_{11}\\ m_{12}\\ m_{13}\end{bmatrix}(-1)=\begin{bmatrix}0 & 1 & 0\\ 0 & 0 & 1\\ -6 & -11 & -6\end{bmatrix}\begin{bmatrix}m_{11}\\ m_{12}\\ m_{13}\end{bmatrix}$$

$$m_{11}=m_{11}$$

$$m_{12}=-m_{11}$$

$$m_{13}=m_{11}$$

取 $m_{11}=1$，得 λ_1 对应的特征向量 $\boldsymbol{m}_1$ 为

$$\boldsymbol{m}_1=\begin{bmatrix}1\\ -1\\ 1\end{bmatrix}$$

同理可得

$$\boldsymbol{m}_2=\begin{bmatrix}1\\ -2\\ 4\end{bmatrix},\ \boldsymbol{m}_3=\begin{bmatrix}1\\ -3\\ 9\end{bmatrix}$$

所以

$$\boldsymbol{M}=\begin{bmatrix}\boldsymbol{m}_1 & \boldsymbol{m}_2 & \boldsymbol{m}_3\end{bmatrix}=\begin{bmatrix}1 & 1 & 1\\ -1 & -2 & -3\\ 1 & 4 & 9\end{bmatrix}$$

$$M^{-1}=\begin{bmatrix}3 & 2.5 & 0.5\\ -3 & -4 & -1\\ 1 & 1.5 & 0.5\end{bmatrix}$$

$$B'=M^{-1}B=[3 \quad -3 \quad 1]^{\mathrm{T}}$$

$$C'=CM=[0 \quad -1 \quad -2]$$

故系统的对角标准型为

$$\begin{cases}\dot{Z}=\begin{bmatrix}-1 & 0 & 0\\ 0 & -2 & 0\\ 0 & 0 & -3\end{bmatrix}Z+\begin{bmatrix}3\\ -3\\ 1\end{bmatrix}U\\ y=[0 \quad -1 \quad -2]Z\end{cases}$$

MATLAB 中有一函数 canon(A, B, C, D, _mod_)可以将式(2-33)所示系统直接转化为对角型。运行结果返回 A_s, B_s, C_s, D_s 为对角型，返回的 T_s 表示所作的线性变换。但注意，这个变换公式为

$$Z=T_sX$$

而不是我们所介绍的：

$$X=MZ$$

也就是说，

$$A_s=T_sAT_s^{-1},\ B_s=T_sB,\ C_s=CT_s^{-1},\ D_s=D$$

这与式(2-35)有所区别。

上述结果表明，同样将系统矩阵 A 变换为标准对角型，其变换矩阵也是非唯一的，实际上是有无数种的。这无数种变换矩阵不会改变(2-35)中 A' 的对角型形式，只改变 B' 和 C' 的结果。

所以我们有时对另一种形式的标准对角型状态空间表达式感兴趣，它的系统矩阵 A' 与式(2-35)一样，而且进一步，B' 也有标准的形式$(1, 1, \cdots, 1)^{\mathrm{T}}$。

要得到上述标准型，我们只要作线性变换：

$$X=MTZ$$

其中，M 为模态矩阵，T 为一个待定的对角矩阵，设 $T=\mathrm{diag}(t_1, t_2, \cdots, t_n)$。这时，式(2-34)变为

$$\begin{cases}\dot{Z}=T^{-1}M^{-1}AMTZ+T^{-1}M^{-1}BU=A'Z+B'U\\ Y=CMTZ+DU=C'Z+D'U\end{cases} \tag{2-36}$$

其中

$$A'=T^{-1}M^{-1}AMT=\mathrm{diag}(\lambda, \lambda, \cdots, \lambda_n)$$

$$B'=T^{-1}M^{-1}B=(1 \quad 1 \quad \cdots \quad 1)^{\mathrm{T}}$$

$$C^{\mathrm{T}}=CMT$$

$$D^{\mathrm{T}}=D$$

其中，T 矩阵可以通过下式求得：

$$M^{-1}B=T(1,1,\cdots,1)^{\mathrm T}=\mathrm{diag}(t_1,t_2,\cdots,t_n)(1,1,\cdots,1)^{\mathrm T}$$

上例中，可以求得

$$T=\mathrm{diag}(3\quad 3\quad 1)$$

从而得

$$\begin{cases}\dot{Z}=\begin{bmatrix}-1&0&0\\0&-2&0\\0&0&-3\end{bmatrix}Z+\begin{bmatrix}1\\1\\1\end{bmatrix}U\\ Y=[0\quad -3\quad -2]Z\end{cases}$$

其系统实现的模拟结构图如图 2-16 所示，大家可以与图 2-15 作一比较。

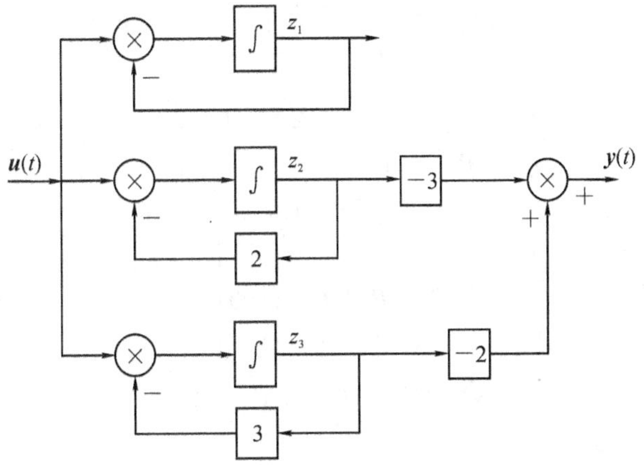

图 2-16　模拟结构图

如果一个具有相异特征值的 $n\times n$ 维矩阵 **A** 由下式给出：

$$A=\begin{bmatrix}0&1&\cdots&0\\\vdots&\vdots&&\vdots\\0&0&\cdots&1\\-a_0&-a_1&\cdots&-a_n\end{bmatrix}$$

其特征多项式具有 n 个互异实数特征根 $\lambda_1,\lambda_2,\cdots,\lambda_n$，则使 **A** 化为对角标准型的变换阵为

$$P=\begin{bmatrix}1&1&\cdots&1\\\lambda_1&\lambda_2&\cdots&\lambda_n\\\vdots&\vdots&&\vdots\\\lambda_1^{n-1}&\lambda_2^{n-1}&\cdots&\lambda_n^{n-1}\end{bmatrix}$$

称相应的变换阵为范德蒙(Vandemone)矩阵，这里将 $P^{-1}AP$ 变换为对角型矩阵，即

$$P^{-1}AP=\begin{bmatrix}\lambda_1&&&\\&\lambda_2&&\\&&\ddots&\\&&&\lambda_n\end{bmatrix}$$

例 2-12 考虑上例系统的状态空间表达式，利用上述方法将矩阵化为对角标准型。

解 通过上例容易得出

$$\boldsymbol{A}=\begin{bmatrix}0 & 1 & 0\\ 0 & 0 & 1\\ -6 & -11 & -6\end{bmatrix},\ \boldsymbol{B}=\begin{bmatrix}1\\ 0\\ 0\end{bmatrix},\ \boldsymbol{C}=\begin{bmatrix}1 & 1 & 0\end{bmatrix}$$

矩阵 $\boldsymbol{A}$ 的特征值为

$$\lambda_1=-1,\ \lambda_2=-2,\ \lambda_3=-3$$

因此，这三个特征值相异。选变换为

$$\boldsymbol{P}=\begin{bmatrix}1 & 1 & 1\\ \lambda_1 & \lambda_2 & \lambda_3\\ \lambda_1^2 & \lambda_2^2 & \lambda_3^2\end{bmatrix}=\begin{bmatrix}1 & 1 & 1\\ -1 & -2 & -3\\ 1 & 4 & 9\end{bmatrix}$$

则

$$\boldsymbol{P}^{-1}=\begin{bmatrix}3 & 2.5 & 0.5\\ -3 & -4 & -1\\ 1 & 1.5 & 0.5\end{bmatrix}$$

$$\widetilde{\boldsymbol{B}}=\boldsymbol{P}^{-1}\boldsymbol{B}=\begin{bmatrix}3\\ -3\\ 1\end{bmatrix}$$

$$\widetilde{\boldsymbol{C}}=\boldsymbol{C}\boldsymbol{P}=\begin{bmatrix}0 & -1 & -2\end{bmatrix}$$

所以系统的对角标准型为

$$\begin{cases}\dot{\widetilde{\boldsymbol{X}}}=\begin{bmatrix}-1 & 0 & 0\\ 0 & -2 & 0\\ 0 & 0 & -3\end{bmatrix}\widetilde{\boldsymbol{X}}+\begin{bmatrix}3\\ -3\\ 1\end{bmatrix}\boldsymbol{U}\\ \boldsymbol{Y}=\begin{bmatrix}0 & -1 & -2\end{bmatrix}\widetilde{\boldsymbol{X}}\end{cases}$$

2.5.3 转换为约当标准型

设系统有 k 个 m_i 重特征值 $\lambda_i(i=1,\ 2,\ \cdots,\ k)$，那么其约当标准型为

$$\begin{cases}\dot{\boldsymbol{Z}}=\boldsymbol{J}\boldsymbol{Z}+\widetilde{\boldsymbol{B}}\boldsymbol{U}\\ \boldsymbol{Y}=\widetilde{\boldsymbol{C}}\boldsymbol{Z}+\widetilde{\boldsymbol{D}}\boldsymbol{U}\end{cases}\tag{2-37}$$

其中，$\boldsymbol{J}$ 为约当矩阵，即

$$\boldsymbol{J}=\mathrm{diag}\begin{bmatrix}\boldsymbol{J}_1 & \boldsymbol{J}_2 & \cdots & \boldsymbol{J}_k\end{bmatrix}$$

$\boldsymbol{J}_i$ 为 m_i 重特征根 λ_i 所对应的约当块，即

$$\boldsymbol{J}_i=\begin{bmatrix}\lambda_i & 1 & & \\ & \lambda_i & \ddots & \\ & & \ddots & 1\\ & & & \lambda_i\end{bmatrix}_{(m_i\times m_i)}$$

设现有系统的动态方程为

$$\begin{cases}\dot{\boldsymbol{X}}=\boldsymbol{AX}+\boldsymbol{BU}\\ \boldsymbol{Y}=\boldsymbol{CX}+\boldsymbol{DU}\end{cases} \tag{2-38}$$

求线性变换矩阵 $\boldsymbol{T}_J$，使得式(2-38)经变换后得到式(2-37)所示的约当标准型。

作变换：

$$\boldsymbol{X}=\boldsymbol{T}_J\boldsymbol{Z}$$

代入式(2-38)得

$$\begin{cases}\boldsymbol{T}_J\dot{\boldsymbol{Z}}=\boldsymbol{AT}_J\boldsymbol{Z}+\boldsymbol{BU}\\ \boldsymbol{Y}=\boldsymbol{CT}_J\boldsymbol{Z}+\boldsymbol{DU}\end{cases}$$

即

$$\begin{cases}\dot{\boldsymbol{Z}}=\boldsymbol{T}_J^{-1}\boldsymbol{AT}_J\boldsymbol{Z}+\boldsymbol{T}_J^{-1}\boldsymbol{BU}\\ \boldsymbol{Y}=\boldsymbol{CT}_J\boldsymbol{Z}+\boldsymbol{DU}\end{cases} \tag{2-39}$$

对照式(2-37)约当标准型，有

$$\begin{aligned}\boldsymbol{T}_J^{-1}\boldsymbol{AT}_J&=\boldsymbol{J}\\ \boldsymbol{AT}_J&=\boldsymbol{T}_J\boldsymbol{J}\end{aligned} \tag{2-40}$$

设 $\boldsymbol{T}_J=[\boldsymbol{t}_1, \boldsymbol{t}_2, \cdots, \boldsymbol{t}_n]$，代入式(2-40)得

$$[\boldsymbol{t}_1\quad \boldsymbol{t}_2\quad \cdots\quad \boldsymbol{t}_n]\boldsymbol{J}=\boldsymbol{A}[\boldsymbol{t}_1\quad \boldsymbol{t}_2\quad \cdots\quad \boldsymbol{t}_n] \tag{2-41}$$

$$[\boldsymbol{t}_1\quad \boldsymbol{t}_2\quad \cdots\quad \boldsymbol{t}_n]\begin{bmatrix}\boldsymbol{J}_1 & & & \\ & \boldsymbol{J}_2 & & \\ & & \ddots & \\ & & & \boldsymbol{J}_k\end{bmatrix}=\boldsymbol{A}[\boldsymbol{t}_1\quad \boldsymbol{t}_2\quad \cdots\quad \boldsymbol{t}_n]$$

对于 m_i 重的特征根 λ_i，$\boldsymbol{T}_J$ 中有 m_i 个列向量 $\boldsymbol{T}_J=[\boldsymbol{t}_1, \boldsymbol{t}_2, \cdots, \boldsymbol{t}_{m_i}]$ 与 $\boldsymbol{J}_i$ 对应，即

$$[\boldsymbol{t}_1\quad \boldsymbol{t}_2\quad \cdots\ \boldsymbol{t}_{m_i}]\begin{bmatrix}\lambda_i & 1 & & \\ & \lambda_i & \ddots & \\ & & \ddots & 1\\ & & & \lambda_i\end{bmatrix}=\boldsymbol{A}[\boldsymbol{t}_1\quad \boldsymbol{t}_2\quad \cdots\quad \boldsymbol{t}_{m_i}]$$

将上式展开即得

$$\begin{cases}[\lambda_i\boldsymbol{I}-\boldsymbol{A}]\boldsymbol{t}_1=\boldsymbol{0}\\ [\lambda_i\boldsymbol{I}-\boldsymbol{A}]\boldsymbol{t}_2=-\boldsymbol{t}_1\\ \qquad\vdots\\ [\lambda_i\boldsymbol{I}-\boldsymbol{A}]\boldsymbol{t}_{m_i}=-\boldsymbol{t}_{m_{i-1}}\end{cases} \tag{2-42}$$

由上式即可求得各特征根 λ_i 所对应的 m_i 个列向量$[\boldsymbol{t}_1, \boldsymbol{t}_2, \cdots, \boldsymbol{t}_{m_i}]$，从而求出变换矩阵 $\boldsymbol{T}_J$，进一步根据式(2-39)，即可求出系统的约当标准型 $\boldsymbol{T}_J=[\boldsymbol{t}_1, \boldsymbol{t}_2, \cdots, \boldsymbol{t}_n]$。

例 2-13 将下列($\boldsymbol{A}$, $\boldsymbol{B}$, $\boldsymbol{C}$, $\boldsymbol{D}$)组成的动态方程转换为约当标准型。

$$\boldsymbol{A}=\begin{bmatrix}0&1&0\\0&0&1\\-2&-5&-4\end{bmatrix},\ \boldsymbol{B}=\begin{bmatrix}0\\0\\1\end{bmatrix},\ \boldsymbol{C}=[6\quad 2\quad 0],\ \boldsymbol{D}=\boldsymbol{0}$$

解 求特征根：

$$|\lambda\boldsymbol{I}-\boldsymbol{A}|=\lambda^3+4\lambda^2+5\lambda+2=0$$

$$\lambda_1=-1,\ m_1=2,\ \lambda_2=-2,\ m_2=1$$

按照式(2-42)，对于 $\lambda_1=-1$, $m_1=2$，有

$$[\lambda_1\boldsymbol{I}-\boldsymbol{A}]\boldsymbol{t}_1=\boldsymbol{0},\ \boldsymbol{t}_1=[1,\quad -1,\quad 1]^{\mathrm{T}}$$

$$[\lambda_1\boldsymbol{I}-\boldsymbol{A}]\boldsymbol{t}_2=-\boldsymbol{t}_1,\ \boldsymbol{t}_2=[1,\quad 0,\quad -1]^{\mathrm{T}}$$

对于 $\lambda_2=-2$, $m_2=1$，有

$$[\lambda_2\boldsymbol{I}-\boldsymbol{A}]\boldsymbol{t}_3=0$$

得

$$\boldsymbol{t}_3=[1\quad -2,\quad 4]^{\mathrm{T}}$$

所以

$$\boldsymbol{T}_J=\begin{bmatrix}1&1&1\\-1&0&-2\\1&-1&4\end{bmatrix},\ \boldsymbol{T}_J^{-1}=\begin{bmatrix}-2&-5&-2\\2&3&1\\1&2&1\end{bmatrix}$$

由式(2-39)即得系统的约当标准型为

$$\begin{cases}\dot{\boldsymbol{Z}}=\begin{bmatrix}-1&1&0\\0&-1&0\\0&0&-2\end{bmatrix}\boldsymbol{Z}+\begin{bmatrix}-2\\1\\1\end{bmatrix}\boldsymbol{U}\\ \boldsymbol{Y}=[4\quad 6\quad 2]\boldsymbol{Z}\end{cases}\tag{2-43}$$

2.6 从系统动态方程求系统传递函数(阵)

系统动态方程和系统传递函数(阵)都是控制系统两种经常使用的数学模型。动态方程不但体现了系统输入和输出的关系，而且还清楚地表达了系统内部状态变量的关系。相比较，传递函数只体现了系统输入与输出的关系。我们已知道，从传递函数到动态方程是个系统实现的问题，这是一个比较复杂并且是非唯一的过程。但从动态方程到传递函数(阵)却是一个唯一的、比较简单的过程。

设系统动态方程为

$$\begin{cases}\dot{\boldsymbol{X}}=\boldsymbol{AX}+\boldsymbol{BU}\\ \boldsymbol{Y}=\boldsymbol{CX}+\boldsymbol{DU}\end{cases}\tag{2-44}$$

其中，$\boldsymbol{X}$、$\boldsymbol{Y}$、$\boldsymbol{U}$ 分别为 $n\times1$、$m\times1$、$r\times1$ 的列向量，$\boldsymbol{A}$、$\boldsymbol{B}$、$\boldsymbol{C}$、$\boldsymbol{D}$ 分别为 $n\times n$、$n\times r$、$m\times n$、$m\times r$ 的矩阵。式(2-44)描述的是一个 r 维输入、m 维输出的多输入多输出(MIMO)系统。

将式(2-44)中的状态方程和输出方程两端作拉普拉斯变换，并设系统初态为 0，则

$$\begin{cases}s\boldsymbol{X}(s)=\boldsymbol{AX}(s)+\boldsymbol{BU}(s)\\ \boldsymbol{Y}(s)=\boldsymbol{CX}(s)+\boldsymbol{DU}(s)\end{cases}$$

所以

$$\boldsymbol{X}(s)=(s\boldsymbol{I}-\boldsymbol{A})^{-1}\boldsymbol{BU}(s)$$

代入 $\boldsymbol{Y}(s)$ 方程，得

$$\boldsymbol{Y}(s)=\boldsymbol{C}(s\boldsymbol{I}-\boldsymbol{A})^{-1}\boldsymbol{BU}(s)+\boldsymbol{DU}(s)=[\boldsymbol{C}(s\boldsymbol{I}-\boldsymbol{A})^{-1}\boldsymbol{B}+\boldsymbol{D}]\boldsymbol{U}(s)$$

系统传递函数阵 $\boldsymbol{W}(s)$ 为

$$\boldsymbol{W}(s)=\frac{\boldsymbol{Y}(s)}{\boldsymbol{U}(s)}=\boldsymbol{C}(s\boldsymbol{I}-\boldsymbol{A})^{-1}\boldsymbol{B}+\boldsymbol{D} \tag{2-45}$$

$\boldsymbol{W}(s)$ 为一个 $m\times r$ 的传递函数阵，即：

$$\boldsymbol{W}(s)=\begin{bmatrix}w_{11}(s) & w_{12}(s) & \cdots & w_{1r}(s)\\ w_{21}(s) & w_{22}(s) & \cdots & w_{2r}(s)\\ \vdots & \vdots & & \vdots\\ w_{m1}(s) & w_{m2}(s) & \cdots & w_{mr}(s)\end{bmatrix}$$

其中，$w_{ij}(s)$ 为一标量传递函数，它表示第 j 个系统输入 u_j 对第 i 个系统输出 y_i 的传递作用。当系统为单输入单输出(SISO)系统时，$\boldsymbol{W}(s)$ 就是一个标量传递函数。

例 2-14　求例 2-13 中产生的动态方程(2-43)的传递函数。

解

$$\boldsymbol{A}=\begin{bmatrix}-1 & 1 & 0\\ 0 & -1 & 0\\ 0 & 0 & -2\end{bmatrix},\quad \boldsymbol{B}=\begin{bmatrix}-2\\ 1\\ 1\end{bmatrix}$$

$$\boldsymbol{C}=[4\quad 6\quad 2],\quad \boldsymbol{D}=\boldsymbol{0}$$

所以根据式(2-45)，可得

$$\begin{aligned}\boldsymbol{W}(s)&=\boldsymbol{C}(s\boldsymbol{I}-\boldsymbol{A})^{-1}\boldsymbol{B}+\boldsymbol{D}\\ &=[4\quad 6\quad 2]\begin{bmatrix}s+1 & -1 & 0\\ 0 & s+1 & 0\\ 0 & 0 & s+2\end{bmatrix}^{-1}\begin{bmatrix}-2\\ 1\\ 1\end{bmatrix}\\ &=\frac{2s+6}{s^3+4s^2+5s+2}\end{aligned}$$

这是一个 SISO 系统。在 MATLAB 中，用 ss2tf 语句可以直接求出 $\boldsymbol{W}(s)$。

2.7　离散时间系统的状态空间表达式

顾名思义，离散时间系统就是系统的输入和输出信号只在某些离散时刻取值的系统。与离散时间系统相关的数学方法有差分方程、信号 Z 变换，以及系统脉冲传递函数。

离散时间系统一般用差分方程表示其输入和输出信号的关系，n 阶差分方程为

$$y(k+n)+a_{n-1}y(k+n-1)+\cdots+a_1y(k+1)+a_0y(k)$$
$$=b_mu(k+m)+b_{m-1}u(k+m-1)+\cdots+b_1u(k+1)+b_0u(k) \quad (2-46)$$

其中，$m\leqslant n$。

将式(2-46)两边作 Z 变换，并设系统初态为零，得

$$(Z^n+a_{n-1}Z^{n-1}+\cdots+a_1Z+a_0)\boldsymbol{Y}(Z)=(b_mZ^m+b_{m-1}Z^{m-1}+\cdots+b_1Z+b_0)\boldsymbol{U}(Z)$$

系统的脉冲传递函数 $\boldsymbol{W}(Z)$ 定义为输出信号 Z 变换与输入信号 Z 变换之比，即：

$$\boldsymbol{W}(Z)=\frac{\boldsymbol{Y}(Z)}{\boldsymbol{U}(Z)}=\frac{b_mZ^m+b_{m-1}Z^{m-1}+\cdots+b_1Z+b_0}{Z^n+a_{n-1}Z^{n-1}+\cdots+a_1Z+a_0} \quad (2-47)$$

同连续时间系统一样，由离散时间系统差分方程或脉冲传递函数求取离散状态空间表达式的过程叫作离散系统的实现。

离散系统动态方程一般形式为

$$\begin{cases}\boldsymbol{X}(k+1)=\boldsymbol{GX}(k)+\boldsymbol{HU}(k)\\ \boldsymbol{Y}(k)=\boldsymbol{CX}(k)+\boldsymbol{DU}(k)\end{cases} \quad (2-48)$$

式(2-48)的方块图表示如图 2-17 所示。

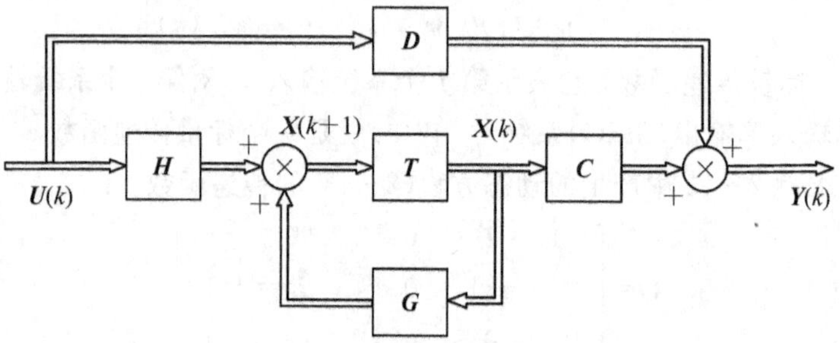

图 2-17 离散系统动态方程方块图

图中，$\boldsymbol{T}$ 为单位延迟器，它表示将输入的信号延迟一个节拍，即如果其输入为 $\boldsymbol{X}(k+1)$，那么其输出为 $\boldsymbol{X}(k)$。

离散系统脉冲传递函数的实现也是不唯一的。对于式(2-46)或式(2-47)所示系统，图2-18所示结构为其一种实现。

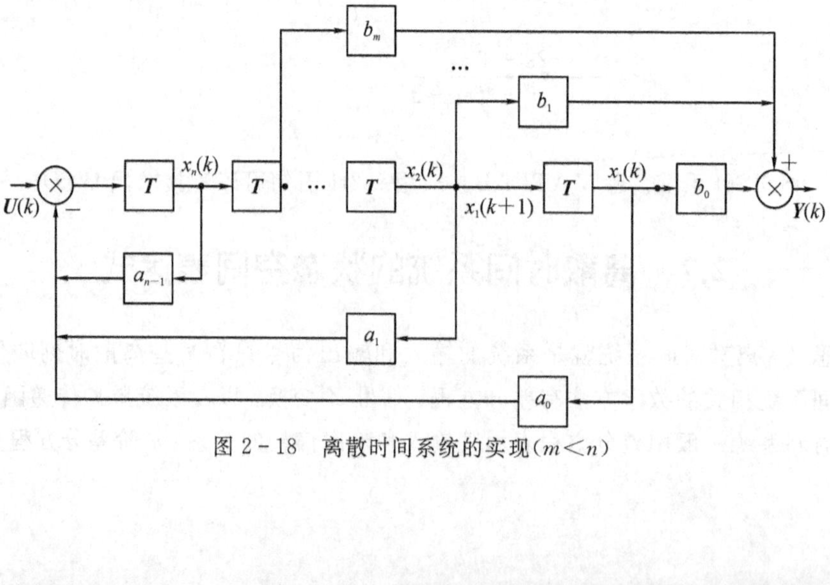

图 2-18 离散时间系统的实现($m<n$)

由图 2-18 中关系可得

$$\begin{cases} x_1(k+1)=x_2(k) \\ x_2(k+1)=x_3(k) \\ \quad\vdots \\ x_{n-1}(k+1)=x_n(k) \\ x_n(k+1)=-a_0x_1(k)-a_1x_2(k)-\cdots-a_{n-1}x_n(k)+u(k) \\ y(k)=b_0x_1(k)+b_1x_2(k)+\cdots+b_mx_{m+1}(k) \end{cases}$$

矢量形式为

$$\begin{cases} \boldsymbol{X}(k+1)=\begin{bmatrix} 0 & 1 & 0 & \cdots & 0 \\ 0 & 0 & 1 & \cdots & 0 \\ \vdots & \vdots & \vdots & & \vdots \\ 0 & 0 & 0 & \cdots & 1 \\ -a_0 & -a_1 & -a_2 & \cdots & -a_{n-1} \end{bmatrix}\boldsymbol{X}(k)+\begin{bmatrix} 0 \\ 0 \\ 0 \\ \vdots \\ 1 \end{bmatrix}\boldsymbol{U}(k) \\ \boldsymbol{Y}(k)=[b_0 \quad b_1 \quad b_2 \quad \cdots \quad b_m]\boldsymbol{X}(k) \end{cases}$$

2.8　利用 MATLAB 进行系统模型之间的相互转换

在 MATLAB 中，连续和离散系统都可以直接用矩阵组[A，B，C，D]表示。在 MATLAB 中，用函数 ss()来建立系统的状态空间模型，也可以将传递函数模型转换为系统状态空间模型。

2.8.1　利用 MATLAB 求状态空间模型

求连续系统的状态空间模型函数 ss()的调用格式为

sys= ss(A，B，C，D)

上述函数返回的变量 sys 为连续系统的状态空间模型。函数的输入参数 A，B，C，D 为系统的各参数矩阵。

求离散系统的状态空间模型函数 ss()的调用格式为

sys= ss(A，B，C，D，Ts)

上述函数返回的变量 sys 为离散系统的状态空间模型。函数的输入参数 A，B，C，D 为系统的各参数矩阵，Ts 为采样周期。

已知系统的传递函数为

$$G(s)=\frac{Y(s)}{U(s)}=\frac{\text{Num}}{\text{Den}}$$

则系统模型可由传递函数变换为状态方程(直接实现)，其使用的转换函数为

[A，B，C，D]= tf2ss(Num，Den)(注：适用于 SISO 系统)

只不过将式(2-22)中的状态变量的下标次序颠倒一下，即

$$\begin{cases}\dot{x}_1=-a_{n-1}x_1-a_{n-2}x_2-\cdots-a_1x_{n-1}-a_0x_n+u\\ \dot{x}_2=x_1\\ \vdots\\ \dot{x}_n=x_{n-1}\end{cases}$$

$$y=b'_{n-1}x_1+b'_{n-2}x_2+\cdots+b'_1x_{n-1}+b'_0x_n+b_nu$$

矢量形式为

$$\begin{cases}\dot{\boldsymbol{X}}=\begin{bmatrix}-a_{n-1} & -a_{n-2} & -a_{n-3} & \cdots & -a_1 & -a_0\\ 0 & 0 & 1 & \cdots & 0 & 0\\ \vdots & \vdots & \vdots & & \vdots & \vdots\\ 0 & 0 & 0 & \cdots & 0 & 1\\ -a_0 & -a_1 & -a_2 & \cdots & -a_{n-2} & -a_{n-1}\end{bmatrix}\boldsymbol{X}+\begin{bmatrix}1\\0\\ \vdots\\0\\0\end{bmatrix}\boldsymbol{u}\\ \boldsymbol{y}=[b'_{n-1}\quad b'_{n-2}\quad\cdots\quad\cdots\quad b'_0]\boldsymbol{X}+b_n\boldsymbol{u}\end{cases}$$

例 2-15 已知控制系统的传递函数如下所示：

$$\frac{Y(s)}{U(s)}=\frac{s}{s^3+14s^2+56s+160}$$

求系统的状态空间表达式。

解 MATLAB程序如下：

```
num=[0 0 1 0]; den=[1 14 56 160];
[A, B, C, D]=tf2ss(num, den)
```

运行结果：

```
A=
  -14   -56   -160
    1     0      0
    0     1      0
B=
    1
    0
    0
C=
    0     1     0
D=
    0
```

读者也可通过上述方法，求例 2-7 状态空间模型。程序如下：

```
num=[2, 6]; %G(s)的分子多项式系数
den=[1, 4, 5, 2]; %G(s)的分母多项式系数
[A, B, C, D]=tf2ss(num, den) %求状态空间表达式
```

运行结果：

```
A=
```

```
     -4     -5     -2
      1      0      0
      0      1      0
B=
      1
      0
      0
C=
      0      2      6
D=
      0
```

由零极点增益模型求状态空间表达式(串联实现)，其使用的转换函数为

[A，B，C，D]= zp2ss(z，p，k)

例 2-16 已知连续系统的零极点增益模型为

$$G(s)=\frac{5(s+6)}{(s+1)(s+5)(s+10)}$$

求系统的状态空间表达式。

解 MATLAB 程序如下：

```
k=5; z=-6; p=[-1, -5, -10];
[A, B, C, D]=zp2ss(z, p, k)
```

运行结果：

```
A=
    -1.0000          0          0
    5.0000   -15.0000    -7.0711
    0          7.0711          0
B=
    1
    1
    0
C=
      0          0      0.7071
D=
    0
```

需要说明的是，因为控制系统的状态空间表达式都不是唯一的。对于同一系统，可有无穷多个状态空间表达式，因此上述 MATLAB 命令仅给出了一种可能的状态空间表达式。

2.8.2 状态空间表达式与传递函数的变换

为了从状态空间方程得到传递函数，或者从传递函数得到状态空间方程，采用以下命令：

[num，den]= ss2tf[A，B，C，D，iu]

G= tf(num，den)，注：此命令适合于 SISO 系统

求出相应的传递函数。其中，iu 是多输入系统的任意输入。如果是单输入单输出系统，iu 为 1 或者可不写。

例 2-17 已知系统的状态空间表达式如下：

$$\begin{cases}\dot{\boldsymbol{X}}=\begin{bmatrix}0 & 1 & 0\\ 0 & 0 & 1\\ -5 & -20 & -2\end{bmatrix}\boldsymbol{X}+\begin{bmatrix}0\\ 2\\ 1\end{bmatrix}\boldsymbol{u}\\ \boldsymbol{y}=\begin{bmatrix}1 & 0 & 0\end{bmatrix}\boldsymbol{X}\end{cases}$$

试求相应的传递函数。

解 MATLAB 程序如下：

```
A=[0 1 0; 0 0 1; -5 -20 -2]; B=[0 2 1]'; C=[1 0 0]; D=0;
[num, den]=ss2tf(A, B, C, D);
G=tf(num, den)
```

运行结果：

```
G=
          2 s + 5
    ------------------
    s^3 + 2 s^2 + 20 s + 5
```

例 2-18 已知系统的状态空间表达式如下：

$$\begin{cases}\dot{\boldsymbol{X}}=\begin{bmatrix}0 & 1\\ -2 & -5\end{bmatrix}\boldsymbol{X}+\begin{bmatrix}1 & 1\\ 0 & 1\end{bmatrix}\boldsymbol{U}\\ \boldsymbol{Y}=\begin{bmatrix}1 & 0\\ 0 & 1\end{bmatrix}\boldsymbol{X}\end{cases}$$

试求相应的传递函数。

解 该系统有两个输入和两个输出，包括 4 个传递函数：

Y1(s)/U1(s)，Y1(s)/U2(s)，Y2(s)/U1(s)，Y2(s)/U2(s)

MATLAB 程序如下：

```
A=[0 1; -2 -5]; B=[1 1; 0 1]; C=[1 0; 0 1]; D=[0 0; 0 0];
[num, den]=ss2tf(A, B, C, D, 1); %第一个输入
sys1=tf(num(1, :), den);
sys2=tf(num(2, :), den);
[num, den]=ss2tf(A, B, C, D, 2); 第二个输入
sys3=tf(num(1, :), den);
sys4=tf(num(2, :), den);
G=[sys1, sys2; sys3, sys4]
```

运行结果：

```
G=
  From input 1 to output...
          s + 5
```

```
1:  ----------
     s^2 + 5 s + 2
       s + 6
2:  ----------
     s^2 + 5 s + 2
From input 2 to output...
         -2
1:  ----------
       s^2 + 5 s + 2
          s - 2
2:  ----------
       s^2 + 5 s + 2
```

2.8.3　状态空间表达式的线性变换

例 2-19　某系统状态空间表达式为

$$\begin{cases}\begin{bmatrix}\dot{x}_1\\\dot{x}_2\end{bmatrix}=\begin{bmatrix}0 & -2\\1 & -3\end{bmatrix}\begin{bmatrix}x_1\\x_2\end{bmatrix}+\begin{bmatrix}2\\0\end{bmatrix}\boldsymbol{u}\\ \boldsymbol{y}=\begin{bmatrix}0 & 3\end{bmatrix}\boldsymbol{X}\end{cases}$$

若取变换矩阵

$$\boldsymbol{P}=\begin{bmatrix}6 & 2\\2 & 0\end{bmatrix}$$

试求系统线性变换后的状态空间表达式。

解　变换后的系数矩阵为

$$\widetilde{\boldsymbol{A}}=\boldsymbol{P}^{-1}\boldsymbol{A}\boldsymbol{P}$$

$$\widetilde{\boldsymbol{B}}=\boldsymbol{P}^{-1}\boldsymbol{B}$$

$$\widetilde{\boldsymbol{C}}=\boldsymbol{C}\boldsymbol{P}$$

$$\widetilde{\boldsymbol{D}}=\boldsymbol{D}$$

这里首先利用 inv()函数求变换阵的逆，再利用矩阵乘法就可以了。

MATLAB 程序如下：

```
A=[0 -2; 1 -3]; B=[2 0]'; C=[0 3];
P=[6 2; 2 0]; P1=inv(P);
A1=P1 * A * P, B1=P1 * B, C1=C * P
```

运行结果：

```
A1=
      0     1
     -2    -3
B1=
      0
```

```
    1
C1=
    6    0
```

例 2-20　已知某系统的动态方程为

$$\begin{cases}\dot{\boldsymbol{X}}=\begin{bmatrix}0 & 1 & 0\\0 & 0 & 1\\-6 & -11 & -6\end{bmatrix}\boldsymbol{X}+\begin{bmatrix}1\\0\\0\end{bmatrix}\boldsymbol{u}\\ \boldsymbol{y}=\begin{bmatrix}1 & 1 & 0\end{bmatrix}\boldsymbol{X}\end{cases}$$

试将系统化为对角形。

解　可以先用函数 eig()求 $\boldsymbol{A}$ 矩阵的特征向量 $\boldsymbol{P}$ 和特征值 s，再用求逆函数 inv()求特征向量 $\boldsymbol{P}$ 的逆。

MATLAB 程序如如下：

```
A=[0 1 0; 0 0 1; -6 -11 -6]; B=[1 0 0]'; C=[1 1 0];
[P, S]=eig(A); P1=inv(P);
A1=P1 * A * P
B1=P1 * B
C1=C * P
```

或

```
sys=ss(A, B, C, D);
sys1=canon(sys)
```

运行结果：

```
A1=
    -1.0000   -0.0000    0.0000
    -0.0000   -2.0000    0.0000
    -0.0000   -0.0000   -3.0000
B1=
    -5.1962
   -13.7477
    -9.5394
C1=
        0   -0.2182    0.2097
```

或

```
sys1=
A=
          x1   x2   x3
    x1   -3    0    0
    x2    0   -2    0
    x3    0    0   -1
B=
```

```
         u1
   x1  -7.762
   x2   -14.7
   x3   8.617
 C=
          x1        x2         x3
   y1  0.2577   -0.2041   5.551e-17
 D=
       u1
   y1   0
```

例 2-21　试将下列状态空间表达式化为约当标准型：

$$\begin{cases}\dot{\boldsymbol{X}}=\begin{bmatrix}0 & 1 & 0\\0 & 0 & 1\\-2 & -5 & -4\end{bmatrix}\boldsymbol{X}+\begin{bmatrix}0\\0\\1\end{bmatrix}\boldsymbol{u}\\ \boldsymbol{y}=[6\quad 2\quad 0]\boldsymbol{X}\end{cases}$$

解　MATLAB 程序如下：

```
A=[0, 1, 0; 0, 0, 1; -2, -5, -4];
B=[0; 0; 1];
C=[6, 2, 0];
D=0;
lemda=eig(A);
[As, Bs, Cs, Ds, Ts]= canon(A, B, C, D, 'modal')%化为对角型
```

运行结果：

```
As=
    -2.0000         0         0
          0   -1.0000    0.0000
          0   -0.0000   -1.0000
Bs=
   1.0e+08 *
   0.0000
   0.0000
   -2.1182
Cs=
   0.1667   -0.6667    0.0000
Ds=
     0
Ts=
     1.0e+08 *
       0.0000     0.0000     0.0000
      -0.0000     0.0000     0.0000
      -4.2363    -6.3545    -2.1182
```

以下程序可求出约旦标准型状态方程：

```
[V, J]=jordan(A)
A1=J
B1=inv(V) * B
C1=C * V
D1=D
Ts=[0, 0, 1; 0, 1, 0; 1, 0, 0];
A2=Ts * A1 * inv(Ts)
B2=Ts * B
C2=C1 * inv(Ts)
```

运行结果：

```
V=
        1     2     0
       -2    -2     2
        4     2    -4
    J=
       -2     0     0
        0    -1     1
        0     0    -1
    A1=
       -2     0     0
        0    -1     1
        0     0    -1
    B1=
        1.0000
       -0.5000
        0.5000
    C1=
         2     8     4
    D1=
         0
    A2=
        -1     0     0
         1    -1     0
         0     0    -2
    B2=
         1
         0
         0
    C2=
         4     8     2
```

第 3 章　控制系统状态方程求解

3.1　线性连续定常齐次方程求解

所谓齐次方程解，也就是系统的自由解，是系统在没有控制输入的情况下，由系统的初始状态引起的自由运动，其状态方程为

$$\dot{\boldsymbol{X}}=\boldsymbol{AX} \tag{3-1}$$

上式中，$\boldsymbol{X}$ 是 $n\times n$ 维的状态向量，$\boldsymbol{A}$ 是 $n\times n$ 阶的常数矩阵。

我们知道，标量定常微分方程 $\dot{x}=ax$ 的解为

$$x=\mathrm{e}^{at}x(0)=[1+at+\frac{1}{2}a^2t^2+\cdots+\frac{1}{k!}a^kt^k+\cdots]x(0) \tag{3-2}$$

与式(3-2)类似，假设式(3-1)的解 $\boldsymbol{X}(t)$为时间 t 的幂级数形式，即：

$$\boldsymbol{X}(t)=\boldsymbol{b}_0+\boldsymbol{b}_1t+\boldsymbol{b}_2t^2+\cdots+\boldsymbol{b}_kt^k+\cdots \tag{3-3}$$

其中 $\boldsymbol{b}_i(i=0, 1, \cdots)$为与 $\boldsymbol{X}(t)$同维的矢量。

将式(3-3)两边对 t 求导，并代入式(3-1)，得

$$\boldsymbol{b}_1+2\boldsymbol{b}_2t+\cdots+k\boldsymbol{b}_kt^{k-1}+\cdots=\boldsymbol{A}(\boldsymbol{b}_0+\boldsymbol{b}_1t+\boldsymbol{b}_2t^2+\cdots+\boldsymbol{b}_kt^k+\cdots)$$

上式对任意时间 t 都应该成立，所以变量 t 的各阶幂的系数都应该相等，即

$$\begin{cases}\boldsymbol{b}_1=\boldsymbol{Ab}_0\\ \boldsymbol{b}_2=\dfrac{1}{2}\boldsymbol{Ab}_1=\dfrac{1}{2}\boldsymbol{A}^2\boldsymbol{b}_0\\ \boldsymbol{b}_3=\dfrac{1}{3}\boldsymbol{Ab}_2=\dfrac{1}{3!}\boldsymbol{A}^3\boldsymbol{b}_0\\ \quad\vdots\\ \boldsymbol{b}_k=\dfrac{1}{k}\boldsymbol{Ab}_{k-1}=\dfrac{1}{k!}\boldsymbol{A}^k\boldsymbol{b}_0\\ \quad\vdots\end{cases} \tag{3-4}$$

将系统初始条件 $\boldsymbol{X}(t)|_{t=0}=\boldsymbol{X}_0$ 代入式(3-3)，可得 $\boldsymbol{b}_0=\boldsymbol{X}_0$，代入式(3-4)可得

$$\begin{cases}\boldsymbol{b}_1=\boldsymbol{AX}_0\\ \boldsymbol{b}_2=\dfrac{1}{2!}\boldsymbol{A}^2\boldsymbol{X}_0\\ \quad\vdots\\ \boldsymbol{b}_k=\dfrac{1}{k!}\boldsymbol{A}^k\boldsymbol{X}_0\end{cases} \tag{3-5}$$

代入式(3-3)可得式(3-1)的解为

$$\boldsymbol{X}(t)=\left(\boldsymbol{I}+\boldsymbol{A}t+\frac{1}{2!}\boldsymbol{A}^2t^2+\cdots+\frac{1}{k!}\boldsymbol{A}^kt^k+\cdots\right)\boldsymbol{X}_0 \tag{3-6}$$

记

$$e^{At}=I+At+\frac{1}{2!}A^2t^2+\cdots+\frac{1}{k!}A^kt^k+\cdots \tag{3-7}$$

其中，e^{At}为一矩阵指数函数，它是一个$n\times n$阶的方阵，所以式(3-6)变为

$$X(t)=e^{At}X_0 \tag{3-8}$$

当式(3-1)给定的是t_0时刻的状态值$X(t_0)$时，不难证明：

$$X(t)=e^{A(t-t_0)}X(t_0) \tag{3-9}$$

从式(3-9)可看出，$e^{A(t-t_0)}$形式上是一个矩阵指数函数，且也是一个各元素随时间t变化的$n\times n$矩阵。但本质上，它的作用是将t_0时刻的系统状态矢量$X(t_0)$转移到t时刻的状态矢量$X(t)$，也就是说，它起到了系统状态转移的作用，所以我们称之为状态转移矩阵(The State Transition Matrix)，并记

$$\Phi(t-t_0)=e^{A(t-t_0)} \tag{3-10}$$

所以

$$X(t)=\Phi(t-t_0)X(t_0)$$

例 3-1　已知$A=\begin{bmatrix}0 & 1\\0 & 0\end{bmatrix}$，求$e^{At}$

解　根据式(3-7)，有

$$\begin{aligned}e^{At}&=I+At+\frac{1}{2!}A^2t^2+\cdots+\frac{1}{k!}A^kt^k+\cdots\\&=\begin{bmatrix}1 & 0\\0 & 1\end{bmatrix}+\begin{bmatrix}0 & 1\\0 & 0\end{bmatrix}t+\frac{1}{2}\begin{bmatrix}0 & 1\\0 & 0\end{bmatrix}^2t^2+\cdots\\&=\begin{bmatrix}1 & t\\0 & 1\end{bmatrix}\end{aligned}$$

3.2　状态转移矩阵的性质及其求法

性质 1　指数相乘规律：$e^{At}\cdot e^{A\tau}=e^{A(t+\tau)}$。

证　根据e^{At}的定义式(3-7)，有

$$\begin{aligned}e^{At}\cdot e^{A\tau}&=\left(I+At+\frac{1}{2!}A^2t^2+\cdots\right)\cdot\left(I+A\tau+\frac{1}{2!}A^2\tau^2+\cdots\right)\\&=I+A(t+\tau)+\frac{1}{2!}A^2(t+\tau)^2+\cdots\\&=e^{A(t+\tau)}\end{aligned}$$

性质 2　指数规律：① $e^{A0}=I$ ②$e^{At}\cdot e^{-At}=I$；③$[e^{At}]^{-1}=e^{-At}$。

证　① 根据式(3-7)，即有：

$$e^{A0}=I+A\cdot 0+\cdots=I$$

② 由性质 1 及其关系①有

$$e^{At}\cdot e^{-At}=e^{A(t-t)}=e^{A\cdot 0}=I$$

③ 由②两边同时左乘$[e^{At}]^{-1}$，注意e^{At}本身是一个$n\times n$阶的方阵，$[e^{At}]^{-1}\cdot e^{At}=\boldsymbol{I}$，所以

$$[e^{At}]^{-1}\cdot e^{At}\cdot e^{-At}=[e^{At}]^{-1}\cdot \boldsymbol{I}$$
$$\boldsymbol{I}\cdot e^{-At}=[e^{At}]^{-1}\cdot \boldsymbol{I}$$

即

$$[e^{At}]^{-1}=e^{-At}$$

从上式可知，矩阵指数函数e^{At}的逆矩阵始终存在，且等于e^{-At}。

性质 3　指数乘法规律：若矩阵$\boldsymbol{A}$，$\boldsymbol{B}$可交换，即$\boldsymbol{AB}=\boldsymbol{BA}$，那么$e^{(\boldsymbol{A}+\boldsymbol{B})t}=e^{At}\cdot e^{Bt}$，否则不成立。

证　根据式(3-7)的定义有

$$e^{(\boldsymbol{A}+\boldsymbol{B})t}=\boldsymbol{I}+(\boldsymbol{A}+\boldsymbol{B})t+\frac{1}{2!}(\boldsymbol{A}+\boldsymbol{B})^2t^2+\cdots$$
$$=\boldsymbol{I}+(\boldsymbol{A}+\boldsymbol{B})t+\frac{1}{2!}(\boldsymbol{A}^2+\boldsymbol{AB}+\boldsymbol{BA}+\boldsymbol{B}^2)t^2+\cdots$$
$$e^{At}\cdot e^{Bt}=\left(\boldsymbol{I}+\boldsymbol{A}t+\frac{1}{2!}\boldsymbol{A}^2t^2+\cdots\right)\left(\boldsymbol{I}+\boldsymbol{B}t+\frac{1}{2!}\boldsymbol{B}^2t^2+\cdots\right)$$
$$=\boldsymbol{I}+(\boldsymbol{A}+\boldsymbol{B})t+\frac{1}{2!}(\boldsymbol{A}^2+2\boldsymbol{AB}+\boldsymbol{B}^2)t^2+\cdots$$

比较上述两展开式t的各次幂的系数可知，当$\boldsymbol{AB}=\boldsymbol{BA}$时，$e^{(\boldsymbol{A}+\boldsymbol{B})t}=e^{At}\cdot e^{Bt}$。

性质 4　指数倒数规律：$\frac{d}{dt}e^{At}=\boldsymbol{A}e^{At}=e^{At}\cdot\boldsymbol{A}$。

证　因为

$$e^{At}=\boldsymbol{I}+\boldsymbol{A}t+\frac{1}{2!}\boldsymbol{A}^2t^2+\cdots+\frac{1}{k!}\boldsymbol{A}^kt^k+\cdots$$

所以

$$\frac{d}{dt}e^{At}=\boldsymbol{A}+\boldsymbol{A}^2t+\frac{1}{2!}\boldsymbol{A}^3t^2+\cdots+\frac{1}{(k-1)!}\boldsymbol{A}^kt^{k-1}+\cdots$$

上式右边多项式中，因为$\boldsymbol{t}$是标量，所以$\boldsymbol{A}$可以左提或右提出来，所以

$$\frac{d}{dt}e^{At}=\boldsymbol{A}\left(I+\boldsymbol{A}t+\frac{1}{2!}\boldsymbol{A}^2t^2+\cdots\right)=\boldsymbol{A}e^{At}$$

或

$$\frac{d}{dt}e^{At}=\left(I+\boldsymbol{A}t+\frac{1}{2!}\boldsymbol{A}^2t^2+\cdots\right)\boldsymbol{A}=e^{At}\cdot\boldsymbol{A}$$

由此可知，方阵$\boldsymbol{A}$及其矩阵指数函数e^{At}是可交换的。

性质 5　指数导数规律可用来从给定的e^{At}矩阵中求出系统矩阵$\boldsymbol{A}$，即：

$$\boldsymbol{A}=[e^{At}]^{-1}\cdot\frac{d}{dt}e^{At}=e^{-At}\cdot\frac{d}{dt}e^{At} \tag{3-11}$$

例 3-2　已知某系统的转移矩阵$e^{At}=\begin{bmatrix}1 & \frac{1}{2}(1-e^{-2t})\\ 0 & e^{-2t}\end{bmatrix}$，求系统矩阵$\boldsymbol{A}$。

解 根据式(3-11)有

$$\boldsymbol{A}=\mathrm{e}^{-\boldsymbol{A}t}\cdot\frac{\mathrm{d}}{\mathrm{d}t}\mathrm{e}^{\boldsymbol{A}t}=\begin{bmatrix}1 & \frac{1}{2}(1-\mathrm{e}^{2t})\\ 0 & \mathrm{e}^{2t}\end{bmatrix}\begin{bmatrix}0 & \mathrm{e}^{-2t}\\ 0 & -2\mathrm{e}^{-2t}\end{bmatrix}=\begin{bmatrix}0 & 1\\ 0 & -2\end{bmatrix}$$

性质6 若矩阵 $\boldsymbol{A}$ 为一对角阵，即 $\boldsymbol{A}=\mathrm{diag}(\lambda_1, \lambda_2, \cdots, \lambda_n)$，那么 $\mathrm{e}^{\boldsymbol{A}t}$ 也是对角阵，且 $\mathrm{e}^{\boldsymbol{A}t}=\mathrm{diag}(\mathrm{e}^{\lambda_1 t}, \mathrm{e}^{\lambda_2 t}, \cdots, \mathrm{e}^{\lambda_n t})$

证 按照定义式(3-7)，并注意 $\boldsymbol{A}^k=\mathrm{diag}(\lambda_1^k, \lambda_2^k, \cdots, \lambda_n^k)$，有

$$\begin{aligned}\mathrm{e}^{\boldsymbol{A}t} &= \boldsymbol{I}+\boldsymbol{A}t+\frac{1}{2!}\boldsymbol{A}^2t^2+\cdots\\ &= \begin{bmatrix}1 & & & \\ & 1 & & \\ & & \ddots & \\ & & & 1\end{bmatrix}+\begin{bmatrix}\lambda_1 & & & \\ & \lambda_2 & & \\ & & \ddots & \\ & & & \lambda_n\end{bmatrix}t+\frac{1}{2!}\begin{bmatrix}\lambda_1^2 & & & \\ & \lambda_2{}^2 & & \\ & & \ddots & \\ & & & \lambda_x^2\end{bmatrix}t^2+\cdots\\ &= \begin{bmatrix}\sum\limits_{k=0}^{\infty}\frac{1}{k!}\lambda_1^kt^k & & & \\ & \sum\limits_{k=0}^{\infty}\frac{1}{k!}\lambda_2^kt^k & & \\ & & \ddots & \\ & & & \sum\limits_{k=0}^{\infty}\frac{1}{k!}\lambda_n^kt^k\end{bmatrix}\\ &= \mathrm{diag}(\mathrm{e}^{\lambda_1 t}, \mathrm{e}^{\lambda_2 t}, \cdots, \mathrm{e}^{\lambda_n t})\end{aligned}$$

性质7 若 $n\times n$ 阶方阵 $\boldsymbol{A}$ 有 n 个不相等的特征根 $\lambda_i(i=1, 2, \cdots, n)$，$\boldsymbol{M}$ 是 $\boldsymbol{A}$ 的模态矩阵，$\tilde{\boldsymbol{A}}=\mathrm{diag}(\lambda_1, \lambda_2, \cdots, \lambda_n)$，则有

$$\begin{aligned}\boldsymbol{M}^{-1}\mathrm{e}^{\boldsymbol{A}t}\boldsymbol{M} &= \mathrm{e}^{\tilde{\boldsymbol{A}}t}\\ \mathrm{e}^{\boldsymbol{A}t} &= \boldsymbol{M}\mathrm{e}^{\tilde{\boldsymbol{A}}t}\boldsymbol{M}^{-1}\end{aligned} \tag{3-12}$$

证 考虑齐次方程 $\dot{\boldsymbol{X}}=\boldsymbol{A}\boldsymbol{X}$ 的解，其解为

$$\boldsymbol{X}(t)=\mathrm{e}^{\boldsymbol{A}t}\cdot\boldsymbol{X}_0 \tag{3-13}$$

对齐次方程作线性变换 $\boldsymbol{X}=\boldsymbol{M}\boldsymbol{Z}$，则有

$$\boldsymbol{M}\dot{\boldsymbol{Z}}=\boldsymbol{A}\boldsymbol{M}\boldsymbol{Z}$$

即

$$\dot{\boldsymbol{Z}}=\boldsymbol{M}^{-1}\boldsymbol{A}\boldsymbol{M}\boldsymbol{Z}=\tilde{\boldsymbol{A}}\boldsymbol{Z}\text{，且 }\boldsymbol{Z}_0=\boldsymbol{M}^{-1}\boldsymbol{X}_0$$

所以

$$\boldsymbol{Z}(t)=\mathrm{e}^{\tilde{\boldsymbol{A}}t}\cdot\boldsymbol{Z}_0=\mathrm{e}^{\tilde{\boldsymbol{A}}}\boldsymbol{M}^{-1}\boldsymbol{X}_0$$

即 $\boldsymbol{M}^{-1}\boldsymbol{X}(t)=\mathrm{e}^{\tilde{\boldsymbol{A}}t}\boldsymbol{M}^{-1}\boldsymbol{X}_0$，两边左乘 $\boldsymbol{M}$ 得

$$\boldsymbol{X}(t)=\boldsymbol{M}\mathrm{e}^{\tilde{\boldsymbol{A}}t}\boldsymbol{M}^{-1}\boldsymbol{X}_0 \tag{3-14}$$

比较式(3-13)和式(3-14)，因此有

$$e^{At}=\boldsymbol{M}e^{\tilde{A}t}\boldsymbol{M}^{-1}$$

上式经常用来求 e^{At}。

例 3-3　已知 $\boldsymbol{A}=\begin{bmatrix}0 & 1\\ -2 & -3\end{bmatrix}$，求 e^{At}。

解　因为

$$|\lambda\boldsymbol{I}-\boldsymbol{A}|=\begin{vmatrix}\lambda & -1\\ 2 & \lambda+3\end{vmatrix}=\lambda^2+3\lambda+2=0$$

$$\lambda_1=-1,\ \lambda_2=-2$$

所以

$$\tilde{\boldsymbol{A}}=\mathrm{diag}(\lambda_1\quad\lambda_2)=\mathrm{diag}(-1\quad -2)$$

$\lambda_1=-1$ 的特征向量 m_1 满足：

$$\boldsymbol{m}_1\lambda_1=\boldsymbol{A}\boldsymbol{m}_1$$

求得

$$\boldsymbol{m}_1=[1\quad -1]^{\mathrm{T}}$$

同理，$\boldsymbol{m}_2\lambda_2=\boldsymbol{A}\boldsymbol{m}_2$，求得

$$\boldsymbol{m}_2=[1\quad -2]^{\mathrm{T}}$$

所以，模态阵为

$$\boldsymbol{M}=[\boldsymbol{m}_1\quad \boldsymbol{m}_2]=\begin{bmatrix}1 & 1\\ -1 & -2\end{bmatrix},\ \boldsymbol{M}^{-1}=\begin{bmatrix}2 & 1\\ -1 & -1\end{bmatrix}$$

根据式(3-12)有

$$\begin{aligned}e^{At}=\boldsymbol{M}e^{\tilde{A}t}\boldsymbol{M}^{-1}&=\begin{bmatrix}1 & 1\\ -1 & -2\end{bmatrix}\begin{bmatrix}e^{-t} & 0\\ 0 & e^{-2t}\end{bmatrix}\begin{bmatrix}2 & 1\\ -1 & -1\end{bmatrix}\\ &=\begin{bmatrix}2e^{-t}-e^{-2t} & e^{-t}-e^{-2t}\\ 2e^{-2t}-2e^{-t} & 2e^{-2t}-e^{-t}\end{bmatrix}\end{aligned}$$

性质 8　若 $\boldsymbol{J}_j$ 为 $m_i\times m_i$ 的约当块，即

$$\boldsymbol{J}_i=\begin{bmatrix}\lambda_i & 1 & \cdots & 0\\ 0 & \lambda_i & \cdots & 0\\ \vdots & \vdots & & \vdots\\ 0 & 0 & \cdots & 1\\ 0 & 0 & \cdots & \lambda_i\end{bmatrix}_{m_i\times m_i}$$

那么有

$$e^{\boldsymbol{J}_i t}=e^{\lambda_i c}\begin{bmatrix}1 & t & \frac{t^2}{2} & \cdots & \frac{t^{m_i-1}}{(m_i-1)!}\\ & 1 & t & \cdots & \vdots\\ & & 1 & \ddots & \vdots\\ & & & \ddots & t\\ & & & & 1\end{bmatrix}\tag{3-15}$$

证

$$\boldsymbol{J}_i=\begin{bmatrix}\lambda_i & 1 & \cdots & 0\\ 0 & \lambda_i & \ddots & 0\\ \vdots & \vdots & \ddots & \vdots\\ 0 & 0 & & 1\\ 0 & 0 & \cdots & \lambda_i\end{bmatrix}=\begin{bmatrix}\lambda_i & & & \\ & \lambda_i & & \\ & & \ddots & \\ & & & \lambda_i\end{bmatrix}+\begin{bmatrix}0 & 1 & & \\ & 0 & \ddots & \\ & & \ddots & 1\\ & & & 0\end{bmatrix}=\boldsymbol{A}+\boldsymbol{B}$$

不难验证，$\boldsymbol{AB}=\boldsymbol{BA}$，即 $\boldsymbol{A}$，$\boldsymbol{B}$ 可交换，所以根据性质 3，$\mathrm{e}^{\boldsymbol{J}_i t}=\mathrm{e}^{(\boldsymbol{A}+\boldsymbol{B})t}=\mathrm{e}^{\boldsymbol{A}t}\cdot\mathrm{e}^{\boldsymbol{B}t}$。

又根据性质 5 有

$$\mathrm{e}^{\boldsymbol{A}t}=\mathrm{diag}(\mathrm{e}^{\lambda_i t},\ \mathrm{e}^{\lambda_i t},\ \cdots,\ \mathrm{e}^{\lambda_i t})=\mathrm{e}^{\lambda_i t}\cdot\boldsymbol{I}$$

根据式(3-7)有

$$\mathrm{e}^{\boldsymbol{B}t}=\boldsymbol{I}+\boldsymbol{B}t+\frac{1}{2}\boldsymbol{B}^2t^2+\cdots+\frac{1}{k!}\boldsymbol{B}^kt^k+\cdots$$

$$=\begin{bmatrix}1 & & & \\ & 1 & & \\ & & \ddots & \\ & & & 1\end{bmatrix}+\begin{bmatrix}0 & t & & \\ & 0 & \ddots & \\ & & \ddots & t\\ & & & 0\end{bmatrix}+\frac{1}{2}\begin{bmatrix}0 & 0 & t^2 & \cdots & 0\\ & 0 & 0 & \ddots & \vdots\\ & & 0 & \ddots & t^2\\ & & & \ddots & 0\\ & & & & 0\end{bmatrix}+\cdots+$$

$$\frac{1}{(m_i-1)!}\begin{bmatrix}0 & \cdots & 0 & t^{m_i-1}\\ & \ddots & & 0\\ & & \ddots & \vdots\\ & & & 0\end{bmatrix}$$

$$=\begin{bmatrix}1 & t & \dfrac{t^2}{2!} & \cdots & \dfrac{t^{m_i-1}}{(m_i-1)!}\\ & 1 & t & \ddots & \vdots\\ & & \ddots & \ddots & \dfrac{t^2}{2!}\\ & & & \ddots & t\\ & & & & 1\end{bmatrix}$$

故

$$\mathrm{e}^{(\boldsymbol{A}+\boldsymbol{B})t}=\mathrm{e}^{\boldsymbol{A}t}\mathrm{e}^{\boldsymbol{B}t}=\mathrm{e}^{\lambda_i c}\begin{bmatrix}1 & t & \dfrac{t^2}{2!} & \cdots & \dfrac{t^{m_i-1}}{(m_i-1)!}\\ & 1 & t & \ddots & \vdots\\ & & \ddots & \ddots & \dfrac{t^2}{2!}\\ & & & \ddots & t\\ & & & & 1\end{bmatrix}$$

性质 9 若约当标准型矩阵 $\boldsymbol{J}=\mathrm{diag}[\boldsymbol{J}_1\quad \boldsymbol{J}_2\quad \cdots\quad \boldsymbol{J}_l]$，式中，$\boldsymbol{J}_i$ 为 $m_i\times m_i$ 阶约当块，那么

$$e^{Jt}=\mathrm{diag}[e^{J_1 t} \quad e^{J_2 t} \quad \cdots \quad e^{J_l t}] \tag{3-16}$$

（证明略）。

性质 10 若 $n\times n$ 阶矩阵 $\boldsymbol{A}$ 有重特征根，$\boldsymbol{T}_J$ 是将 $\boldsymbol{A}$ 转化为约当标准型 $\boldsymbol{J}$ 的变换阵，即 $\boldsymbol{J}=\boldsymbol{T}_J^{-1}\boldsymbol{A}\boldsymbol{T}_J$，那么有

$$e^{\boldsymbol{A}t}=\boldsymbol{T}_J e^{\boldsymbol{J}t}\boldsymbol{T}_J^{-1} \tag{3-17}$$

（证明略）。

式(3-17)经常用来求有重特征根的矩阵的 $e^{\boldsymbol{A}t}$。

例 3-4 已知 $\boldsymbol{A}=\begin{bmatrix}0&1&0\\0&0&1\\-2&-5&-4\end{bmatrix}$，求 $e^{\boldsymbol{A}t}$。

解

$$|\lambda\boldsymbol{I}-\boldsymbol{A}|=\begin{vmatrix}\lambda&-1&0\\0&\lambda&-1\\2&5&\lambda+4\end{vmatrix}=\lambda^3+4\lambda^2+5\lambda+2=0$$

$$\lambda_1=-1,\ m_1=2,\ \lambda_3=-2,\ m_3=1$$

根据第 2 章有关内容，可知

$$\boldsymbol{J}=\begin{bmatrix}-1&1&0\\0&-1&0\\0&0&-2\end{bmatrix}=\mathrm{diag}(\boldsymbol{J}_1 \quad \boldsymbol{J}_2)$$

故

$$e^{\boldsymbol{J}t}=\mathrm{diag}(e^{\boldsymbol{J}_1 t} \quad e^{\boldsymbol{J}_2 t})=\begin{bmatrix}e^{-t}&te^{-t}&0\\0&e^{-t}&0\\0&0&e^{-2t}\end{bmatrix}$$

设 $\boldsymbol{T}_J=(\boldsymbol{t}_1 \quad \boldsymbol{t}_2 \quad \boldsymbol{t}_3)$，则

$(\lambda_1\boldsymbol{I}-\boldsymbol{A})\boldsymbol{t}_1=\boldsymbol{0}$ 得，$\boldsymbol{t}_1=[1 \quad -1 \quad 1]^{\mathrm{T}}$；

$(\lambda_1\boldsymbol{I}-\boldsymbol{A})\boldsymbol{t}_2=-\boldsymbol{t}_1$ 得，$\boldsymbol{t}_2=[1 \quad 0 \quad -1]^{\mathrm{T}}$；

$(\lambda_3\boldsymbol{I}-\boldsymbol{A})\boldsymbol{t}_3=\boldsymbol{0}$ 得，$\boldsymbol{t}_3=[1 \quad -2 \quad 4]^{\mathrm{T}}$。

故

$$\boldsymbol{T}_J=\begin{bmatrix}1&1&1\\-1&0&-2\\1&-1&4\end{bmatrix},\ \boldsymbol{T}_J^{-1}=\begin{bmatrix}-2&-5&-2\\2&3&1\\1&2&1\end{bmatrix}$$

根据式(3-17)，有

$$\begin{aligned}e^{\boldsymbol{A}t}&=\boldsymbol{T}_J e^{\boldsymbol{J}t}\boldsymbol{T}_J^{-1}\\&=\begin{bmatrix}1&1&1\\-1&0&-2\\1&-1&4\end{bmatrix}\begin{bmatrix}e^{-t}&te^{-t}&0\\0&e^{-t}&0\\0&0&e^{-2t}\end{bmatrix}\begin{bmatrix}-2&-5&-2\\2&3&1\\1&2&1\end{bmatrix}\\&=\begin{bmatrix}2te^{-t}+e^{-2t}&(3t-2)e^{-t}+2e^{-2t}&(t-1)e^{-t}+e^{-2t}\\(2-2t)e^{-t}-2e^{-2t}&(5-3t)e^{-t}-4e^{-2t}&(2-t)e^{-t}-2e^{-2t}\\(2t-4)e^{-t}+4e^{-2t}&(3t-8)e^{-t}+8e^{-2t}&(t-3)e^{-t}+4e^{-2t}\end{bmatrix}\end{aligned}$$

性质 11 矩阵指数 e^{At} 可表示为有限项之和：

$$e^{At}=\sum_{i=0}^{n-1}\boldsymbol{A}^i\alpha_i(t) \tag{3-18}$$

其中，当 $\boldsymbol{A}$ 的 n 个特征根互不相等时，$\alpha_i(t)$ 满足：

$$\begin{bmatrix}\alpha_0(t)\\ \alpha_1(t)\\ \vdots\\ \alpha_{n-1}(t)\end{bmatrix}=\begin{bmatrix}1 & \lambda_1 & \lambda_1^2 & \cdots & \lambda_1^{n-1}\\ 1 & \lambda_2 & \lambda_2^2 & \cdots & \lambda_2^{n-1}\\ \vdots & \vdots & \vdots & & \vdots\\ 1 & \lambda_n & \lambda_n^2 & \cdots & \lambda_n^{n-1}\end{bmatrix}^{-1}\begin{bmatrix}e^{\lambda_1 t}\\ e^{\lambda_2 t}\\ \vdots\\ e^{\lambda_n t}\end{bmatrix} \tag{3-19}$$

即

$$\alpha_0(t)+\alpha_1(t)\lambda_i+\cdots+\alpha_{n-1}(t)\lambda_i^{n-1}=e^{\lambda_i t}\quad (i=1,2,\cdots,n) \tag{3-20}$$

若 $\boldsymbol{A}$ 有 n 重特征根，不妨设 λ_1 为 m_1 重根，这时式(3-20)只有 $(n-m_1+1)$ 个独立方程，剩下的 m_1-1 个方程，可由下列关系添加：

$$\frac{d^k}{d\lambda^k}\{\alpha_0(t)+\alpha_1(t)\lambda+\cdots+\alpha_{n-1}(t)\lambda^{n-1}-e^{\lambda t}\}\big|_{\lambda=\lambda_1}=0\ (k=1,2,\cdots,m_1-1) \tag{3-21}$$

证 下面只证明 $\boldsymbol{A}$ 有 n 个不相等特征根的情况。

根据凯利-哈密顿(Cayley-Hamilton)定理，方阵 $\boldsymbol{A}$ 满足其本身的特征方程，即

$$f(\boldsymbol{A})=\boldsymbol{A}^n+a_{n-1}\boldsymbol{A}^{n-1}+\cdots+a_1\boldsymbol{A}+a_0\boldsymbol{I}=0$$

所以

$$\boldsymbol{A}^n=-(a_{n-1}\boldsymbol{A}^{n-1}+\cdots+a_1\boldsymbol{A}+a_0\boldsymbol{I})$$

$$\begin{aligned}\boldsymbol{A}^{n+1}&=\boldsymbol{A}^n\boldsymbol{A}=-a_{n-1}\boldsymbol{A}^n-a_{n-2}\boldsymbol{A}^{n-1}-\cdots-a_1\boldsymbol{A}^2-a_0\boldsymbol{A}\\ &=a_{n-1}(a_{n-1}\boldsymbol{A}^{n-1}+a_{n-2}\boldsymbol{A}^{n-2}+\cdots+a_1\boldsymbol{A}+a_0\boldsymbol{I})-a_{n-2}\boldsymbol{A}^{n-1}-\cdots-a_0\boldsymbol{A}\\ &=(a_{n-1}^2-a_{n-2})\boldsymbol{A}^{n-1}+(a_{n-1}a_{n-2}-a_{n-3})\boldsymbol{A}^{n-2}+\cdots+(a_{n-1}a_1-a_0)\boldsymbol{A}+a_{n-1}a_0\boldsymbol{I}\end{aligned}$$

$$\boldsymbol{A}^{n+2}=\cdots$$

也就是说，所有 $\boldsymbol{A}^i(i\geqslant n)$ 都可以表示为 $\boldsymbol{A}^0$，$\boldsymbol{A}^1$，…，$\boldsymbol{A}^{n-1}$ 的线性代数和。

将 $\boldsymbol{A}^i(i\geqslant n)$ 代入 e^{At} 的定义式(3-7)，经整理可得

$$e^{At}=\sum_{i=0}^{n-1}\alpha_i(t)\boldsymbol{A}^i \tag{3-22}$$

下面再求 $\alpha_i(t)$ 的关系式。因为 $\boldsymbol{A}$ 有 n 个不同的特征根 λ_1，λ_2，…，λ_n，并设 $\boldsymbol{M}$ 为 $\boldsymbol{A}$ 的模态矩阵，则有

$$\boldsymbol{A}=\boldsymbol{M}\cdot\mathrm{diag}(\lambda_1,\lambda_2,\cdots,\lambda_n)\cdot\boldsymbol{M}^{-1}$$

$$\begin{aligned}\boldsymbol{A}^2&=\boldsymbol{M}\cdot\mathrm{diag}(\lambda_1,\lambda_2,\cdots,\lambda_n)\cdot\boldsymbol{M}^{-1}\cdot\boldsymbol{M}\cdot\mathrm{diag}(\lambda_1,\lambda_2,\cdots,\lambda_n)\cdot\boldsymbol{M}^{-1}\\ &=\boldsymbol{M}\cdot\mathrm{diag}(\lambda_1^2,\lambda_2^2,\cdots,\lambda_n^2)\cdot\boldsymbol{M}^{-1}\end{aligned}$$

……

$$\boldsymbol{A}^i=\boldsymbol{M}\cdot\mathrm{diag}(\lambda_1^i,\lambda_2^i,\cdots,\lambda_n^i)\cdot\boldsymbol{M}^{-1} \tag{3-23}$$

代入式(3-22)得

$$\begin{aligned}e^{At}&=\sum_{i=0}^{n-1}\alpha_i(t)\cdot\boldsymbol{M}\cdot\mathrm{diag}(\lambda_1^i,\lambda_2^i,\cdots,\lambda_n^i)\cdot\boldsymbol{M}^{-1}\\ &=\boldsymbol{M}\cdot\mathrm{diag}\left[\sum_{i=0}^{n-1}\alpha_i(t)\lambda_1^i,\ \sum_{i=0}^{n-1}\alpha_i(t)\lambda_2^i,\ \cdots,\ \sum_{i=0}^{n-1}\alpha_i(t)\lambda_n^i\right]\cdot\boldsymbol{M}^{-1}\end{aligned} \tag{3-24}$$

又根据式(3-12)，$e^{At}=M\cdot \mathrm{diag}(e^{\lambda_1 t}, e^{\lambda_2 t}, \cdots, e^{\lambda_n t})\cdot M^{-1}$，可得

$$e^{\lambda_j t}=\sum_{i=0}^{n-1}\alpha_i(t)\lambda_j^i(j=1, 2, \cdots, n) \tag{3-25}$$

即　　$\alpha_0(t)+\alpha_1(t)\lambda_j+\cdots+\alpha_{n-1}(t)\lambda_j^{n-1}=e^{\lambda_j t}(j=1, 2, \cdots, n)\ (j=1, 2,\cdots,n)$

所以，式(3-20)得到证明。

例 3-5　已知 $A=\begin{bmatrix}0 & 1\\ -2 & -3\end{bmatrix}$，利用凯利-哈密顿定理求 e^{At}。

解　在例 3-3 中我们求得 **A** 矩阵 $\lambda_1=-1$，$\lambda_2=-2$，有两个不同的根，根据式(3-19)可得

$$\begin{bmatrix}\alpha_0(t)\\ \alpha_1(t)\end{bmatrix}=\begin{bmatrix}1 & -1\\ 1 & -2\end{bmatrix}^{-1}\begin{bmatrix}e^{-t}\\ e^{-2t}\end{bmatrix}=\begin{bmatrix}2 & -1\\ 1 & -1\end{bmatrix}\begin{bmatrix}e^{-t}\\ e^{-2t}\end{bmatrix}=\begin{bmatrix}2e^{-t}-e^{-2t}\\ e^{-t}-e^{-2t}\end{bmatrix}$$

代入式(3-18)得

$$\begin{aligned}e^{At}&=c_0(t)A^0+c'_1(t)A^1\\&=\begin{bmatrix}2e^{-t}-e^{-2t} & e^{-t}-e^{-2t}\\ 2e^{-2t}-2e^{-t} & 2e^{-2t}-e^{-t}\end{bmatrix}\\ e^{At}&=\alpha_0(t)A^0+\alpha_1(t)A^1\\&=\begin{bmatrix}2e^{-t}-e^{-2t} & \\ & e^{-t}-e^{-2t}\end{bmatrix}+\begin{bmatrix}0 & e^{-t}-e^{-2t}\\ 2e^{-2t}-2e^{-t} & 3e^{-2t}-3e^{-t}\end{bmatrix}\\&=\begin{bmatrix}2e^{-t}-e^{-2t} & e^{-t}-e^{-2t}\\ 2e^{-2t}-2e^{-t} & 2e^{-2t}-e^{-t}\end{bmatrix}\end{aligned}$$

性质 12　矩阵指数函数可用拉普拉斯反变换法求得：

$$e^{At}=L^{-1}\{[sI-A]^{-1}\} \tag{3-26}$$

证　考虑 $\dot{X}(t)=AX(t)$ 在 $X(t)|_{t=0}=X_0$ 初始条件下的解：

$$X(t)=e^{At}X_0$$

对 $\dot{X}(t)=AX(t)$ 两边取拉普拉斯变换，得

$$sX(s)-X_0=AX(s)$$

$$(sI-A)X(s)=X_0$$

$$X(s)=(sI-A)^{-1}X_0$$

取拉普拉斯反变换，得

$$X(t)=L^{-1}\{[sI-A]^{-1}\}\cdot X_0=e^{At}X_0$$

$$e^{At}=L^{-1}\{[sI-A]^{-1}\}$$

例 3-6　利用拉普拉斯反变换法求 e^{At}，其中 $A=\begin{bmatrix}0 & 1\\ -2 & -3\end{bmatrix}$。

解

$$sI-A=\begin{bmatrix}s & -1\\ 2 & s+3\end{bmatrix}$$

$$(s\boldsymbol{I}-\boldsymbol{A})^{-1}=\frac{1}{(s+1)(s+2)}\begin{bmatrix}s+3 & 1\\ -2 & s\end{bmatrix}=\begin{bmatrix}\dfrac{s+3}{(s+1)(s+2)} & \dfrac{1}{(s+1)(s+2)}\\ \dfrac{-2}{(s+1)(s+2)} & \dfrac{s}{(s+1)(s+2)}\end{bmatrix}$$

$$=\begin{bmatrix}\dfrac{2}{s+1}-\dfrac{1}{s+2} & \dfrac{1}{s+1}-\dfrac{1}{s+2}\\ -\dfrac{2}{s+1}+\dfrac{2}{s+2} & -\dfrac{1}{s+1}+\dfrac{2}{s+2}\end{bmatrix}$$

$$\mathrm{e}^{\boldsymbol{A}t}=\boldsymbol{L}^{-1}\{[s\boldsymbol{I}-\boldsymbol{A}]^{-1}\}=\begin{bmatrix}2\mathrm{e}^{-t}-\mathrm{e}^{-2t} & \mathrm{e}^{-t}-\mathrm{e}^{-2t}\\ -2\mathrm{e}^{-t}+2\mathrm{e}^{-2t} & 2\mathrm{e}^{-2t}-\mathrm{e}^{-t}\end{bmatrix}$$

3.3 线性连续定常非齐次状态方程求解

定常非齐次状态方程为

$$\dot{\boldsymbol{X}}=\boldsymbol{AX}+\boldsymbol{BU},\ \boldsymbol{X}\big|_{t=t_0}=\boldsymbol{X}(t_0) \tag{3-27}$$

从物理意义上看，系统从 t_0 时刻的初始状态 $\boldsymbol{X}(t_0)$开始，在外界控制 $u(t)$的作用下运动。要求系统在任意时刻的状态 $\boldsymbol{X}(t)$，就必须求解式(3-27)。

采用类似于非齐次标量定常微分方程的解法，式(3-27)可写成

$$\dot{\boldsymbol{X}}-\boldsymbol{AX}=\boldsymbol{BU}$$

两边同时左乘 $\mathrm{e}^{-\boldsymbol{A}t}$，得

$$\mathrm{e}^{-\boldsymbol{A}t}(\dot{\boldsymbol{X}}-\boldsymbol{AX})=\mathrm{e}^{-\boldsymbol{A}t}\boldsymbol{BU}$$

根据矩阵微积分知识，上式进一步有

$$\frac{\mathrm{d}}{\mathrm{d}t}(\mathrm{e}^{-\boldsymbol{A}t}\boldsymbol{X})=\mathrm{e}^{-\boldsymbol{A}t}\boldsymbol{BU}$$

两边同时在$[t_0,\ t]$区间积分，得

$$\mathrm{e}^{-\boldsymbol{A}t}\boldsymbol{X}(t)\Big|_{t_0}^{t}=\int_{t_0}^{t}\mathrm{e}^{-\boldsymbol{A}\tau}\boldsymbol{BU}(\tau)\mathrm{d}\tau$$

$$\mathrm{e}^{-\boldsymbol{A}t}\boldsymbol{X}(t)-\mathrm{e}^{-\boldsymbol{A}t_0}\boldsymbol{X}(t_0)=\int_{t_0}^{t}\mathrm{e}^{-\boldsymbol{A}\tau}\boldsymbol{BU}(\tau)\mathrm{d}\tau$$

两边同时左乘 $\mathrm{e}^{\boldsymbol{A}t}$，并整理得

$$\boldsymbol{X}(t)=\mathrm{e}^{\boldsymbol{A}(t-t_0)}\boldsymbol{X}(t_0)+\mathrm{e}^{\boldsymbol{A}t}\int_{t_0}^{t}\mathrm{e}^{-\boldsymbol{A}\tau}\boldsymbol{BU}(\tau)\mathrm{d}\tau$$

即

$$\boldsymbol{X}(t)=\boldsymbol{\Phi}(t-t_0)\boldsymbol{X}(t_0)+\int_{t_0}^{t}\boldsymbol{\Phi}(t-\tau)\boldsymbol{BU}(\tau)\mathrm{d}\tau \tag{3-28}$$

当初始时刻 $t_0=0$ 时，式(3-28)变为

$$\boldsymbol{X}(t)=\boldsymbol{\Phi}(t)\boldsymbol{X}(0)+\int_{0}^{t}\boldsymbol{\Phi}(t-\tau)\boldsymbol{BU}(\tau)\mathrm{d}\tau \tag{3-29}$$

从式(3-28)和式(3-29)可知，非齐次状态方程(3-27)的解由两部分组成，第一部分

是在初始状态 $\boldsymbol{X}(t_0)$作用下的自由运动，第二部分为在系统输入 $\boldsymbol{U}(t)$作用下的强制运动。

当$\boldsymbol{U}(t)$为几种典型的控制输入时，式(3-29)有如下形式。

(1) 脉冲信号输入，即 $\boldsymbol{U}(t)=\boldsymbol{K}\delta(t)$时，可以求得

$$\begin{aligned}\boldsymbol{X}(t)&=\mathrm{e}^{\boldsymbol{A}t}\boldsymbol{X}_0+\int_0^t\mathrm{e}^{\boldsymbol{A}t}\mathrm{e}^{-\boldsymbol{A}\tau}\boldsymbol{BK}\delta(\tau)\mathrm{d}\tau\\&=\mathrm{e}^{\boldsymbol{A}t}\boldsymbol{X}_0+\mathrm{e}^{\boldsymbol{A}t}\left[\int_0^t\mathrm{e}^{-\boldsymbol{A}\tau}\delta(\tau)\mathrm{d}\tau\right]\boldsymbol{BK}\\&=\mathrm{e}^{\boldsymbol{A}t}\boldsymbol{X}_0+\mathrm{e}^{\boldsymbol{A}t}\left[\int_{0-}^{0+}\boldsymbol{I}\delta(\tau)\mathrm{d}\tau\right]\boldsymbol{BK}\\&=\mathrm{e}^{\boldsymbol{A}t}\boldsymbol{X}_0+\mathrm{e}^{\boldsymbol{A}t}\boldsymbol{BK}\end{aligned}$$

即

$$\boldsymbol{X}(t)=\mathrm{e}^{\boldsymbol{A}t}(\boldsymbol{X}_0+\boldsymbol{BK})\tag{3-30}$$

(2) 阶跃信号输入，即 $\boldsymbol{U}(t)=\boldsymbol{K}\cdot 1(t)$时，可以求得

$$\begin{aligned}\boldsymbol{X}(t)&=\mathrm{e}^{\boldsymbol{A}t}\boldsymbol{X}_0+\mathrm{e}^{\boldsymbol{A}t}\left[\int_0^t\mathrm{e}^{-\boldsymbol{A}\tau}\mathrm{d}\tau\right]\boldsymbol{BK}\\&=\mathrm{e}^{\boldsymbol{A}t}\boldsymbol{X}_0+\mathrm{e}^{\boldsymbol{A}t}[\boldsymbol{I}-\mathrm{e}^{-\boldsymbol{A}t}]\boldsymbol{A}^{-1}\boldsymbol{BK}\end{aligned}$$

$$\boldsymbol{X}(t)=\mathrm{e}^{\boldsymbol{A}t}\boldsymbol{X}_0+(\mathrm{e}^{\boldsymbol{A}t}-\boldsymbol{I})\boldsymbol{A}^{-1}\boldsymbol{BK}\tag{3-31}$$

(3) 斜坡信号输入，即 $\boldsymbol{U}(t)=\boldsymbol{K}t$，可以求得

$$\boldsymbol{X}(t)=\mathrm{e}^{\boldsymbol{A}t}\boldsymbol{X}_0+[\boldsymbol{A}^{-2}(\mathrm{e}^{\boldsymbol{A}t}-\boldsymbol{I})-\boldsymbol{A}^{-1}t]\boldsymbol{BK}\tag{3-32}$$

例 3-7　求下列状态方程在单位阶跃函数作用下的输出：

$$\dot{\boldsymbol{X}}=\begin{bmatrix}0&1\\-2&-3\end{bmatrix}\boldsymbol{X}+\begin{bmatrix}0\\1\end{bmatrix}\boldsymbol{u},\ \boldsymbol{X}(0)=0$$

解　根据式(3-31)，有

$$\boldsymbol{X}(t)=\mathrm{e}^{\boldsymbol{A}t}\boldsymbol{X}_0+(\mathrm{e}^{\boldsymbol{A}t}-\boldsymbol{I})\boldsymbol{A}^{-1}\boldsymbol{BK}$$

其中，$\boldsymbol{X}_0=0$，$\boldsymbol{B}=[0\quad 1]^{\mathrm{T}}$，$\boldsymbol{K}=1$。

$$\boldsymbol{A}^{-1}=\begin{bmatrix}0&1\\-2&-3\end{bmatrix}^{-1}=\begin{bmatrix}-\dfrac{3}{2}&-\dfrac{1}{2}\\1&0\end{bmatrix}$$

在例 3-6 中已求得

$$\mathrm{e}^{\boldsymbol{A}t}=\begin{bmatrix}2\mathrm{e}^{-t}-\mathrm{e}^{-2t}&\mathrm{e}^{-t}-\mathrm{e}^{-2t}\\-2\mathrm{e}^{-t}+2\mathrm{e}^{-2t}&2\mathrm{e}^{-2t}-\mathrm{e}^{-t}\end{bmatrix}$$

$$\begin{aligned}\boldsymbol{X}(t)&=\begin{bmatrix}2\mathrm{e}^{-t}-\mathrm{e}^{-2t}-1&\mathrm{e}^{-t}-\mathrm{e}^{-2t}\\-2\mathrm{e}^{-t}+2\mathrm{e}^{-2t}&2\mathrm{e}^{-2t}-\mathrm{e}^{-t}-1\end{bmatrix}\begin{bmatrix}-\dfrac{3}{2}&-\dfrac{1}{2}\\1&0\end{bmatrix}\begin{bmatrix}0\\1\end{bmatrix}\cdot 1\\&=\begin{bmatrix}\dfrac{1}{2}-\mathrm{e}^{-t}+\dfrac{1}{2}\mathrm{e}^{-2t}\\\mathrm{e}^{-t}-\mathrm{e}^{-2t}\end{bmatrix}\end{aligned}$$

3.4 连续时间状态空间表达式的离散化

数字计算机处理的是时间上离散的数字量，如果要采用数字计算机对连续时间系统进行控制，就必须将连续系统状态方程离散化。另外，在最优控制理论中，我们经常要用离散动态规划法对连续系统进行优化控制，同样也需要先进行离散化。

设连续系统动态方程为

$$\begin{cases}\dot{\boldsymbol{X}}=\boldsymbol{AX}+\boldsymbol{BU}\\ \boldsymbol{Y}=\boldsymbol{CX}+\boldsymbol{DU}\end{cases}\tag{3-33}$$

系统离散化的原则是：在每个采样时刻 $kT(k=0, 1, 2, 3\cdots)$，其中 T 为采样周期，系统离散化前后的 $\boldsymbol{U}(kt)$，$\boldsymbol{X}(kt)$，$\boldsymbol{Y}(kt)$ 保持不变。而采样的方法是在 $t=kT$ 时刻对 $\boldsymbol{U}(t)$ 值采样得 $\boldsymbol{U}(kt)$，并通过零阶段保持器，使 $\boldsymbol{U}(kt)$ 的值在 $[kT, (k+1)T]$ 时间段保持不变。

根据上述离散化原则，离散化后的动态方程为

$$\begin{aligned}\boldsymbol{X}[(k+1)T]&=\boldsymbol{G}(T)\boldsymbol{X}(kT)+\boldsymbol{H}(T)U(kT)\\ \boldsymbol{Y}(kT)&=\boldsymbol{CX}(kT)+\boldsymbol{DU}(kT)\end{aligned}$$

上述输出方程表示 kT 时刻离散系统的输出 $\boldsymbol{Y}(kT)$ 和输入 $\boldsymbol{U}(kt)$ 及其系统状态量 $\boldsymbol{X}(kt)$ 的关系，它应该与离散化前的关系一样。下面根据离散化原理求出离散系统状态方程，即求出 $\boldsymbol{G}(T)$ 和 $\boldsymbol{H}(T)$。

根据连续时间状态方程求解公式(3-28)，假设 $t_0=kT$，并求 $t=(k+1)T$ 时刻的状态 $\boldsymbol{X}[(k+1)^T]$，由式(3-28)，并注意 $\boldsymbol{U}(t)=\boldsymbol{U}(kT)$ 在 $kT\sim(k+1)^T$ 时段不变，

$$\begin{aligned}\boldsymbol{X}[(k+1)T]&=\mathrm{e}^{\boldsymbol{A}T}\boldsymbol{X}(kT)+\int_{kT}^{(k+1)T}\mathrm{e}^{\boldsymbol{A}[(k+1)T-\tau]}\boldsymbol{B}\cdot\boldsymbol{U}(kT)\mathrm{d}\tau\\ &=\mathrm{e}^{\boldsymbol{A}T}\boldsymbol{X}(kT)+\int_{kT}^{(k+1)T}\mathrm{e}^{\boldsymbol{A}[(k+1)T-\tau]}\boldsymbol{B}\cdot\mathrm{d}\tau\cdot\boldsymbol{U}(kT)\\ &=\boldsymbol{G}(T)\boldsymbol{X}(kT)+\boldsymbol{H}(T)\boldsymbol{U}(kT)\end{aligned}$$

其中：$\boldsymbol{G}(T)=\mathrm{e}^{\boldsymbol{A}T}$，它只与采样周期 T 有关，

$$\boldsymbol{H}(T)=\int_{kT}^{(k+1)T}\mathrm{e}^{\boldsymbol{A}[(k+1)T-\tau]}\cdot\boldsymbol{B}\mathrm{d}\tau$$

令 $t=(k+1)T-\tau$，则 $\mathrm{d}t=-\mathrm{d}\tau$。当 $\tau=kT$ 时，$t=T$；当 $\tau=(k+1)T$ 时，$t=0$。

$$\boldsymbol{H}(T)=\int_T^0\mathrm{e}^{\boldsymbol{A}t}\boldsymbol{B}(-\mathrm{d}t)=\int_0^T\mathrm{e}^{\boldsymbol{A}t}\boldsymbol{B}\mathrm{d}t=\boldsymbol{A}^{-1}(\mathrm{e}^{\boldsymbol{A}T}-\boldsymbol{I})\boldsymbol{B}$$

它也只与采样周期 T 有关。

在下面的书写中，我们忽略时刻 kT 中的 T 符号，直接用 k 代表 kT 时刻，有连续系统离散化公式：

$$\begin{cases}\boldsymbol{X}(k+1)=\boldsymbol{G}(T)\boldsymbol{X}(k)+\boldsymbol{H}(T)\boldsymbol{U}(k)\\ \boldsymbol{Y}(k)=\boldsymbol{CX}(k)+\boldsymbol{DU}(k)\end{cases}\tag{3-34}$$

其中，$\boldsymbol{G}(T)=\mathrm{e}^{\boldsymbol{A}T}$，$\boldsymbol{H}(T)=\int_0^T\mathrm{e}^{\boldsymbol{A}T}\boldsymbol{B}\mathrm{d}t=\boldsymbol{A}^{-1}(\mathrm{e}^{\boldsymbol{A}T}-\boldsymbol{I})\boldsymbol{B}$。

例 3-8 试将下列状态方程离散化。

$$\dot{\boldsymbol{X}}=\begin{bmatrix}0 & 1\\0 & -2\end{bmatrix}\boldsymbol{X}+\begin{bmatrix}0\\1\end{bmatrix}\boldsymbol{U}(t)$$

解 $\mathrm{e}^{\boldsymbol{A}t}=L^{-1}[(s\boldsymbol{I}-\boldsymbol{A})^{-1}]=L^{-1}\left\{\begin{bmatrix}s & -1\\0 & s+2\end{bmatrix}^{-1}\right\}$

$$=L^{-1}\left\{\begin{bmatrix}\dfrac{1}{s} & \dfrac{1}{2}\left(\dfrac{1}{s}-\dfrac{1}{s+2}\right)\\0 & \dfrac{1}{s+2}\end{bmatrix}\right\}=\begin{bmatrix}1 & \dfrac{1}{2}(1-\mathrm{e}^{-2t})\\0 & \mathrm{e}^{-2t}\end{bmatrix}$$

$$\boldsymbol{G}(T)=\mathrm{e}^{\boldsymbol{A}T}=\begin{bmatrix}1 & \dfrac{1}{2}(1-\mathrm{e}^{-2T})\\0 & \mathrm{e}^{-2T}\end{bmatrix}\approx\begin{bmatrix}1 & T\\0 & 1-2T\end{bmatrix}$$

$$\boldsymbol{H}(T)=\int_0^T\mathrm{e}^{\boldsymbol{A}T}\cdot\boldsymbol{B}\mathrm{d}t=\int_0^T\begin{bmatrix}\dfrac{1}{2}(1-\mathrm{e}^{-2t})\\\mathrm{e}^{-2t}\end{bmatrix}\mathrm{d}t$$

$$=\begin{bmatrix}\dfrac{T}{2}+\dfrac{1}{4}\mathrm{e}^{-2T}-\dfrac{1}{4}\\\dfrac{1}{2}-\dfrac{1}{2}\mathrm{e}^{-2T}\end{bmatrix}$$

$$\approx\begin{bmatrix}0\\T\end{bmatrix}$$

$$\boldsymbol{X}(k+1)=\boldsymbol{G}(T)\boldsymbol{X}(k)+\boldsymbol{H}(T)\boldsymbol{U}(k)$$

$$=\begin{bmatrix}1 & T\\0 & 1-2T\end{bmatrix}\boldsymbol{X}(k)+\begin{bmatrix}0\\T\end{bmatrix}\boldsymbol{U}(k)$$

当 $T=0.01$ 时，有

$$\boldsymbol{X}(k+1)=\begin{bmatrix}1 & 0.01\\0 & 0.98\end{bmatrix}\boldsymbol{X}(k)+\begin{bmatrix}0\\0.01\end{bmatrix}\boldsymbol{U}(k)$$

在 MATLAB 中，语句 C2D 可直接求出连续系统的离散化方程。

3.5 离散时间系统状态方程求解

离散时间系统状态方程求解一般有两种方法：递推法(迭代法)和 Z 变换法。前者对定常、时变系统都适用，而后者只适用于定常系统。我们只介绍递推法。

对于线性定常离散系统状态方程：

$$\boldsymbol{X}[(k+1)]=\boldsymbol{GX}(k)+\boldsymbol{HU}(k)\boldsymbol{X}(k)\big|_{k=0}=\boldsymbol{X}(0) \tag{3-35}$$

依次取 $k=0, 1, 2, \cdots$ 得

$$\boldsymbol{X}(1)=\boldsymbol{GX}(0)+\boldsymbol{HU}(0)$$

$$\boldsymbol{X}(2)=\boldsymbol{GX}(1)+\boldsymbol{HU}(1)=\boldsymbol{G}^2\boldsymbol{X}(0)+\boldsymbol{GHU}(0)+\boldsymbol{HU}(1)$$

$$\boldsymbol{X}(3)=\boldsymbol{GX}(2)+\boldsymbol{HU}(2)=\boldsymbol{G}^3\boldsymbol{X}(0)+\boldsymbol{G}^2\boldsymbol{HU}(0)+\boldsymbol{GHU}(1)+\boldsymbol{HU}(2)$$

$$\begin{aligned}\boldsymbol{X}(k) &= \boldsymbol{G}\boldsymbol{X}(k-1)+\boldsymbol{H}\boldsymbol{U}(k-1)\\ &= \boldsymbol{G}^{k}\boldsymbol{X}(0)+\boldsymbol{G}^{k-1}\boldsymbol{H}\boldsymbol{U}(0)+\cdots+\boldsymbol{G}\boldsymbol{H}\boldsymbol{U}(k-2)+\boldsymbol{H}\boldsymbol{U}(k-1)\\ &= \boldsymbol{G}^{k}\boldsymbol{X}(0)+\sum_{j=0}^{k-1}\boldsymbol{G}^{k-1-j}\boldsymbol{H}\boldsymbol{U}(j)\end{aligned}$$

当初始时刻为 h 时，同理可推出：

$$\boldsymbol{X}(k)=\boldsymbol{G}^{k-h}\boldsymbol{X}(h)+\sum_{j=h}^{k-1}\boldsymbol{G}^{k-1-j}\boldsymbol{H}\boldsymbol{U}(j)$$

与连续时间系统方程解类似，记 $\boldsymbol{\Phi}(k)=\boldsymbol{G}^{k}$ 或 $\boldsymbol{\Phi}(k-h)=\boldsymbol{G}^{k-h}$，称它们为离散系统的状态转移矩阵。所以，离散系统的解可记为

$$\boldsymbol{X}(k)=\boldsymbol{\Phi}(k)\boldsymbol{X}(0)+\sum_{j=0}^{k-1}\boldsymbol{\Phi}(k-1-j)\boldsymbol{H}\boldsymbol{U}(j) \tag{3-36}$$

或

$$\boldsymbol{X}(k)=\boldsymbol{\Phi}(k-h)\boldsymbol{X}(h)+\sum_{j=h}^{k-1}\boldsymbol{\Phi}(k-1-j)\boldsymbol{H}\boldsymbol{U}(j) \tag{3-37}$$

3.6 利用 MATLAB 求解状态方程

当用状态空间描述法对线性控制系统进行运动分析时，矩阵的运算和处理起着十分重要的作用。MATLAB 提供了许多与状态空间描述有关的矩阵运算和处理函数，使得线性系统的运动分析十分方便。

3.6.1 计算矩阵指数

利用 MATLAB 符号工具箱提供的函数可以进行系统的状态转移矩阵和零输入响应等相关的运算。

例 3-9 已知线性定常系统的系统矩阵为

$$\boldsymbol{A}=\begin{bmatrix}0 & 1\\ -6 & -5\end{bmatrix}$$

试用 MATLAB 求系统的状态转移矩阵 $e^{\boldsymbol{A}t}$。

解 可用如下 MATLAB 程序求解：

```
syms t %定义符号变量 t
A=[0 1; -6 -5];
eat=expm(A*t)
```

运行结果：

```
eat=
[ 3*exp(-2*t) - 2*exp(-3*t), exp(-2*t) - exp(-3*t)]
[ 6*exp(-3*t) - 6*exp(-2*t), 3*exp(-3*t) - 2*exp(-2*t)]
```

3.6.2 求线性系统的状态响应

例 3-10 已知系统状态空间表达式为

$$\begin{cases}\begin{bmatrix}\dot{x}_1\\ \dot{x}_2\end{bmatrix}=\begin{bmatrix}-1 & -1\\ 6.5 & 0\end{bmatrix}\begin{bmatrix}x_1\\ x_2\end{bmatrix}+\begin{bmatrix}1 & 1\\ 1 & 0\end{bmatrix}\begin{bmatrix}u_1\\ u_2\end{bmatrix}\\ \begin{bmatrix}y_1\\ y_2\end{bmatrix}=\begin{bmatrix}1 & 0\\ 0 & 1\end{bmatrix}\begin{bmatrix}x_1\\ x_2\end{bmatrix}\end{cases}$$

(1) 求系统单位阶跃响应曲线。

(2) 若系统初始条件为 $\boldsymbol{x}_0=[1\quad 0]^{\mathrm{T}}$，试求该系统的零输入响应曲线。

解　(1) 在 MATLAB 命令窗口下输入以下语句：

```
A=[ -1 -1; 6.5 0 ];
B=[ 1 1; 1 0 ];
C=[ 1 0; 0 1];
D=[ 0 0; 0 0];
step(A, B, C, D)
```

系统输出量的单位阶跃响应曲线如图 3-1 所示。

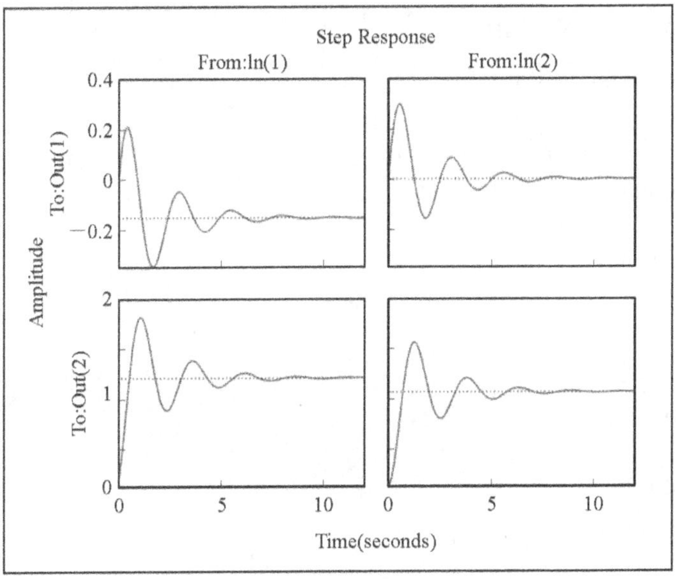

图 3-1　系统输出的单位阶跃响应

(2) 在 MATLAB 命令窗口下键入以下语句：

```
A=[ -1 -1; 6.5 0 ];
B=[ 1 1; 1 0 ];
C=[ 1 0; 0 1];
D=[ 0 0; 0 0];
X0=[1; 0];
initial(A, B, C, D, X0)
```

系统的零输入响应曲线如图 3-2 所示。

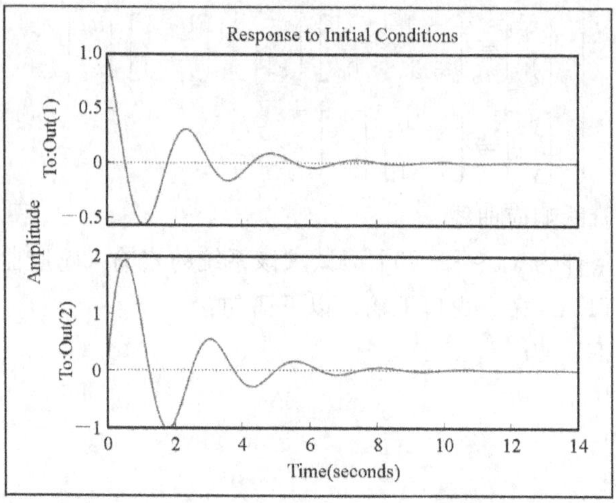

图 3-2 系统零输入响应曲线

例 3-11 创建周期为 4 s，持续时间为 10 s，采样周期为 0.1 s 的单位方波信号和正弦信号作为输入，求系统的输出响应。

解 MATLAB 程序如下：

```
clear; clc;
[u1, t]=gensig('square', 4, 30, 0.1);
[u2, t]=gensig('sine', 4, 30, 0.1);
figure(1);
subplot(2, 1, 1);
plot(t, u1);
grid on;
subplot(2, 1, 2);
plot(t, u2);
grid on;
u=[u1, u2]
A=[ -1 -1; 6.5 0 ];
B=[ 1 1; 1 0 ];
C=[ 1 0; 0 1];
D=[ 0 0; 0 0];
G=ss(A, B, C, D);
G1=tf(G)
figure(2);
lsim(G1, u, t);
```

运行结果：

```
G1=
  From input 1 to output...
                s - 1
   1:  ---------
           s^2 + s + 6.5
```

```
         s + 7.5
 2:   ----------
       s^2 + s + 6.5
From input 2 to output...
            s
 1:   ----------
       s^2 + s + 6.5
           6.5
 2:   ----------
       s^2 + s + 6.5
```

输入信号曲线如图 3 - 3 所示；系统输出阶跃响应曲线如图 3 - 4 所示。

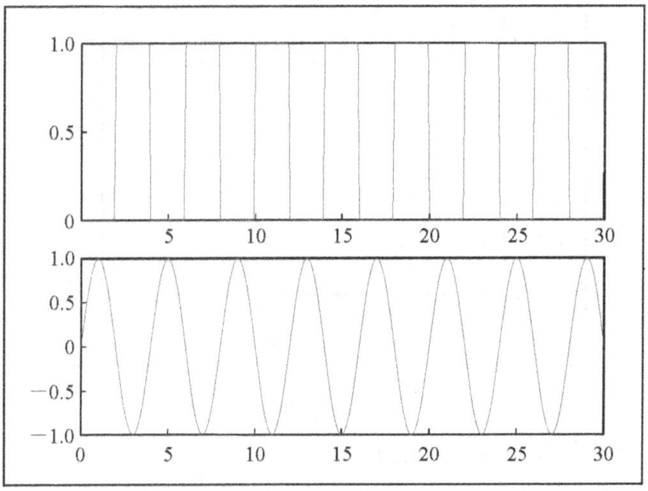

图 3 - 3　输入信号曲线

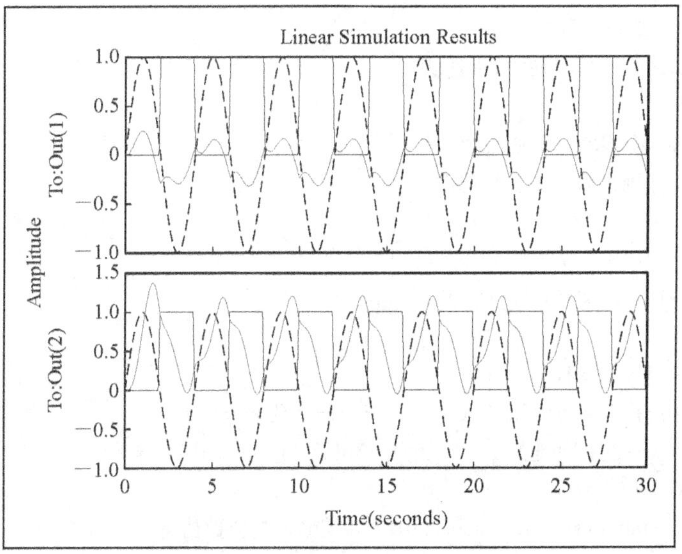

图 3 - 4　系统输出阶跃响应曲线

例 3-12 前面例 3-7 状态轨迹图可以用 MATLAB 方便地绘出，如图 3-5 所示。

解 MATLAB 程序如下：

```
t=0:0.1:10;
x1=0.5-exp(-t)+0.5*exp(-2*t);
x2=exp(-t)-exp(-2*t);
plot(t, x1, 'x', t, x2, '*');
xlabel('时间轴');
ylabel('x 代表 x1, ----*代表 x2');
```

运行结果如图 3-5 所示。

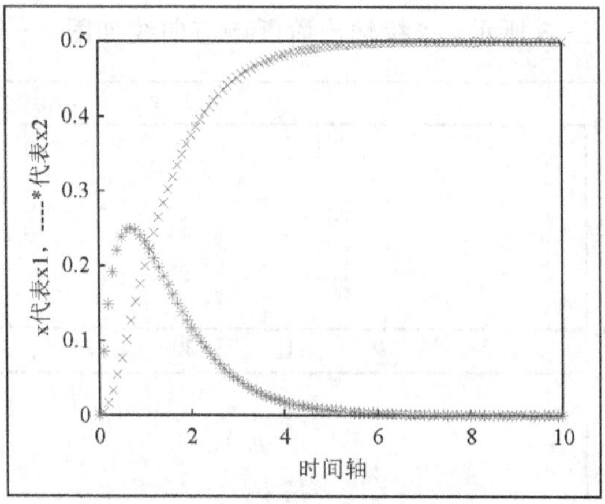

图 3-5 系统状态轨迹曲线

例 3-13 例 3-7 MATLAB 求解过程如下：

解 MATLAB 程序如下：

```
clc; clear;
syms t; %t 符号化
A=[0, 1; -2, -3];
Y1=expm(A*t)%矩阵指数表达式
X0=[1; 2];
xt=Y1*X0 % 零输入响应表达式
%根据表达式画出状态变量轨迹图
x1=xt(1); x2=xt(2);
subs(t); t=0:0.1:10;
x1=subs(x1, t); x2=subs(x2, t);
figure(1);
plot(t, x1, 'x', t, x2, '*');
xlabel('时间轴'); ylabel('x 代表 x1, ----*代表 x2');
B=[0; 1]; C=[]; D=[];
sys=ss(A, B, C, D);
[y, t1, X]=initial(sys, X0, 0:0.1:10); %零输入响应数值解
figure(2);
```

```
plot(t1, X);
[Y2, t2, X2]=step(sys, 0:0.1:10); %单位阶跃响应
figure(3);
plot(t2, X2);
```

运行结果：

```
Y1=
[ 2*exp(-t) - exp(-2*t), exp(-t) - exp(-2*t)]
[ 2*exp(-2*t) - 2*exp(-t), 2*exp(-2*t) - exp(-t)]
xt=
4*exp(-t) - 3*exp(-2*t)
6*exp(-2*t) - 4*exp(-t)
```

状态变量轨迹曲线如图 3-6 所示；系统零状态响应曲线如图 3-7 所示；系统阶跃响应曲线如图 3-8 所示。

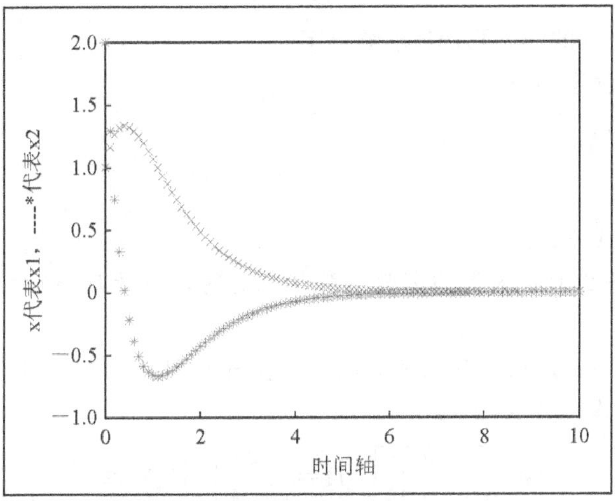

图 3-6　状态变量轨迹曲线

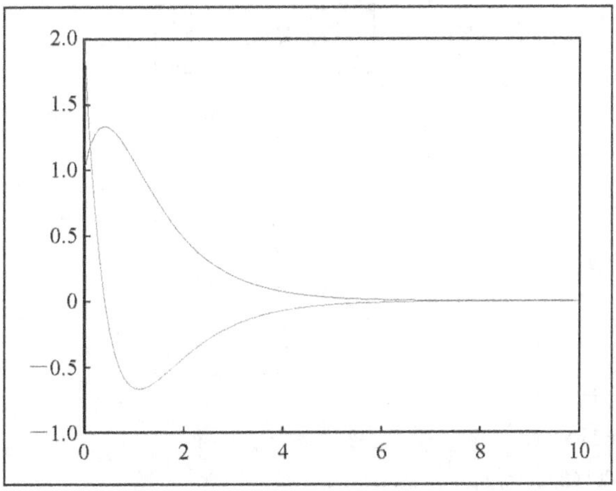

图 3-7　系统零状态响应曲线

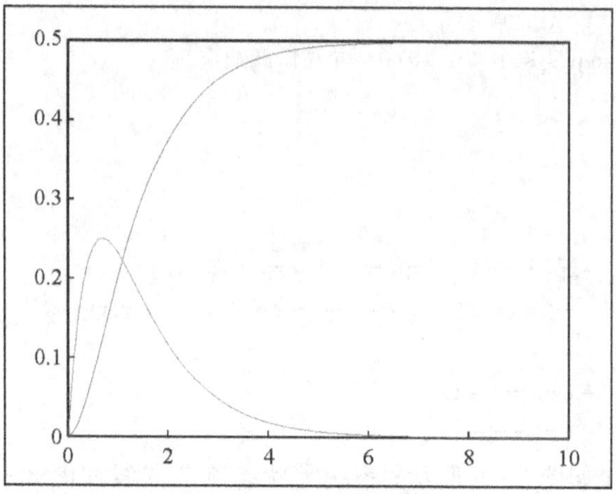

图 3-8　系统阶跃响应曲线

例 3-14　例 3-8 的 MATLAB 求解程序：

解　MATLAB 程序如下：

```
A=[0 1; 0 -2];
B=[0; 1];
T=0.01
[G, H]=c2d(A, B, T)
```

例 3-15　例 3-8 中所求得的离散系统状态方程，假设 $\boldsymbol{U}(k)\equiv 1$，求给定初值下，$\boldsymbol{X}(k)$的状态轨迹。

解　如果用式(3-36)求出显式解，那么其工作量是巨大的。我们可以在 MATLAB 中，直接通过递推法求出各 $\boldsymbol{X}(k)$值。

$$\boldsymbol{G}=\begin{bmatrix}1 & 0.01\\0 & 0.98\end{bmatrix},\ \boldsymbol{H}=\begin{bmatrix}0\\0.01\end{bmatrix},\ \boldsymbol{U}(k)\equiv 1$$

取两个不同的 $\boldsymbol{X}(0)$来比较结果，有

$$\boldsymbol{X}(0)=\begin{bmatrix}0\\1\end{bmatrix}\text{和 }\boldsymbol{X}(0)=\begin{bmatrix}1\\0\end{bmatrix}$$

MATLAB 程序：

```
G=[1, 0.01; 0, 0.98];
H=[0; 0.01];
U=1;
X1=[0; 1];
X2=[1; 0];
for k=0:400
    X1=G*X1+H*U;
    X2=G*X2+H*U;
    plot(X1(1), X1(2), 'o');
    plot(X2(1), X2(2), '-');
hold on;
```

```
end
hold off;
text(0.5, 0.7, '\leftarrow X1 轨迹曲线');
text(1.1, 0.3, '\leftarrow X2 轨迹曲线');
xlabel('状态变量 X(1)');
ylabel('状态变量 X(2)');
```

程序运行结果如图 3-9 所示。

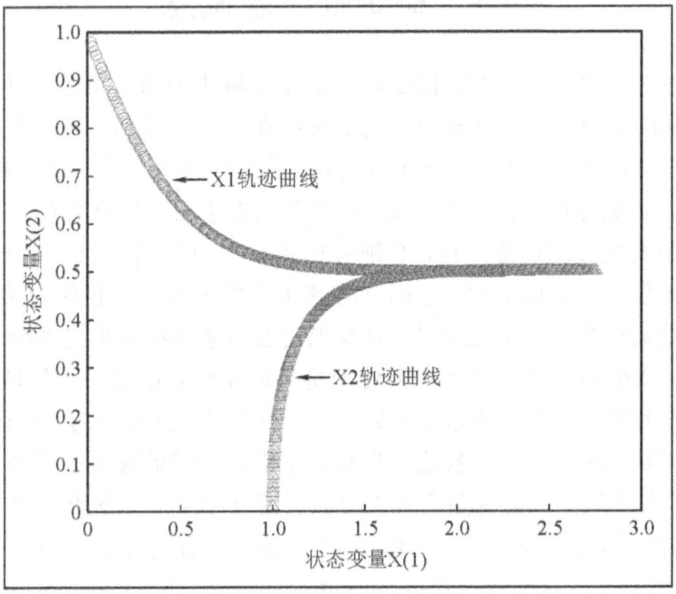

图 3-9　系统状态变量轨迹曲线

第4章 系统稳定性及其李雅普诺夫稳定性

4.1 稳定性一般概念

一个控制系统与一个社会一样，稳定性是首先要解决的重要问题，是其他一切工作的基础。稳定性问题的字面意思很好理解，就是系统在受到扰动后，是否有能力在平衡态继续工作。大家都知道，历史上社会改革成本很高，且以失败者居多，从控制论的角度来看，就是对社会这个大系统的稳定性研究不够，导致扰动发生后，系统发散了。

一个自动控制系统要能正常工作，必须首先是一个稳定的系统。例如，电压自动调整系统中保持电机电压为恒定的能力；电机自动调速系统中保持电机转速为一定的能力，以及火箭飞行中保持航向为一定的能力等，具有稳定性的系统称为稳定系统。

从直观上看，系统的稳定性就是一个处于稳态的系统，在某一干扰信号的作用下，其状态偏离了原有平衡位置，如果该系统是稳定的，那么当干扰取消后，在有限的时间内，系统会在自身作用下回到平衡状态；反之，若系统不稳定，则系统永远不会回到原来的平衡状态。也可以说，系统的稳定性就是系统在受到外界干扰后，系统状态变量或输出变量的偏差量(被调量偏离平衡位置的数值)过渡过程的收敛性，用数学方法表示就是

$$\lim_{t\to\infty} |\Delta x(t)| \leqslant \varepsilon$$

式中，$\Delta x(t)$为系统被调量偏离其平衡位置的变化量，为任意小的规定量。如果系统在受到外界干扰后偏差量越来越大，显然它不可能是一个稳定系统。

分析一个控制系统的稳定性，一直是控制理论中所关注的最重要的问题。在经典控制论中，我们通过研究线性定常系统的特征根的情况来判断系统的输出稳定性：如果系统的特征根都有负的实部(即都在复平面的左部)，则系统输出稳定。

对于 n 阶线性连续系统，其特征方程为

$$y^{(n)} + a_{n-1}y^{(n-1)} + \cdots + a_1 y^{(1)} + a_0 y = 0 \tag{4-1}$$

当 $n \geqslant 4$ 时，要求出其所有特征根是非常困难的，从而要想通过解出高阶系统的特征根来判别系统稳定性也是不现实的。所以 1877 年劳斯(Routh)和 1895 年霍尔维茨(Hurwitz)分别提出了有名的劳斯-霍尔维茨稳定判据，它可以通过线性定常系统特征方程系数的简单代数运算来判别系统输出稳定性，而不必求出各个特征根。有关劳斯-霍尔维茨判据的详细内容请参阅有关经典控制论教材。

通过学习，我们知道上述稳定性判别方法仅限于讨论 SISO 线性定常系统输入输出间动态关系，讨论的是线性定常系统的有界输入有界输出(BIBO)稳定性，未研究系统的内部状态变化的稳定性，也不能推广到时变系统和非线性系统等复杂系统。

系统的稳定性是系统本身的特性，与系统的外部输入(控制)无关。系统内部稳定主要针对系统内部状态，反映的是系统内部状态受干扰信号的影响，当扰动信号取消后，系统的内部状态会在一定时间内恢复到原来的平衡状态，则称系统状态稳定。

现代控制系统的结构比较复杂，大都存在非线性或时变因素，即使是系统结构本身，往往也需要根据性能指标的要求而加以改变，才能适应新的情况，保证系统的正常或最佳运行状态。在解决这类复杂系统的稳定性问题时，最常用的方法是基于李雅普诺夫第二法而得到的一些稳定性理论，即李雅普诺夫(Lyapunov)稳定性定理。

第一类方法是将非线性系统在平衡态附近线性化，然后通过讨论线性化系统的特征值(或极点)分布及稳定性来讨论原非线性系统的稳定性问题。这是一种较简捷的方法，与经典控制理论中判别稳定性方法的思路是一致的。该方法称为间接法，亦称为李雅普诺夫第一法。

第二类方法不是通过解方程或求系统特征值来判别稳定性，而是通过定义一个叫作李雅普诺夫函数的标量函数来分析判别稳定性。由于不用解方程就能直接判别系统稳定性，因此第二种方法称为直接法，亦称为李雅普诺夫第二法。

李雅普诺夫稳定性反映的是系统的一种本质特征。这种特征不随系统变换而改变，但可通过系统反馈和综合加以控制，这也是控制理论和控制工程的精髓。

4.1.1　系统的平衡状态

没有外界输入作用的系统叫自治系统，自治系统可用如下的显含时间 t 的状态方程来描述，即为齐次状态方程：

$$\dot{\boldsymbol{X}}=\boldsymbol{f}(\boldsymbol{X},\ t),\ \boldsymbol{X}(t)\big|_{t=t_0}=\boldsymbol{X}_0 \tag{4-2}$$

其中，$\boldsymbol{X}(t)$为系统的 n 维状态向量，$\boldsymbol{f}$ 是有关状态向量 $\boldsymbol{X}$ 以及显式时间 t 的 n 维矢量函数，$\boldsymbol{f}$ 为线性或非线性。如果对于所有 t，状态 $\boldsymbol{X}_e$ 总满足：

$$\boldsymbol{f}(\boldsymbol{X}_e,\ t)=0 \tag{4-3}$$

其中，$\boldsymbol{X}_e$ 为系统的平衡状态。从定义可知，平衡态即指状态空间中状态变量的导数向量为零向量的点(状态)，如图 4-1 所示。

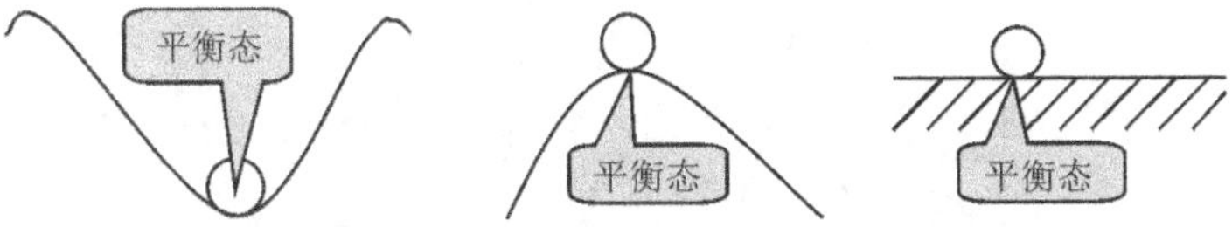

图 4-1　系统的平衡状态

对于一般控制系统，它可能没有，也可能有一个或多个平衡状态。为了进一步理解稳定性的概念，我们以图 4-2 所示的火箭发射为例。

火箭的简化模型可以看成是一个倒立摆，如图 4-3 所示，在最低端施加控制力，来保持其在竖直方向的角度可控。

图 4-2 火箭发射

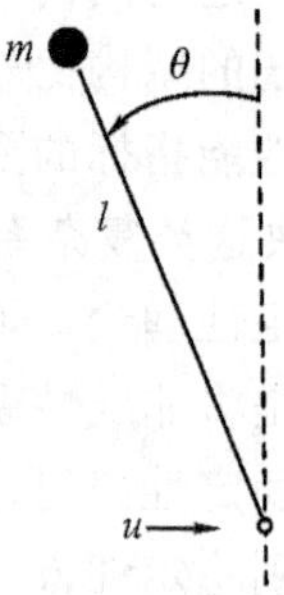

图 4-3 火箭简化模型

其状态方程如下：

$$\frac{\mathrm{d}}{\mathrm{d}t}\begin{bmatrix}\theta\\ \dot{\theta}\end{bmatrix}=\begin{bmatrix}\dot{\theta}\\ \dfrac{mgl}{J_t}\sin\theta-\dfrac{\gamma}{J_t}\dot{\theta}+\dfrac{l}{J_t}\cos\theta\cdot u\end{bmatrix} \tag{4-4}$$

其中，γ 为旋转摩擦系数，$J_t=J+ml^2$，u 为施加的外力。假设对火箭不做任何控制，即 $u=0$，这时火箭的状态方程可进一步简化：

$$\frac{\mathrm{d}}{\mathrm{d}t}\begin{bmatrix}\theta\\ \dot{\theta}\end{bmatrix}=\begin{bmatrix}\dot{\theta}\\ \dfrac{mgl}{J_t}\sin\theta-\dfrac{\gamma}{J_t}\dot{\theta}\end{bmatrix} \tag{4-5}$$

不失一般性，假设 $mgl=J_t=1$，$\gamma=1$，则上述方程变为

$$\begin{bmatrix}\dot{x}_1(t)\\ \dot{x}_2(t)\end{bmatrix}=\begin{bmatrix}x_2\\ \sin(x_1)-x_2\end{bmatrix} \tag{4-6}$$

式(4-6)为非线性方程，我们借助 MATLAB 画出状态轨迹，如图 4-4 所示。

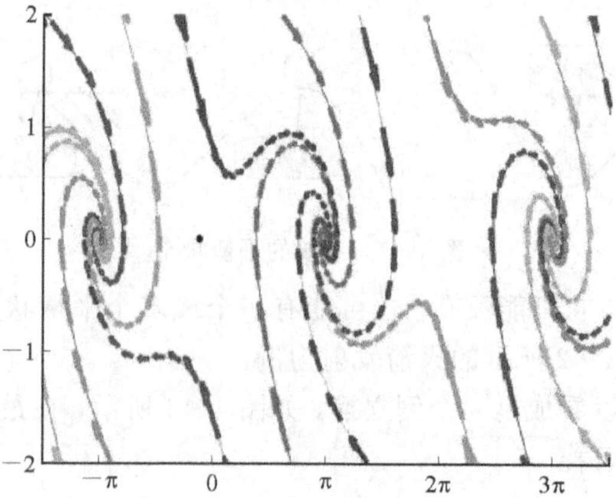

图 4-4 状态变量轨迹图

图 4-4 中，横坐标为状态变量 x_1，纵坐标为状态变量 x_2。可以看到在图中有三个比较明显的点，似旋涡中心，无论初始条件是什么，最终都要稳定在这三个点上(实际很多，我们只计算了三个)，这三个点的坐标是$[\pm n\pi,\ 0]'$，$n=-1, 1, 3$。

根据平衡状态的定义，方程导数为零，即

$$\begin{bmatrix} x_2 \\ \sin x_1 - x_2 \end{bmatrix} = \begin{bmatrix} 0 \\ 0 \end{bmatrix} \tag{4-7}$$

它的解为

$$\begin{bmatrix} x_1 \\ x_2 \end{bmatrix} = \begin{bmatrix} \pm n\pi \\ 0 \end{bmatrix} \tag{4-8}$$

另外，点$[0\quad 0]'$也是数学解，即也是系统的平衡状态，而数值求解的时候，几乎寻找不到这个点。这代表着火箭竖直放置，且没有扰动，但这个点像铅笔竖直在桌子上，是一个极易失稳的点。

可见，平衡状态就是系统状态不再发生变化的点，它可能不止一个，也可能在外界扰动下很容易失去稳定，我们把系统导数为零的状态变量运行点称为平衡状态。

如果系统是一个线性定常系统，即 $\dot{\boldsymbol{X}}=\boldsymbol{AX}$，那么当 $\boldsymbol{A}$ 为非奇异时，$\boldsymbol{X}_e=0$ 是系统的唯一平衡状态；当 $\boldsymbol{A}$ 为奇异矩阵时，$\boldsymbol{AX}=0$ 有无数解，也就是系统有无数个平衡状态。

系统的状态稳定性是针对系统的平衡状态的，当系统有多个平衡状态时，需要对每个平衡状态分别进行讨论。对系统矩阵 $\boldsymbol{A}$ 非奇异的线性定常系统，$\boldsymbol{X}_e=0$ 是系统的唯一平衡状态，所以对线性定常(LTI)系统，我们一般笼统用 $\boldsymbol{X}_e$ 的稳定性代表系统稳定性。

4.1.2　李雅普诺夫稳定性定义

早在 1892 年，俄国有一个叫李雅普诺夫的学者发表了一篇著名的文章《运动稳定性一般问题》，建立了关于运动稳定的一般理论。在之后的百余年，这个理论已经成为稳定性研究方向的基础性理论。

李雅普诺夫稳定性研究的是平衡状态附近(邻域)的运动变化问题。若平衡态附近某充分小邻域内所有状态的运动最后都趋于该平衡态，则称该平衡态是渐近稳定的；若发散则称为不稳定的，若能维持在平衡态附近某个邻域内运动变化则称为稳定的。

假设式(4-2)所示一般控制系统的解为

$$\boldsymbol{X}(t)=\varphi(t,\ \boldsymbol{X}_0,\ t_0)$$

它是与初始时间 t_0 及其初始状态 $\boldsymbol{X}_0$ 有关的，体现系统状态从$(t_0,\ \boldsymbol{X}_0)$出发的一条状态轨迹。

以 n 维空间中的点 $\boldsymbol{X}_e$ 为中心，在所定义的范数度量意义下的长度为 r 的半径内的各点所组成空间体称为球域，记为 $\boldsymbol{S}(\boldsymbol{X}_e,\ r)$，即 $\boldsymbol{S}(\boldsymbol{X}_e,\ r)$包含满足 $\|\boldsymbol{X}-\boldsymbol{X}_e\|\leqslant r$ 的 n 维空间中的各点 $\boldsymbol{X}$。

设 $\boldsymbol{X}_e$ 为系统的一个平衡点，如果给定一个以 $\boldsymbol{X}_e$ 为球心，以 ε 为半径的 n 维球域 $S(\varepsilon)$，总能找到一个同样以 $\boldsymbol{X}_e$ 为球心，$\delta(\varepsilon,\ t_0)$为半径的 n 维球域 $S(\delta)$，使得从 $S(\delta)$球域出发的任意一条系统状态轨迹 $\varphi(t;\ \boldsymbol{X}_0,\ t_0)$，在 $t\geqslant t_0$ 的所有时间内，都不会跑出 $S(\varepsilon)$

球域，则称系统的平衡状态 $\boldsymbol{X}_e$ 是李雅普诺夫稳定性(Lyapunov Stability)。数学描述如下：

设系统初始状态 $\boldsymbol{X}_0$ 位于以平衡状态 $\boldsymbol{X}_e$ 为球心、半径为 δ 的闭球域 $S(\delta)$ 内，即

$$\|\boldsymbol{X}_0-\boldsymbol{X}_e\|\leqslant\delta(\varepsilon,\ t_0),\ t=t_0$$

若能使系统方程的解 $\boldsymbol{x}(t;\boldsymbol{X}_0,t_0)$ 在 $t\to\infty$ 的过程中，都位于以 $\boldsymbol{X}_e$ 为球心、任意规定的半径为 ε 的闭球域 $S(\varepsilon)$ 内，即

$$\|\dot{\boldsymbol{x}}(t;\ \boldsymbol{X}_0,\ t_0)-\boldsymbol{X}_e\|\leqslant\varepsilon,\ t\geqslant t_0$$

则称该 $\boldsymbol{X}_e$ 是稳定的，通常称 $\boldsymbol{X}_e$ 为李雅普诺夫意义下稳定的平衡状态。以二维系统为例，上述定义的平面几何表示如图 4-5 所示。式中，$\|\cdot\|$ 称为向量的范数，其几何意义是空间距离的尺度。如 $\|\boldsymbol{X}_0-\boldsymbol{X}_e\|$ 表示状态空间中 $\boldsymbol{X}_0$ 至 $\boldsymbol{X}_e$ 点之间的距离的尺度，其数学表达式为

$$\|\boldsymbol{X}_0-\boldsymbol{X}_e\|=\sqrt{(x_{10}-x_{1e})^2+\cdots+(x_{n0}-x_{ne})^2}$$

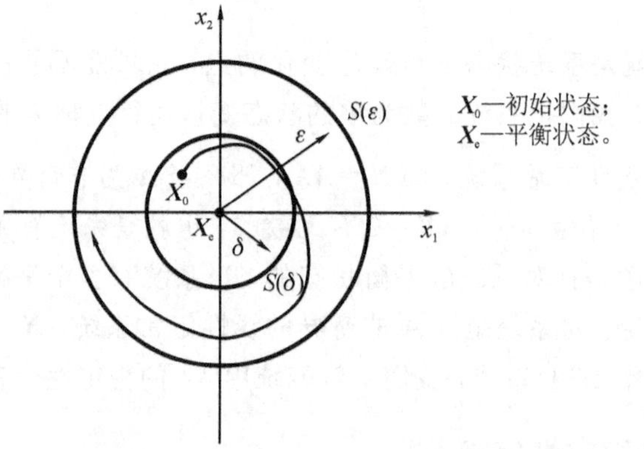

图 4-5　二维空间李雅普诺夫意义下稳定性的几何解释示意图

在上述稳定性的定义中，如果 δ 只依赖于 ε 而和初始时刻 t_0 的选取无关，则称平衡状态 $\boldsymbol{X}_e$ 是一致稳定的。对于定常系统，$\boldsymbol{X}_e$ 的稳定等价于一致稳定。但对于时变系统，$\boldsymbol{X}_e$ 的稳定并不意味着其为一致稳定。

要注意到，按李雅普诺夫意义下的稳定性定义，当系统做不衰减的振荡运动时，将在平面描绘出一条封闭曲线，但只要不超过 $\boldsymbol{S}(\varepsilon)$，则认为稳定，这同经典控制理论中线性定常系统稳定性的定义是有差异的。

进一步，设 $\boldsymbol{X}_e$ 是系统 $\dot{\boldsymbol{X}}=f(x,\ t)$，$\boldsymbol{X}(t_0)=\boldsymbol{X}_0$，$t\geqslant t_0$ 的一个孤立平衡状态，如果

(1) $\boldsymbol{X}_e$ 是李雅普诺夫意义下稳定的；

(2) $\lim\limits_{t\to\infty}\|\boldsymbol{x}(t;\ \boldsymbol{X}_0,\ t_0)-\boldsymbol{X}_e\|\to 0$

则称此平衡状态是渐近稳定的，如图 4-6 所示。

实际上，渐近稳定即为工程意义下的稳定，也就是经典控制理论中所讨论的稳定性。当 δ 与 t_0 无关时，称平衡状态 $\boldsymbol{X}_e$ 是一致渐近稳定的。更进一步，如果从 $\boldsymbol{S}(\infty)$，即整个系统状态空间的任一点出发的任一条状态轨迹 $\varphi(t;\ \boldsymbol{X}_0,\ t_0)$，当 $t\to\infty$ 时，都收敛到平衡点 $\boldsymbol{X}_e$，那么称 $\boldsymbol{X}_e$ 是大范围渐近稳定的。很明显，这时的 $\boldsymbol{X}_e$ 是系统唯一的平衡点。

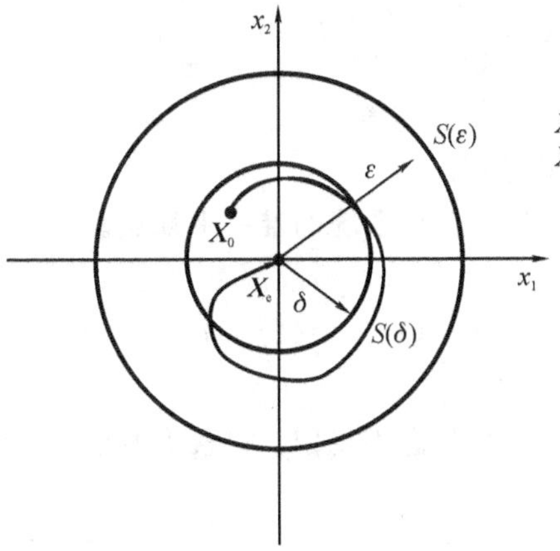

图 4-6　二维空间渐近稳定性的几何解释示意图

反之，对于给定的 $S(\varepsilon)$，不论 $\delta>0$ 取得多么小，从 $S(\varepsilon)$ 球域出发的状态轨迹 $\varphi(t;\ \boldsymbol{X}_0,\ t_0)$，至少有一条跑出 $S(\varepsilon)$ 球域，那么称平衡点 $\boldsymbol{X}_e$ 是不稳定的。

4.2　李雅普诺夫第一法(间接法)

李雅普诺夫第一法通过分析系统微分方程的显式解来分析系统的稳定性，对于线性定常系统，它可以直接通过系统的特征根情况来分析。李雅普诺夫第一法的基本思路与经典控制论中的稳定性判别思路基本一致。

设线性定常系统的动态方程为

$$\begin{cases}\dot{\boldsymbol{X}}=\boldsymbol{AX}+\boldsymbol{BU}\\ \boldsymbol{Y}=\boldsymbol{CX}+\boldsymbol{DU}\end{cases} \tag{4-9}$$

在讨论系统状态稳定性(内部稳定)时，可以不考虑系统的输入结构和输入信号 u，只从系统的齐次状态方程或矩阵 $\boldsymbol{A}$ 出发。很明显，当 $\boldsymbol{A}\neq\boldsymbol{0}$ 时，$\boldsymbol{X}_e=\boldsymbol{0}$ 是系统的唯一平衡点。对于 $\boldsymbol{X}_e=\boldsymbol{0}$ 的稳定性，我们有如下判据($\boldsymbol{X}_e$ 大范围渐近稳定的充要条件)：

当线性定常系统的系统矩阵 $\boldsymbol{A}$ 的所有特征根都有负的实部时，其唯一的状态平衡点 $\boldsymbol{X}_e=\boldsymbol{0}$ 是渐近稳定的，而且是大范围渐近稳定的。

对于式(4-9)所示的系统，其输入输出的传递函数为

$$\boldsymbol{W}(s)=\frac{\boldsymbol{Y}(s)}{\boldsymbol{U}(s)}=\boldsymbol{C}\ (s\boldsymbol{I}-\boldsymbol{A})^{-1}\boldsymbol{B}$$

当 $\boldsymbol{W}(s)$ 的极点全部都有负实部时，该系统有界的输入将引起有界的输出(BIBO)，也就是说系统是输出稳定的。可以证明，当式(4-5)所示系统的传递函数 $\boldsymbol{W}(s)$ 没有零极点对消时，系统的状态稳定性和系统的输出稳定性是一致的，因为这时系统矩阵的特征根就是系统传递函数的极点。

例 4-1　已知受控系统状态空间表达式为

$$\begin{cases}\dot{X}=\begin{bmatrix}0 & 6\\1 & -1\end{bmatrix}X+\begin{bmatrix}-2\\1\end{bmatrix}u\\ y=\begin{bmatrix}0 & 1\end{bmatrix}X\end{cases}$$

请分析系统的状态稳定性和输出稳定性。

解 该系统为线性定常系统，$X_e=0$ 是系统的唯一平衡点。

其特征方程为

$$|\lambda I-A|=\lambda(\lambda+1)-6=(\lambda-2)(\lambda+3)=0$$

于是系统的特征值为 $\lambda_1=2$，$\lambda_2=-3$。

因为有大于零的特征根，所以系统状态不稳定，即系统不是内部稳定(渐近稳定)的。

系统传递函数为

$$G(s)=C(sI-A)^{-1}B=\begin{bmatrix}0 & 1\end{bmatrix}\begin{bmatrix}s & -6\\-1 & s+1\end{bmatrix}^{-1}\begin{bmatrix}-2\\1\end{bmatrix}$$

$$=\frac{s-2}{(s-2)(s+3)}=\frac{1}{s+3}$$

极点 $s=-1<0$，所以系统输出稳定，即系统是外部稳定的。实际上，系统通过零极点对消，将不稳定的极点消去，从而在输出方面呈现稳定性质。

4.3 李雅普诺夫第二法(直接法)

根据古典力学中的振动现象，若系统能量(含动能与位能)随时间推移而衰减，系统迟早到达平衡状态，但要找到实际系统的能量函数表达式并非易事。李雅普诺夫提出，可虚构一个能量函数(后来被称为李雅普诺夫函数)，一般它与 x_1，x_2，…，x_n 及 t 有关，记为 $V(x, t)$。若不显含 t，则记为 $V(x)$。它是一个标量函数，考虑到能量函数总是大于零，故为正定函数。能量衰减特性用 $\dot{V}(x, t)$ 或 $\dot{V}(x)$ 表示。李雅普诺夫第二法利用 V 及 $\dot{V}$ 的符号特征，直接对平衡状态稳定性进行判断，而无需求出系统状态方程的解，故称直接法。用此方法解决了一些用其他稳定性判据难以解决的非线性系统的稳定性问题，遗憾的是对一般非线性系统仍未形成构造李雅普诺夫函数的通用方法。对于线性系统，通常用二次型函数 $X^{T}PX$ 作为李雅普诺夫函数。

4.3.1 标量函数及其符号

设 $V(x)$ 是定义在 n 维空间 $\mathbf{R}_n$ 上的标量函数，且当 $x=\mathbf{0}$ 时，$V(x)=0$，而对其余 $x\in\mathbf{R}_n$，如果：

$V(x)>0$，则称 $V(x)$ 是正定的。

$V(x)\geqslant0$，则称 $V(x)$ 是半正定的(非负定)。

$V(x)<0$，则称 $V(x)$ 是负定的。

$V(x)\leqslant0$，则称 $V(x)$ 是半负定的(非正定)。

$V(x)$ 任意，则称 $V(x)$ 不定。

建立在李雅普诺夫第二法基础上的稳定性分析中，有一类标量函数起着重要的作用，它就是二次型函数。

例如：对二维空间矢量：

$\boldsymbol{X}=[x_1 \quad x_2]^{\mathrm{T}}$，可以建立如下所示的二次型标量函数。

$V(\boldsymbol{x})=x_1^2+3x_2^2>0$，是正定的；

$V(\boldsymbol{x})=(x_1+x_2)^2\geqslant 0$，是半正定的；

$V(\boldsymbol{x})=-(x_1^2+x_2^2)<0$，是负定的；

$V(\boldsymbol{x})=-(x_1+x_2)^2\leqslant 0$，是半负定的；

$V(\boldsymbol{x})=x_1+x_2$，是不定的。

表述为矩阵形式如式(4-10)所示：

$$V(\boldsymbol{x})=\boldsymbol{X}^{\mathrm{T}}\boldsymbol{P}\boldsymbol{X}=[x_1 \quad x_2 \quad \cdots \quad x_n]\begin{bmatrix} p_{11} & p_{12} & \cdots & p_{1n} \\ p_{21} & p_{22} & \cdots & p_{2n} \\ \vdots & \vdots & & \vdots \\ p_{n1} & p_{n2} & \cdots & p_{nn} \end{bmatrix}\begin{bmatrix} x_1 \\ x_2 \\ \vdots \\ x_n \end{bmatrix} \tag{4-10}$$

称为二次型函数，$\boldsymbol{P}$ 为 $n\times n$ 阶的实对称矩阵，有 $p_{ij}=p_{ji}$。二次型标量函数的符号性质可以由赛尔维斯特(Sylvester)准则来判别。设实对称阵 $\boldsymbol{P}$ 的各阶主子行列式为

$$p_{11}>0,\ \begin{vmatrix} p_{11} & p_{12} \\ p_{21} & p_{22} \end{vmatrix}>0,\ \cdots,\ \begin{vmatrix} p_{11} & \cdots & p_{1n} \\ \vdots & & \vdots \\ p_{n1} & \cdots & p_{nn} \end{vmatrix}>0$$

则 $V(\boldsymbol{x})$ 正定，且称 $\boldsymbol{P}$ 为正定矩阵。

当矩阵 $\boldsymbol{P}$ 的各阶主子行列式负、正相间时，即

$$p_{11}<0,\ \begin{vmatrix} p_{11} & p_{12} \\ p_{21} & p_{22} \end{vmatrix}>0,\ \cdots,\ (-1)^n\begin{vmatrix} p_{11} & \cdots & p_{1n} \\ \vdots & & \vdots \\ p_{n1} & \cdots & p_{nn} \end{vmatrix}>0$$

则 $V(\boldsymbol{x})$ 负定，且称 $\boldsymbol{P}$ 为负定矩阵。

若矩阵 $\boldsymbol{P}$ 的各阶主子行列式含有等于零的情况，则 $V(\boldsymbol{x})$ 为半正定或半负定。不属于以上情况的，$V(\boldsymbol{x})$ 为不定。

例 4-2　证明下列二次型是正定的.

$$V(\boldsymbol{x})=10x_1^2+4x_2^2+x_3^2+2x_1x_2-2x_2x_3-4x_1x_3$$

证　上式用矩阵形式表示为

$$V(\boldsymbol{x})=\boldsymbol{X}^{\mathrm{T}}\boldsymbol{P}\boldsymbol{X}=[x_1 \quad x_2 \quad x_3]\begin{bmatrix} 10 & 1 & -2 \\ 1 & 4 & -1 \\ -2 & -1 & 1 \end{bmatrix}\begin{bmatrix} x_1 \\ x_2 \\ x_3 \end{bmatrix}$$

因为

$$p_{11}=10>0$$

$$\begin{vmatrix} p_{11} & p_{12} \\ p_{21} & p_{22} \end{vmatrix}=\begin{vmatrix} 10 & 1 \\ 1 & 4 \end{vmatrix}=39>0$$

$$\begin{vmatrix} p_{11} & p_{12} & p_{13} \\ p_{21} & p_{22} & p_{23} \\ p_{31} & p_{32} & p_{33} \end{vmatrix}=\begin{vmatrix} 10 & 1 & -2 \\ 1 & 4 & -1 \\ -2 & -1 & 1 \end{vmatrix}=17>0$$

所以，$V(\boldsymbol{x})$是正定的。

我们通过 MATLAB 可计算举证的各阶主子行列式。

4.3.2　李雅普诺夫第二法

设系统状态方程为

$$\dot{\boldsymbol{X}}=\boldsymbol{f}(\boldsymbol{X},\ t) \tag{4-11}$$

其中，$\boldsymbol{X}_e=0$ 为系统的一个平衡状态。

如果存在一个正定的标量函数 $V(\boldsymbol{x})$，并且具有连续的一阶偏导数，那么根据 $\dot{V}(\boldsymbol{x})=\frac{\mathrm{d}V(\boldsymbol{x})}{\mathrm{d}t}$的符号性质，有：

(1) 若 $\dot{V}(\boldsymbol{x})>0$，则 $\boldsymbol{X}_e$ 不稳定。

(2) 若 $\dot{V}(\boldsymbol{x})\leqslant 0$，则 $\boldsymbol{X}_e=0$ 李雅普诺夫稳定。

(3) 若 $\dot{V}(\boldsymbol{x})<0$，或者 $\dot{V}(\boldsymbol{x})\leqslant 0$ 但 $\boldsymbol{X}\neq 0$ 时 $\dot{V}(\boldsymbol{x})$不恒为零，则 $\boldsymbol{X}_e=0$ 渐近稳定。

(4) 若 $\boldsymbol{X}_e=0$ 渐近稳定，并且当 $\|\boldsymbol{X}\|\to\infty$ 时，$V(\boldsymbol{x})\to\infty$，则 $\boldsymbol{X}_e=0$ 大范围渐近稳定。

应当指出，上述稳定性判据只是一个充分条件，并不是必要条件。如果给定的 $V(\boldsymbol{x})$满足上述四个条件之一，那么其结果成立。反之，如果给定的 $V(\boldsymbol{x})$不满足上述任何一个条件，那么只能说明所选的 $V(\boldsymbol{x})$对式(4-12)所示系统失效，必须重新构造 $V(\boldsymbol{x})$。

例 4-3　设系统的状态方程是

$$\dot{x}_1=x_2-x_1(x_1^2+x_2^2)$$
$$\dot{x}_2=-x_1-x_2(x_1^2+x_2^2)$$

试分析系统在原点处的平衡状态是否为渐近稳定的。

解　令 $\dot{x}_1=0$ 及 $\dot{x}_2=0$，解得 $x_1=0$，$x_2=0$，故原点为平衡状态，且只有一个平衡状态。

设 $V(\boldsymbol{x})=x_1^2+x_2^2$，则 $\dot{V}(\boldsymbol{x})=2x_1\dot{x}_1+2x_2\dot{x}_2=-2(x_1^2+x_2^2)^2$。显然，对于 $\boldsymbol{x}\neq\boldsymbol{0}$ 存在 $\dot{V}(\boldsymbol{x})<0$ 以及 $\dot{V}(0)=0$，故 $\dot{V}(\boldsymbol{x})$是负定的。又由于 $V(\boldsymbol{x})$是正定的，所以该系统在原点处的平衡状态是渐近稳定的。因为只有一个平衡状态，故该系统是渐近稳定的。

4.4　线性定常系统的李雅普诺夫稳定性分析及系统参数优化

线性定常系统可以应用各种方法，诸如劳斯-霍尔维茨、奈奎斯特法来判断系统的稳定性。李雅普诺夫直接法也提供了一种稳定性判据的方法。在上一节的例 4-3 中，我们用猜想和试探、验证的方法来找李雅普诺夫函数，这是很费时的，对于高阶的系统尤其费时，有时甚至是困难的。在本节中，采用二次型函数来判定系统稳定性，这种方法较为简捷，并且还可以利用这种方法作为基础来求解参数最优问题以及某些控制系统的设计问题。

设线性定常系统为

$$\dot{\boldsymbol{X}}=\boldsymbol{A}\boldsymbol{X} \tag{4-12}$$

式中，$\boldsymbol{X}$ 是 n 维状态向量。

如果采用二次型函数作为李雅普诺夫函数，即

$$V(\boldsymbol{x})=\boldsymbol{X}^{\mathrm{T}}\boldsymbol{P}\boldsymbol{X} \tag{4-13}$$

式中，$\boldsymbol{P}$ 是正定的实对称矩阵，那么对上式求导得

$$\dot{V}(\boldsymbol{x})=\dot{\boldsymbol{X}}^{\mathrm{T}}\boldsymbol{P}\boldsymbol{X}+\boldsymbol{X}^{\mathrm{T}}\boldsymbol{P}\boldsymbol{X} \tag{4-14}$$

将式(4-12)代入式(4-14)得

$$\dot{V}(\boldsymbol{x})=\boldsymbol{X}^{\mathrm{T}}\boldsymbol{A}^{\mathrm{T}}\boldsymbol{P}\boldsymbol{X}+\boldsymbol{X}^{\mathrm{T}}\boldsymbol{P}\boldsymbol{A}\boldsymbol{X}=\boldsymbol{X}^{\mathrm{T}}(\boldsymbol{A}^{\mathrm{T}}\boldsymbol{P}+\boldsymbol{P}\boldsymbol{A})\boldsymbol{X} \tag{4-15}$$

令 $-\boldsymbol{Q}=\boldsymbol{A}^{\mathrm{T}}\boldsymbol{P}+\boldsymbol{P}\boldsymbol{A}$，代入式(4-15)得

$$\dot{V}(\boldsymbol{x})=-\boldsymbol{X}^{\mathrm{T}}\boldsymbol{Q}\boldsymbol{X} \tag{4-16}$$

从上式可以看出，为了判定 $\dot{V}(\boldsymbol{x})$ 是否负定，只需要判定 $\boldsymbol{Q}$ 是否正定。其中 $-\boldsymbol{Q}=\boldsymbol{A}^{\mathrm{T}}\boldsymbol{P}+\boldsymbol{P}\boldsymbol{A}$ 称为李雅普诺夫方程。

实际应用步骤：首先给定一正定矩阵 $\boldsymbol{Q}$，然后通过李雅普诺夫方程求出实对称矩阵 $\boldsymbol{P}$，最后通过赛尔维斯特准则判别 $\boldsymbol{P}$ 的正定性。如果 $\boldsymbol{P}>0$，则系统稳定。

在应用李雅普诺夫方程时，应注意下列几点：

(1) 由李雅普诺夫方程求得的 $\boldsymbol{P}$ 为正定是 $\boldsymbol{X}_e=0$ 渐近稳定的充要条件。

(2) $\boldsymbol{Q}$ 的选取是任意的，只要满足对称且正定(在一定条件下可以是半正定)，$\boldsymbol{Q}$ 的选取不会影响系统稳定性判别的结果。

(3) 如果 $\dot{V}(\boldsymbol{x})$ 沿任意一条轨迹不恒等于零，那么 $\boldsymbol{Q}$ 可以取半正定矩阵，即 $\boldsymbol{Q}\geqslant 0$。

(4) 当 $\boldsymbol{Q}$ 取为单位阵 $\boldsymbol{I}$ 时，李雅普诺夫方程变为 $\boldsymbol{A}^{\mathrm{T}}\boldsymbol{P}+\boldsymbol{P}\boldsymbol{A}=-\boldsymbol{I}$。

这是一个比较简单的李雅普诺夫方程。

例 4-4　设系统状态方程为 $\dot{\boldsymbol{X}}=\begin{bmatrix}0 & 1\\ -1 & -1\end{bmatrix}\boldsymbol{X}$，试分析其稳定性。

解　很明显 $\boldsymbol{X}_e=0$ 为系统唯一平衡点，用李雅普诺夫方程判断其稳定性。

取 $\boldsymbol{Q}=\boldsymbol{I}$，则李雅普诺夫方程为

$$\begin{bmatrix}0 & 1\\ -1 & -1\end{bmatrix}^{\mathrm{T}}\begin{bmatrix}p_{11} & p_{12}\\ p_{21} & p_{22}\end{bmatrix}+\begin{bmatrix}p_{11} & p_{12}\\ p_{21} & p_{22}\end{bmatrix}\begin{bmatrix}0 & 1\\ -1 & -1\end{bmatrix}=\begin{bmatrix}-1 & 0\\ 0 & -1\end{bmatrix}$$

$$\begin{bmatrix}-2p_{12} & p_{11}-p_{12}-p_{22}\\ p_{11}-p_{12}-p_{22} & 2(p_{12}-p_{22})\end{bmatrix}=\begin{bmatrix}-1 & 0\\ 0 & -1\end{bmatrix}$$

$$\begin{cases}-2p_{12}=-1\\ p_{11}-p_{12}-p_{22}=0\\ 2(p_{12}-p_{22})=-1\end{cases}$$

$$p_{11}=\frac{3}{2},\quad p_{12}=\frac{1}{2},\quad p_{22}=1$$

解得

$$P=\begin{bmatrix}\frac{3}{2} & \frac{1}{2}\\ \frac{1}{2} & 1\end{bmatrix}$$

因此，根据赛尔维斯特准则，有

$$\Delta_1=\frac{3}{2}>0,\quad \Delta_2=|\boldsymbol{p}|=\frac{5}{4}>0$$

可知 $\boldsymbol{P}>0$，所以 $\boldsymbol{X}_e=0$ 渐近稳定。

如果取 $\boldsymbol{Q}=\begin{bmatrix}0 & 0\\ 0 & 1\end{bmatrix}\geqslant 0$，那么

$$\dot{V}(\boldsymbol{x})=-\boldsymbol{X}^{\mathrm{T}}\boldsymbol{QT}=-x_2^2\leqslant 0$$

且当 $\dot{V}(\boldsymbol{x})\equiv 0$ 时，$x_2\equiv 0$，由状态方程

$$\dot{x}_2=-x_1-x_2$$

可知，$x_1\equiv 0$，所以只有在原点处才使得 $\dot{V}(\boldsymbol{x})\equiv 0$，$\boldsymbol{Q}$ 可以取半正定。因此代入李雅普诺夫方程，得

$$\begin{bmatrix}0 & 1\\ -1 & -1\end{bmatrix}\begin{bmatrix}p_{11} & p_{12}\\ p_{21} & p_{22}\end{bmatrix}+\begin{bmatrix}p_{11} & p_{12}\\ p_{21} & p_{22}\end{bmatrix}\begin{bmatrix}0 & 1\\ -1 & -1\end{bmatrix}=\begin{bmatrix}0 & 0\\ 0 & -1\end{bmatrix}$$

$$\begin{cases}-2p_{12}=0\\ p_{11}-p_{12}-p_{22}=0\\ 2(p_{12}-p_{22})=-1\end{cases}$$

求得

$$\begin{cases}p_{11}=\frac{1}{2}\\ p_{12}=0\\ p_{22}=\frac{1}{2}\end{cases}$$

$$\boldsymbol{P}=\begin{bmatrix}\frac{1}{2} & 0\\ 0 & \frac{1}{2}\end{bmatrix}>0$$

所以 $\boldsymbol{X}_e=0$ 渐近稳定。

MATLAB 中有一个 lyap(A, Q)函数可以求出如下形式的李雅普诺夫方程：

$$\boldsymbol{AP}+\boldsymbol{PA}^{\mathrm{T}}=-\boldsymbol{Q}$$

因为本书中定义李雅普诺夫方程为 $\boldsymbol{A}^{\mathrm{T}}\boldsymbol{P}+\boldsymbol{PA}=-\boldsymbol{Q}$，所以要用 lyap(A, Q)函数求解李雅普诺夫方程，我们应该先将 $\boldsymbol{A}$ 矩阵转置后再代入 lyap 函数。

例 4-5 系统的状态方程为

$$\begin{bmatrix}\dot{x}_1\\ \dot{x}_2\\ \dot{x}_3\end{bmatrix}=\begin{bmatrix}0 & 1 & 0\\ 0 & -2 & 1\\ -k & 0 & -1\end{bmatrix}\begin{bmatrix}x_1\\ x_2\\ x_3\end{bmatrix}$$

求使系统稳定的 K 值。

解　假设

$$Q=\begin{bmatrix}0&0&0\\0&0&0\\0&0&1\end{bmatrix}$$

则

$$\dot{V}(\boldsymbol{x})=-[x_1,\ x_2,\ x_3]\begin{bmatrix}0&0&0\\0&0&0\\0&0&1\end{bmatrix}\begin{bmatrix}x_1\\x_2\\x_3\end{bmatrix}=-x_3^2$$

上式中 $\dot{V}(\boldsymbol{x})$ 不恒为零，所以这样选取 $\boldsymbol{Q}$ 是合适的。

计算 $\boldsymbol{P}$：

$$\begin{bmatrix}p_{11}&p_{12}&p_{13}\\p_{21}&p_{22}&p_{23}\\p_{31}&p_{32}&p_{33}\end{bmatrix}\begin{bmatrix}0&1&0\\0&-2&1\\-K&0&-1\end{bmatrix}+\begin{bmatrix}0&1&-K\\1&-2&0\\0&1&-1\end{bmatrix}$$
$$\begin{bmatrix}p_{11}&p_{12}&p_{13}\\p_{21}&p_{22}&p_{23}\\p_{31}&p_{32}&p_{33}\end{bmatrix}=\begin{bmatrix}0&0&0\\0&0&0\\0&0&-1\end{bmatrix}$$

解出上式得

$$\boldsymbol{P}=\begin{bmatrix}\dfrac{K^2+12K}{12-2K}&\dfrac{6K}{12-2K}&0\\\dfrac{6K}{12-2K}&\dfrac{3K}{12-2K}&\dfrac{K}{12-2K}\\0&\dfrac{K}{12-2K}&\dfrac{6}{12-2K}\end{bmatrix}$$

根据赛尔维斯法则，如果 $\boldsymbol{P}$ 是正定的，需使

$$12-2K>0,\ K>0$$

所以

$$0<K<6$$

4.5　MATLAB 在线性系统稳定性分析中的应用

对于线性定常连续系统 $\dot{\boldsymbol{X}}=\boldsymbol{AX}$，当 $\boldsymbol{A}$ 非奇异时，系统有唯一的平衡状态，如果该平衡状态是渐近稳定的，那么它一定是大范围渐近稳定的。李雅普诺夫第二法指出：如果对任意给出的正定实对称矩阵 $\boldsymbol{Q}$ 都存在一个正定的实对称矩阵 $\boldsymbol{P}$ 满足下面的方程：

$$\boldsymbol{A}^{\mathrm{T}}\boldsymbol{P}+\boldsymbol{PA}=-\boldsymbol{Q}$$

那么，系统的平衡状态 $\boldsymbol{X}_e=\boldsymbol{0}$ 是渐近稳定的，并且标量函数就是系统的李雅普诺夫函数。为了方便，常取 $\boldsymbol{Q}$ 为单位矩阵。

MATLAB 提供了李雅普诺夫矩阵方程的求解函数 lyap( )，其调用格式为

P=lyap(A, Q)

在 MATLAB 程序中 $\boldsymbol{A}$ 取系统矩阵的转置，$\boldsymbol{Q}$ 取单位矩阵，这样就符合 $\boldsymbol{A}^{\mathrm{T}}\boldsymbol{P}+\boldsymbol{P}\boldsymbol{A}=-\boldsymbol{I}$ 矩阵方程。

例 4-6 设系统的状态方程为

$$\begin{bmatrix}\dot{x}_1\\ \dot{x}_2\end{bmatrix}=\begin{bmatrix}0 & 1\\ -16 & -2\end{bmatrix}\begin{bmatrix}x_1\\ x_2\end{bmatrix}$$

试确定其平衡状态的稳定性。

解 MATLAB 程序如下：

```
A=[0, 1; -16, -2]; %输入系统 A 参数
A=A'; %系统矩阵转置变换
[m, n]=size(A);
if(n~=m)
    disp('输入错误，系统矩阵不是方阵')
else
    if( rank(A)<m)
        disp('系统平衡状态不止一个')
    else
        Q=eye(size(A));
        P=lyap(A, Q);
        for ii=1:m
            detp(ii)=det(P([1:ii], [1:ii])); %求各阶主子行列式
        end
        ss1=find(detp<=0); tt=length(ss1);
        if(tt>0)
            disp('系统平衡状态是不稳定的')
        else disp('P 为正定，系统在原点处平衡状态是渐近稳定的')
        end
    end
end
```

运行结果：

P 为正定，系统在原点处平衡状态是渐近稳定的

可用下述程序画出系统状态变量轨迹图：

```
A=[0, 1; -16, -2];
B=[0; 0];
C=[];
D=[];
sys=ss(A, B, C, D);
x0=[0.15, 0.6]'
t=5;
[y, t, x]=initial(sys, x0, t);
plot(x(:, 1), x(:, 2))
```

```
grid on
```

运行结果如图 4-7 所示。

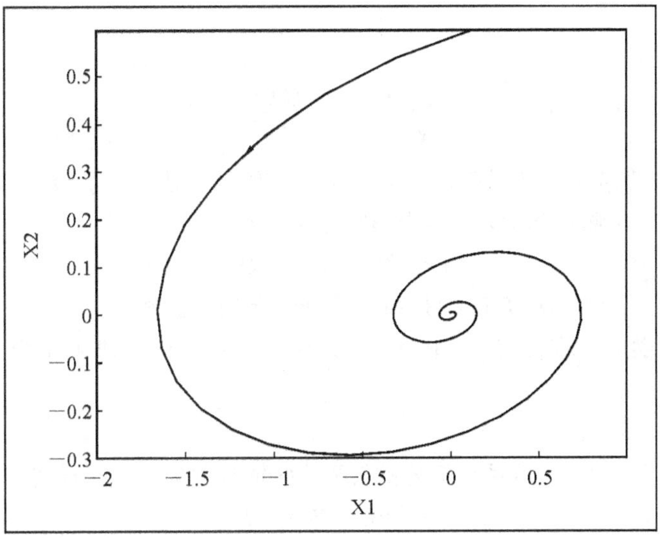

图 4-7 例 4-6 的运行结果

例 4-7 设系统的状态方程为

$$\begin{bmatrix} \dot{\boldsymbol{x}}_1 \\ \dot{\boldsymbol{x}}_2 \end{bmatrix} = \begin{bmatrix} 0 & 1 \\ -4 & 0.5 \end{bmatrix} \begin{bmatrix} \boldsymbol{x}_1 \\ \boldsymbol{x}_2 \end{bmatrix}$$

试确定其平衡状态的稳定性。

解 将本例系统参数代入例 4-6 程序中，运行结果(见图 4-8):系统平衡状态是不稳定的。

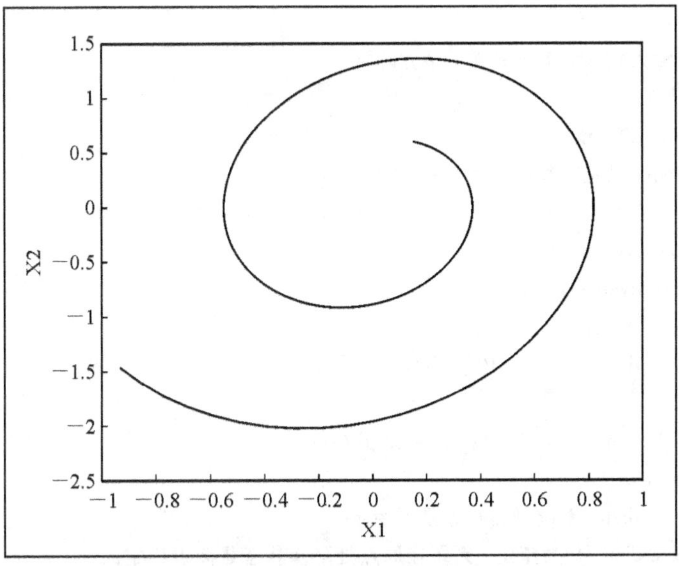

图 4-8 例 4-7 的运行结果

4.6 MATLAB在线性定常离散系统稳定性分析中的应用

线性定常离散系统

$$\begin{cases} \boldsymbol{X}(k+1)=\boldsymbol{G}\boldsymbol{X}(k) \\ \boldsymbol{X}_e=0 \end{cases}$$

其平衡状态在李雅普诺夫意义下渐近稳定的充要条件是：对于任意给定的正定实对称矩阵$\boldsymbol{Q}$，必存在正定的实对称矩阵$\boldsymbol{P}$，使得李雅普诺夫方程

$$\boldsymbol{G}^{\mathrm{T}}\boldsymbol{P}\boldsymbol{G}-\boldsymbol{P}=-\boldsymbol{Q}$$

成立，而且$V[\boldsymbol{x}(k)]=\boldsymbol{X}^{\mathrm{T}}(k)\boldsymbol{P}\boldsymbol{X}(k)$是系统的李雅普诺夫函数。

MATLAB提供了李雅普诺夫矩阵方程$\boldsymbol{G}\boldsymbol{P}\boldsymbol{G}^{\mathrm{T}}-\boldsymbol{P}=-\boldsymbol{Q}$的求解函数dlyap()，其调用格式为

P=dlyap(G, Q)

在MATLAB程序中$\boldsymbol{G}$取系统矩阵的转置，$\boldsymbol{Q}$取单位矩阵，这样就符合

$$\boldsymbol{G}^{\mathrm{T}}\boldsymbol{P}\boldsymbol{G}-\boldsymbol{P}=-\boldsymbol{I}$$

例4-8　设离散系统的状态方程为

$$\boldsymbol{X}(k+1)=\begin{bmatrix} 0 & 1 \\ -0.5 & 1 \end{bmatrix}\boldsymbol{X}(k)$$

试确定系统在平衡状态处渐近稳定的条件。

解　MATLAB程序如下：

```
G=[0, 1; -0.5, 1]; %输入系统G的参数
G=G'; %系统矩阵转置变换
[m, n]=size(G);
if(n~=m)
    disp('输入错误，系统矩阵不是方阵')
else
    if( rank(G)<m)
        disp('系统平衡状态不止一个')
    else
        Q=eye(size(G));
        P=dlyap(G, Q)
        for ii=1:m
            detp(ii)=det(P([1:ii], [1:ii]));
        end
        ss1=find(detp<=0); tt=length(ss1);
        if(tt>0)
            disp('系统平衡状态是不稳定')
        else disp('P为正定，系统在原点处平衡状态是渐近稳定的')
        end
    end
```

```
end
H=[0; 0];
C=[];
D=[];
x0=[5, -5]';
n=20;
[y, x, n]=dinitial(G, H, C, D, x0);
plot(x(:, 1), x(:, 2))
grid on
xlabel('X1(k)');
ylabel('X2(k)');
```

运行结果(见图 4-9)：

P 为正定，系统在原点处平衡状态是渐近稳定的

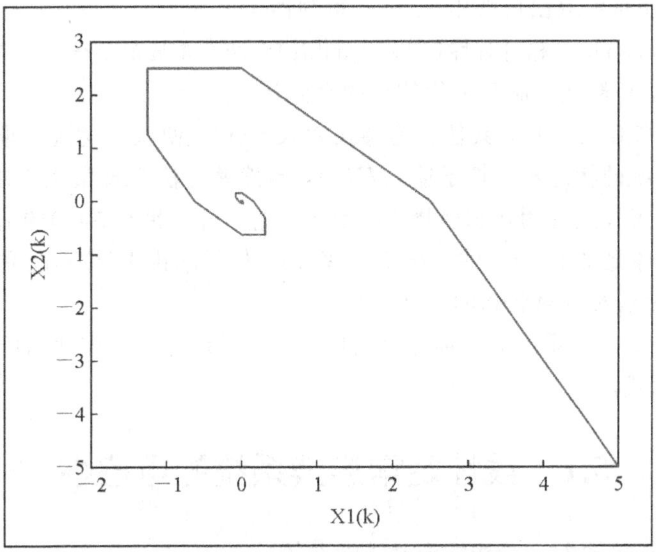

图 4-9　例 4-8 的运行结果

第5章　系统的可控性和可观性

经典控制理论中用传递函数描述系统的输入输出特性，输出量即被控量，只要系统是因果系统并且是稳定的，输出量便可以受控，且输出量总是可以被测量的，因而不需要提出可(能)控性和可(能)观性的概念。

现代控制理论是建立在用状态空间法描述系统的基础上的。状态方程描述输入 $\boldsymbol{U}(t)$ 引起状态 $\boldsymbol{X}(t)$ 的变化过程；输出方程描述由状态变化所引起的输出 $\boldsymbol{Y}(t)$ 的变化。可控性和可观性正是定性地分别描述输入 $\boldsymbol{U}(t)$ 对状态 $\boldsymbol{X}(t)$ 的控制能力，输出 $\boldsymbol{Y}(t)$ 对状态 $\boldsymbol{X}(t)$ 的反映能力。它们分别回答：

"输入能否控制状态的变化"——可控性

"状态的变化能否由输出反映出来"——可观性

可控性(Controllability)和可观性(Observability)是两个重要的概念，它是卡尔曼(Kalman)在1960年提出的，是最优控制和最优估计的设计基础。

例如：在最优控制问题中，其任务是寻找输入 $\boldsymbol{U}(t)$，使状态达到预期的轨线。就定常系统而言，如果系统的状态不受控于输入 $\boldsymbol{U}(t)$，当然就无法实现最优控制。另外，为了改善系统的品质，在工程上常用状态变量作为反馈信息，可是状态 $\boldsymbol{X}(t)$ 的值通常是难以测取的，往往需要从测量到的 $\boldsymbol{Y}(t)$ 中估计出状态 $\boldsymbol{X}(t)$；如果输出 $\boldsymbol{Y}(t)$ 不能完全反映系统的状态 $\boldsymbol{X}(t)$，那么就无法实现对状态的估计。

状态空间表达式是对系统的一种完全的描述。判别系统的可控性和可观性的主要依据就是状态空间表达式。

5.1　线性定常连续系统的可控性

定义5.1　对于单输入 n 阶线性定常连续系统

$$\dot{\boldsymbol{X}}=\boldsymbol{A}\boldsymbol{X}+\boldsymbol{b}u \tag{5-1}$$

若存在一个分段连续的控制函数 $\boldsymbol{u}(t)$，能在有限的时间段 $[t_0, t_f]$ 内把系统从 t_0 时刻的初始状态 $\boldsymbol{X}(t_0)$ 转移到任意指定的终态 $\boldsymbol{X}(t_f)$，那么就称系统(5-1)在 t_0 时刻的 $\boldsymbol{X}(t_0)$ 是可控的；如果系统每一个状态 $\boldsymbol{X}(t_0)$ 都可控，那么就称系统是状态完全可控的。反之，只要有一个状态不可控，我们就称系统不可控。

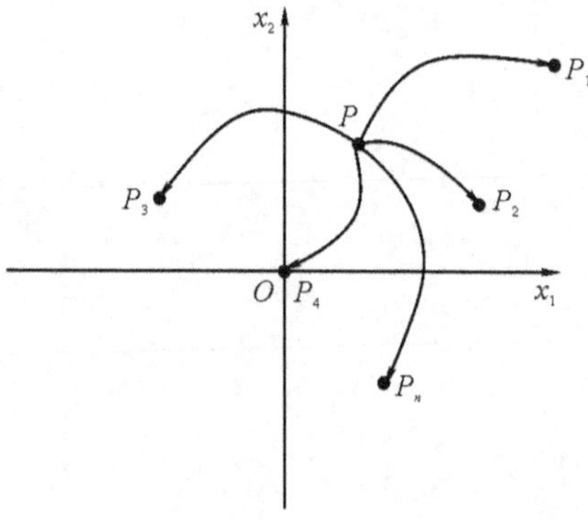

图5-1　可控状态的图

为了进一步理解可控性的概念，我们以图5-1所示的二阶系统的相平面来说明。假如相平面中的 P 点能在输入的作用下转移到任一指定状态 P_1, P_2, …, P_n，那么相平面上的 P 点是可控状态。假如可控状态"充满"整个状态空间，即对于任意初始状态都能找到相应的控制输入 $\boldsymbol{u}(t)$，使得在有限时间间隔内，将此状态转移到状态空间中的任一指定状态，则该系统称为状态完全可控。

在可控性定义中，把系统的初始状态取为状态空间中的任意有限点 $\boldsymbol{X}(t_0)$，而终端状态也规定为状态空间中的任意点 $\boldsymbol{X}(t_f)$，这种定义方式不便于写成解析形式。为了便于数学处理，而又不失一般性，我们把上面的可控性定义分两种情况叙述。

(1) 把系统的初始状态规定为状态空间中的任意非零点，而终端目标规定为状态空间中的原点，于是原可控性定义可表述为

对于给定的线性定常系统 $\dot{\boldsymbol{X}}=\boldsymbol{AX}+\boldsymbol{bu}$，如果存在一个分段连续的输入 $\boldsymbol{u}(t)$，能在 $[t_0, t_f]$ 有限时间间隔内，将系统由任意非零初始状态 $\boldsymbol{X}(t_0)$ 转移到零状态 $\boldsymbol{X}(t_f)$，则称此系统是状态完全可控的，简称系统是可控的。

(2) 把系统的初始状态规定为状态空间的原点，即 $\boldsymbol{X}(t_0)=0$，终端状态规定为任意非零有限点，则可达定义表述如下：

对于给定的线性定常系统 $\dot{\boldsymbol{X}}=\boldsymbol{Ax}+\boldsymbol{bu}$，如果存在一个分段连续的输入 $\boldsymbol{u}(t)$，能在 $[t_0, t_f]$ 有限时间间隔内，将系统由零初始状态 $\boldsymbol{X}(t_0)=0$ 转移到任一指定的非零终端状态 $\boldsymbol{X}(t_f)$，则称此系统是状态完全可达的，简称系统是可达的(能达的)。对于线性定常系统，可控性和可达性是等价的。

在以后对可控性的讨论中，均规定目标状态为状态空间中的原点，并且我们所关心的，只是是否存在某个分段连续的输入 $\boldsymbol{u}(t)$，能否把任意初始状态转移到零状态，并不要求算出具体的输入和状态轨线。

对于线性定常连续系统，为简便计，可以假设 $t_0=0$，$\boldsymbol{X}(t_f)=0$，即 0 时刻的任意初始状态 $\boldsymbol{X}(0)$，在有限时间段转移到零状态(原点)。

定理 5.1　n 阶系统(5-1)可控的充要条件为可控判别阵：

$$\boldsymbol{M}=[\boldsymbol{b}\quad \boldsymbol{Ab}\quad \cdots\quad \boldsymbol{A}^{n-1}\boldsymbol{b}] \tag{5-2}$$

的秩等于 n。

证　我们知道，状态方程(5-1)的解为

$$\boldsymbol{X}(t)=\mathrm{e}^{\boldsymbol{A}t}\boldsymbol{X}(0)+\int_0^t \mathrm{e}^{\boldsymbol{A}(t-\tau)}\boldsymbol{bu}(\tau)\mathrm{d}\tau \tag{5-3}$$

根据上述可控性定义，考虑 t_f 时刻的状态 $\boldsymbol{X}(t_f)=0$，有

$$\boldsymbol{X}(t_f)=0=\mathrm{e}^{\boldsymbol{A}t_f}\boldsymbol{X}(0)+\int_0^{t_f} \mathrm{e}^{\boldsymbol{A}(t_f-\tau)}\boldsymbol{bu}(\tau)\mathrm{d}\tau$$

$$\boldsymbol{X}(0)=-\int_0^{t_f} \mathrm{e}^{-\boldsymbol{A}\tau}\boldsymbol{bu}(\tau)\mathrm{d}\tau \tag{5-4}$$

$$\mathrm{e}^{-\boldsymbol{A}\tau}=\sum_{i=0}^{n-1}\boldsymbol{\alpha}_i(\tau)\boldsymbol{A}^i \tag{5-5}$$

其中，$\alpha_0(\tau)$，$\alpha_1(\tau)$，…，$\alpha_{n-1}(\tau)$是线性无关的标量函数。

将式(5-5)代入式(5-4)得

$$X(0)=-\int_0^{t_f}\sum_{i=0}^{n-1}\boldsymbol{\alpha}_i(\tau)\boldsymbol{A}^i\boldsymbol{b}\boldsymbol{u}(\tau)\mathrm{d}\tau$$

$$=\sum_{i=0}^{n-1}\boldsymbol{A}^i\boldsymbol{b}\int_0^{t_f}[-\boldsymbol{\alpha}_i(\tau)\boldsymbol{u}(\tau)]\mathrm{d}\tau=\sum_{i=0}^{n-1}\boldsymbol{A}^i\boldsymbol{b}\beta_i \tag{5-6}$$

其中：

$$\beta_i=-\int_0^{t_f}\boldsymbol{\alpha}_i(\tau)\boldsymbol{u}(\tau)\mathrm{d}\tau \tag{5-7}$$

所以

$$\boldsymbol{X}(0)=[\boldsymbol{b}\quad \boldsymbol{A}\boldsymbol{b}\quad \cdots\quad \boldsymbol{A}^{n-1}\boldsymbol{b}]\begin{bmatrix}\beta_0\\ \beta_1\\ \vdots\\ \beta_{n-1}\end{bmatrix} \tag{5-8}$$

对于任意给定的初始状态 $\boldsymbol{X}(0)$，如果系统可控，那么应该从式(5-8)求出一组 $[\beta_0\quad \beta_1\quad \cdots\quad \beta_{n-1}]^{\mathrm{T}}$ 值。根据线性代数知识，$\beta_0\quad \beta_1\quad \cdots\quad \beta_{n-1}$ 的系数矩阵 $[\boldsymbol{b}\quad \boldsymbol{A}\boldsymbol{b}\quad \cdots\quad \boldsymbol{A}^{n-1}\boldsymbol{b}]$ 的秩应等于 n，即：

$$\mathrm{Rank}(\boldsymbol{M})=\mathrm{Rank}[\boldsymbol{b}\quad \boldsymbol{A}\boldsymbol{b}\quad \cdots\quad \boldsymbol{A}^{n-1}\boldsymbol{b}]=n$$

求出一组 $[\beta_0\quad \beta_1\quad \cdots\quad \beta_{n-1}]^{\mathrm{T}}$ 后，根据式(5-7)就可以求出一组分段连续的控制 $\boldsymbol{u}(t)$。

例 5-1 判别下列线性系统的可控性。

$$\dot{\boldsymbol{X}}=\begin{bmatrix}0 & 1 & 0\\ 0 & 0 & 1\\ -a_0 & -a_1 & -a_2\end{bmatrix}\boldsymbol{X}+\begin{bmatrix}0\\ 0\\ 1\end{bmatrix}\boldsymbol{u}$$

解

$$\boldsymbol{M}=[\boldsymbol{b}\quad \boldsymbol{A}\boldsymbol{b}\quad \boldsymbol{A}^2\boldsymbol{b}]=\begin{bmatrix}0 & 0 & 1\\ 0 & 1 & -a_2\\ 1 & -a_2 & a_2^2-a_1\end{bmatrix}$$

因为 $\mathrm{Rank}(\boldsymbol{M})=3=n$，所以系统可控。

定理 5.2 对于多输入 n 阶连续定常系统

$$\dot{\boldsymbol{X}}=\boldsymbol{A}\boldsymbol{X}+\boldsymbol{B}\boldsymbol{U} \tag{5-9}$$

其中，$\boldsymbol{A}$ 为 $n\times n$ 阶矩阵，$\boldsymbol{B}$ 为 $n\times r$ 阶矩阵，$\boldsymbol{U}$ 为 r 维输入。

系统可控的充要条件为可控判别阵：

$$\boldsymbol{M}=[\boldsymbol{B}\quad \boldsymbol{A}\boldsymbol{B}\quad \cdots\quad \boldsymbol{A}^{n-1}\boldsymbol{B}] \tag{5-10}$$

的秩等于 n，即 $\mathrm{Rank}(\boldsymbol{M})=n$

(证明略)

例 5-2 试分析下列系统的可控性。

$$\dot{\boldsymbol{X}}=\begin{bmatrix}1 & 2 & 1\\ 0 & 1 & 0\\ 1 & 0 & 3\end{bmatrix}\boldsymbol{X}+\begin{bmatrix}1 & 0\\ 0 & 0\\ 0 & 1\end{bmatrix}\boldsymbol{U}$$

解
$$M=[B\quad AB\quad A^2B]=\begin{bmatrix}1&0&1&1&2&4\\0&0&0&0&0&0\\0&1&1&3&4&10\end{bmatrix}$$

因为 $\mathrm{Rank}(M)=2<n$，所以系统不可控。

定理 5.3　对于如式(5-9)所示的系统状态方程，如果输入 $u(t)$ 对状态 $X(t)$ 的传递函数(阵)没有零极点对消，那么系统可控，否则系统不可控。

(证明略)

例 5-3　已知 $\dot{X}=\begin{bmatrix}0&1\\2.5&-1.5\end{bmatrix}X+\begin{bmatrix}1\\1\end{bmatrix}u$，分析其可控性。

解　$u(t)$ 对 $X(t)$ 的传递函数为

$$W_{ux}(s)=\frac{X(s)}{U(s)}=(sI-A)^{-1}B=\begin{bmatrix}s&-1\\-2.5&s+1.5\end{bmatrix}^{-1}\begin{bmatrix}1\\1\end{bmatrix}$$
$$=\frac{s+2.5}{(s+2.5)(s-1)}\cdot\begin{bmatrix}1\\1\end{bmatrix}$$
$$=\frac{1}{s-1}\begin{bmatrix}1\\1\end{bmatrix}$$

因为 $W_{ux}(s)$ 发生零极点对消，所以不可控。

实际上，

$$M=[b\quad Ab]=\begin{bmatrix}1&1\\1&1\end{bmatrix}$$

$|M|=0$，所以系统不可控。

本例系统的结构图如图 5-2 所示，初看起来似乎状态 x_1，x_2 都与系统控制 $u(t)$ 有关联，应该受 $u(t)$ 控制。但是由于 x_1，x_2 内部的线性相关性，使得对任意给定初始状态 $X(0)$，找不到分段连续的控制 $u(t)$，能将 $X(0)$ 的两个分量同时转移到零状态，所以系统是不可控的。

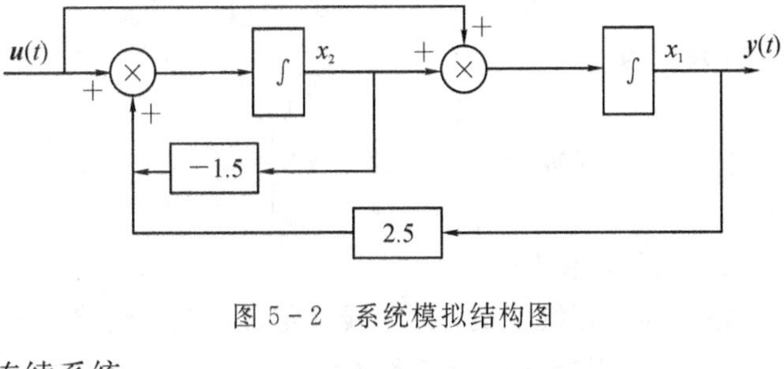

图 5-2　系统模拟结构图

定理 5.4　对连续系统

$$\begin{cases}\dot{X}=AX+BU\\Y=CX+DU\end{cases}\tag{5-11}$$

其中，X 为 n 维状态向量，Y 为 m 维输出向量，u 为 r 维控制向量，A 为 $n\times n$ 阶矩阵，B 为 $n\times r$ 阶矩阵，C 为 $m\times n$ 阶矩阵，D 为 $m\times r$ 阶矩阵。

如果 $m\times(n+1)r$ 阶矩阵 $[\boldsymbol{CB}\quad \boldsymbol{CAB}\quad \boldsymbol{CA}^2\boldsymbol{B}\quad \cdots\quad \boldsymbol{CA}^{n-1}\boldsymbol{B}\quad \boldsymbol{D}]$ 的秩为 m，那么式(5-11)所示的系统是输出可控的。也即对任意给定输出初始量 $\boldsymbol{Y}(t_0)$，总能找到一个分段连续的控制 $\boldsymbol{U}(t)$，使系统输出能在有限的时间段 $[t_0, t_f]$ 内，转移到任一指定的输出 $\boldsymbol{Y}(t_f)$。

5.2　离散时间系统的可控性

定义 5.2　设单输入 n 阶线性定常离散系统状态方程为

$$\boldsymbol{X}(k+1)=\boldsymbol{G}\boldsymbol{X}(k)+\boldsymbol{h}\boldsymbol{u}(k) \tag{5-12}$$

其中，$\boldsymbol{X}(k)$ 为 n 维状态向量；$\boldsymbol{u}(k)$ 为 1 维输入向量；$\boldsymbol{G}$ 为 $n\times n$ 阶系统矩阵；$\boldsymbol{h}$ 为 $n\times 1$ 阶输入矩阵。

如果存在有限步的控制信号序列 $\{\boldsymbol{u}(0), \boldsymbol{u}(1), \cdots, \boldsymbol{u}(N-1)\}$，在有限时间间隔 $t\in[0, NT]$ 内，能使系统从任意非零初始状态 $\boldsymbol{X}(0)$ 经有限步转移到零状态，即 $\boldsymbol{X}(NT)=0$，则称此系统是状态完全可控的，简称系统是可控的。

定理 5.5　单输入 n 阶离散系统(5-12)能控的充要条件是可控判别阵：

$$\boldsymbol{M}=[\boldsymbol{h}\quad \boldsymbol{Gh}\quad \cdots\quad \boldsymbol{G}^{n-1}\boldsymbol{h}]_{n\times n}$$

的秩等于 n，即

$$\text{Rank}(\boldsymbol{M})=\text{Rank}[\boldsymbol{h}\quad \boldsymbol{Gh}\quad \cdots\quad \boldsymbol{G}^{n-1}\boldsymbol{h}]=n \tag{5-13}$$

例 5-4　设离散系统状态方程为

$$\boldsymbol{X}(k+1)=\begin{bmatrix}1 & 0 & 0\\ 0 & 2 & -2\\ -1 & 1 & 0\end{bmatrix}\boldsymbol{X}(k)+\begin{bmatrix}1\\0\\1\end{bmatrix}\boldsymbol{u}(k)$$

判断系统的可控性。

解

$$\boldsymbol{M}=[\boldsymbol{h}\quad \boldsymbol{Gh}\quad \boldsymbol{G}^2\boldsymbol{h}]=\begin{bmatrix}1 & 1 & 1\\ 0 & -2 & -2\\ 1 & -1 & -3\end{bmatrix}$$

$\boldsymbol{M}$ 是一方阵，其行列式为

$$\det(\boldsymbol{M})=\begin{vmatrix}1 & 1 & 1\\ 0 & -2 & -2\\ 1 & -1 & -3\end{vmatrix}=4\neq 0$$

所以系统能控判别阵满秩，系统可控。

定理 5.6　考虑多输入离散系统情况，假如线性定常离散系统状态方程为

$$\boldsymbol{X}(k+1)=\boldsymbol{G}\boldsymbol{X}(k)+\boldsymbol{H}\boldsymbol{Y}(k) \tag{5-14}$$

其中 $\boldsymbol{X}$ 为 $n\times 1$ 阶矢量，$\boldsymbol{U}$ 为 $r\times 1$ 阶矢量，$\boldsymbol{G}$ 为 $n\times n$ 阶矩阵，$\boldsymbol{H}$ 为 $n\times r$ 阶可控矩阵，那么离散系统(5-14)可控的充要条件是可控判别阵：

$$\boldsymbol{M}=[\boldsymbol{H}\quad \boldsymbol{GH}\quad \cdots\quad \boldsymbol{G}^{n-1}\boldsymbol{H}]$$

的秩等于 n。

(证明略)。

例 5-5　已知某离散系统的系统矩阵 $\boldsymbol{G}$ 和输入矩阵 $\boldsymbol{H}$ 分别为

$$\boldsymbol{G}=\begin{bmatrix}1 & 2 & -1\\ 0 & 1 & 0\\ 1 & 0 & 3\end{bmatrix},\ \boldsymbol{H}=\begin{bmatrix}1 & 0\\ 0 & 1\\ 0 & 0\end{bmatrix}$$

试分析系统可控性。

解

$$\boldsymbol{M}=[\boldsymbol{H}\quad \boldsymbol{GH}\quad \boldsymbol{G}^2\boldsymbol{H}]=\begin{bmatrix}1 & 0 & 1 & 2 & 0 & 4\\ 0 & 1 & 0 & 1 & 0 & 1\\ 0 & 0 & 1 & 0 & 4 & 2\end{bmatrix}$$

我们可以从 $\boldsymbol{M}$ 阵的前 3 个列明显看出，$\mathrm{Rank}(\boldsymbol{M})=3=n$，即满秩，所以系统可控。

5.3　线性定常连续系统的可观性

定义 5.3　系统方程为

$$\begin{cases}\dot{\boldsymbol{X}}=\boldsymbol{AX}+\boldsymbol{BU}\\ \boldsymbol{Y}=\boldsymbol{CX}\end{cases}\tag{5-15}$$

若对任意给定的输入 $\boldsymbol{u}(t)$，总能在有限的时间段$[t_0,\ t_f]$内，根据系统的输入 $\boldsymbol{u}(t)$及系统观测 $\boldsymbol{y}(t)$，能唯一地确定时刻 t_0的每一状态 $\boldsymbol{X}(t_0)$，那么称系统在 t_0时刻是状态可观测的。若系统在所讨论时间段内每一时刻都能观测，则称是完全可观测的。

定理 5.7　系统完全可观的充要条件是可观判别阵

$$\boldsymbol{N}=\begin{bmatrix}\boldsymbol{C}\\ \boldsymbol{CA}\\ \vdots\\ \boldsymbol{CA}^{n-1}\end{bmatrix}$$

的秩为 n。(证明略)

例 5-6　判别系统

$$\begin{cases}\dot{\boldsymbol{X}}=\begin{bmatrix}2 & -1\\ 1 & -3\end{bmatrix}\boldsymbol{X}\\ \boldsymbol{Y}=\begin{bmatrix}1 & 0\\ 0 & 1\end{bmatrix}\boldsymbol{X}\end{cases}$$

的可观性。

解

$$\boldsymbol{N}=\begin{bmatrix}\boldsymbol{C}\\ \boldsymbol{CA}\end{bmatrix}=\begin{bmatrix}1 & 0\\ 0 & 1\\ 2 & -1\\ 1 & -3\end{bmatrix}$$

因为 $\mathrm{Rank}(\boldsymbol{M})=2=n$，所以系统可观。

5.4 离散时间系统的可观性

定义 5.4 考虑如下线性定常离散系统：

$$\begin{cases} \boldsymbol{X}(k+1)=\boldsymbol{G}\boldsymbol{X}(k)+\boldsymbol{h}\boldsymbol{u}(k) \\ \boldsymbol{y}(k)=\boldsymbol{C}\boldsymbol{X}(k) \end{cases} \tag{5-16}$$

其中，$\boldsymbol{X}(k)$为 n 维状态向量；$\boldsymbol{u}(k)$为 1 维输入向量；$\boldsymbol{y}(k)$为 1 维输出向量；$\boldsymbol{G}$ 为 $n\times n$ 阶系统矩阵；$\boldsymbol{h}$ 为 $n\times 1$ 阶输入矩阵；$\boldsymbol{C}$ 为 $1\times n$ 阶输出矩阵。

如果根据第 i 步及以后有限步的输出观测 $\boldsymbol{y}(i)$，$\boldsymbol{y}(i+1)$，…，$\boldsymbol{y}(N)$，就能唯一地确定第 i 步的状态 $\boldsymbol{X}(i)$，则称系统即式(5-16)可观。

对于线性定常离散系统，不失一般性，我们可设 $i=0$，即从第 0 步开始观测，确定的是 $\boldsymbol{X}(0)$的值，并且由于 $\boldsymbol{u}(k)$不影响系统的可观性，因此令 $\boldsymbol{u}(k)\equiv 0$，所以式(5-16)变成：

$$\begin{cases} \boldsymbol{X}(k+1)=\boldsymbol{G}\boldsymbol{X}(k) \\ \boldsymbol{y}(k)=\boldsymbol{C}\boldsymbol{X}(k) \end{cases} \tag{5-17}$$

定理 5.8 对于式(5-17)离散系统，其完全可观的充要条件为可观判别阵

$$\begin{bmatrix} \boldsymbol{C} \\ \boldsymbol{C}\boldsymbol{G} \\ \vdots \\ \boldsymbol{C}\boldsymbol{G}^{n-1} \end{bmatrix} \tag{5-18}$$

的秩等于 n，即 $\text{Rank}(\boldsymbol{M})=n$.

证 由式(5-17)可知：

$$\begin{cases} \boldsymbol{y}(0)=\boldsymbol{C}\boldsymbol{X}(0) \\ \boldsymbol{y}(1)=\boldsymbol{C}\boldsymbol{X}(1)=\boldsymbol{C}\boldsymbol{G}\boldsymbol{X}(0) \\ \quad\vdots \\ \boldsymbol{y}(n-1)=\boldsymbol{C}\boldsymbol{G}^{n-1}\boldsymbol{X}(0) \end{cases} \tag{5-19}$$

写成矩阵形式：

$$\begin{bmatrix} \boldsymbol{Y}(0) \\ \boldsymbol{Y}(1) \\ \vdots \\ \boldsymbol{Y}(n-1) \end{bmatrix}=\begin{bmatrix} \boldsymbol{C}\boldsymbol{X}(0) \\ \boldsymbol{C}\boldsymbol{G}\boldsymbol{X}(0) \\ \vdots \\ \boldsymbol{C}\boldsymbol{G}^{n-1}\boldsymbol{X}(0) \end{bmatrix}=\begin{bmatrix} \boldsymbol{C} \\ \boldsymbol{C}\boldsymbol{G} \\ \vdots \\ \boldsymbol{C}\boldsymbol{G}^{n-1} \end{bmatrix}\boldsymbol{X}(0) \tag{5-20}$$

根据线性代数知识，式(5-20)中 $\boldsymbol{X}(0)$有唯一解的充要条件是其系数矩阵：

$$\boldsymbol{N}=\begin{bmatrix} \boldsymbol{C} \\ \boldsymbol{C}\boldsymbol{G} \\ \vdots \\ \boldsymbol{C}\boldsymbol{G}^{n-1} \end{bmatrix} \tag{5-21}$$

的秩为 n，即 $\text{Rank}(\boldsymbol{N})=n$。

例 5-7 判定下列系统的可观性。

$$\begin{cases} \boldsymbol{X}(k+1)=\begin{bmatrix} 2 & 0 \\ -1 & -3 \end{bmatrix}\boldsymbol{X}(k) \\ \boldsymbol{Y}(k)=\begin{bmatrix} 1 & 0 \end{bmatrix}\boldsymbol{X}(k) \end{cases}$$

解
$$\boldsymbol{N}=\begin{bmatrix} \boldsymbol{C} \\ \boldsymbol{CG} \end{bmatrix}=\begin{bmatrix} 1 & 0 \\ 2 & 0 \end{bmatrix}$$

因为 $\mathrm{Rank}(\boldsymbol{N})=1\neq 2$，所以系统不可观。

例 5-8　系统

$$\boldsymbol{X}(k+1)=\begin{bmatrix} 2 & 3 \\ -1 & -2 \end{bmatrix}\boldsymbol{X}(k),\ \boldsymbol{Y}(k)=\begin{bmatrix} 2 & 0 \\ -1 & 1 \end{bmatrix}\boldsymbol{X}(k)$$

判断其可观性。

解
$$\boldsymbol{N}=\begin{bmatrix} \boldsymbol{C} \\ \boldsymbol{CG} \end{bmatrix}=\begin{bmatrix} 2 & 0 \\ -1 & 1 \\ \vdots & \vdots \end{bmatrix}$$

因为从 $\boldsymbol{N}$ 的子阵 $\boldsymbol{C}$ 就知道 $\mathrm{Rank}(\boldsymbol{N})=2=n$，所以系统可观。

实际上，本例由于 $m=n$，并且 $\det(\boldsymbol{C})\neq 0$，所以直接从系统的输出方程就可以一步观测到系统的状态值：

$$\boldsymbol{X}(k)=\boldsymbol{C}^{-1}\boldsymbol{Y}(k)=\begin{bmatrix} 2 & 0 \\ -1 & 1 \end{bmatrix}^{-1}\boldsymbol{Y}(k)=\begin{bmatrix} 0.5 & 0 \\ 0.5 & 1 \end{bmatrix}\boldsymbol{Y}(k)$$

MATLAB 中可以用 obsv(A, C)函数求系统的可观判别矩阵 $\boldsymbol{N}$，并用 rank(N)求 $\boldsymbol{N}$ 的秩。

5.5　对偶系统和对偶原理

5.5.1　对偶系统

设系统 $\boldsymbol{\Sigma}_1$ 的动态方程为

$$\begin{cases} \boldsymbol{X}_1=\boldsymbol{A}_1\dot{\boldsymbol{X}}_1+\boldsymbol{B}_1\boldsymbol{U}_1 \\ \boldsymbol{Y}_1=\boldsymbol{C}_1\boldsymbol{X}_1 \end{cases} \tag{5-22}$$

系统 $\boldsymbol{\Sigma}_2$ 的动态方程为

$$\begin{cases} \boldsymbol{X}_2=\boldsymbol{A}_2\dot{\boldsymbol{X}}_2+\boldsymbol{B}_2\boldsymbol{U}_2 \\ \boldsymbol{Y}_2=\boldsymbol{C}_2\boldsymbol{X}_2 \end{cases} \tag{5-23}$$

若 $\boldsymbol{\Sigma}_1$，$\boldsymbol{\Sigma}_2$ 满足：

$$\boldsymbol{A}_2=\boldsymbol{A}_1^{\mathrm{T}},\ \boldsymbol{B}_2=\boldsymbol{C}_1^{\mathrm{T}},\ \boldsymbol{C}_2=\boldsymbol{B}_1^{\mathrm{T}} \tag{5-24}$$

则称 $\boldsymbol{\Sigma}_1$ 和 $\boldsymbol{\Sigma}_2$ 互为对偶系统。如果 $\boldsymbol{\Sigma}_1$ 和 $\boldsymbol{\Sigma}_2$ 互为对偶系统。显然 $\boldsymbol{\Sigma}_1$ 是一个 r 维输入、m 维输出的 n 阶系统，则其对偶系统 $\boldsymbol{\Sigma}_2$ 是一个 m 维输入、r 维输出的 n 阶系统，那么：

(1) 如果将 $\boldsymbol{\Sigma}_1$ 模拟结构图中信号线反向：输入端变输出端，输出端变输入端；信号综合点变信号引出点，信号引出点变信号综合点，那么形成的就是 $\boldsymbol{\Sigma}_2$ 的模拟结构图，如图5-3所示。

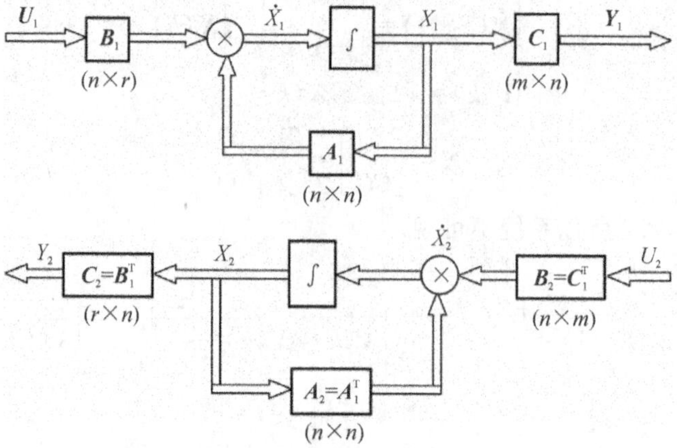

图 5-3　对偶系统结构图

(2) 对偶系统的传递函数阵互为转置。因为

$$\begin{aligned}\boldsymbol{W}_2(s)&=\boldsymbol{C}_2(s\boldsymbol{I}-\boldsymbol{A}_2)^{-1}\boldsymbol{B}_2=\boldsymbol{B}_1^T(s\boldsymbol{I}-\boldsymbol{A}_1^T)^{-1}\boldsymbol{C}_1^T\\&=\boldsymbol{B}_1^T[(s\boldsymbol{I}-\boldsymbol{A}_1)^{-1}]^T\boldsymbol{C}_1^T=[\boldsymbol{C}_1(s\boldsymbol{I}-\boldsymbol{A}_1)^{-1}\boldsymbol{B}_1]^T=[\boldsymbol{W}_1(s)]^T\end{aligned}$$

所以若 $\boldsymbol{\Sigma}_1$、$\boldsymbol{\Sigma}_2$ 为单输入单输出(SISO)系统，那么有

$$W_1(s)=W_2(s)$$

(3) 对偶系统特征方程式相同。因为

$$|s\boldsymbol{I}-\boldsymbol{A}_2|=|s\boldsymbol{I}-\boldsymbol{A}_1^T|=(|s\boldsymbol{I}-\boldsymbol{A}_1|)^T=0$$

所以，$|s\boldsymbol{I}-\boldsymbol{A}_2|=0$ 和 $|s\boldsymbol{I}-\boldsymbol{A}_1|=0$ 是等价的。

5.5.2　对偶原理

若系统 $\boldsymbol{\Sigma}_1(\boldsymbol{A}_1, \boldsymbol{B}_1, \boldsymbol{C}_1,)$ 和 $\boldsymbol{\Sigma}_2(\boldsymbol{A}_2, \boldsymbol{B}_2, \boldsymbol{C}_2)$ 为对偶系统，则 $\boldsymbol{\Sigma}_1$ 的可控性等价于 $\boldsymbol{\Sigma}_2$ 的可观性；$\boldsymbol{\Sigma}_1$ 的可观性等价于 $\boldsymbol{\Sigma}_2$ 的可控性。

对前半部进行说明：

$$\boldsymbol{N}_2=\begin{bmatrix}\boldsymbol{C}_2\\\boldsymbol{C}_2\boldsymbol{A}_2\\\vdots\\\boldsymbol{C}_2\boldsymbol{A}_2^{n-1}\end{bmatrix}=\begin{bmatrix}\boldsymbol{B}_1^T\\\boldsymbol{B}_1^T\boldsymbol{A}_1^T\\\vdots\\\boldsymbol{B}_1^T(\boldsymbol{A}_1^T)^{n-1}\end{bmatrix}=\begin{bmatrix}\boldsymbol{B}_1^T\\(\boldsymbol{A}_1\boldsymbol{B}_1)^T\\\vdots\\(\boldsymbol{A}_1^{n-1}\boldsymbol{B}_1)^T\end{bmatrix}=[\boldsymbol{B}_1\quad\boldsymbol{A}_1\boldsymbol{B}_1\quad\cdots\quad\boldsymbol{A}_1^{n-1}\boldsymbol{B}_1]^T=\boldsymbol{M}_1^T$$

所以 $\mathrm{Rank}(\boldsymbol{N}_2)=\mathrm{Rank}(\boldsymbol{M}_1)$，也即 $\boldsymbol{\Sigma}_1$ 的可控性等价于 $\boldsymbol{\Sigma}_2$ 的可观性。

5.6　系统可控标准型和可观标准型

5.6.1　单输入系统可控标准型

控制系统的可控标准型有两种形式，分别称之为可控Ⅰ型和可控Ⅱ型。

对于可控Ⅰ型 $\boldsymbol{\Sigma}\boldsymbol{c}_1(\boldsymbol{A}_{c1}, \boldsymbol{b}_{c1}, \boldsymbol{C}_{c1})$，其各矩阵的形式为

$$\begin{cases} \boldsymbol{A}_{c1}=\begin{bmatrix} 0 & 1 & 0 & \cdots & 0 \\ 0 & 0 & 1 & \cdots & 0 \\ \vdots & \vdots & \vdots & & \vdots \\ 0 & 0 & 0 & \cdots & 1 \\ -a_0 & -a_1 & -a_2 & \cdots & -a_{n-1} \end{bmatrix},\ \boldsymbol{b}_{c1}=\begin{bmatrix} 0 \\ \vdots \\ 0 \\ 1 \end{bmatrix} \\ \boldsymbol{C}_{c1}=[\beta_0 \quad \beta_1 \quad \cdots \quad \beta_{n-1}] \end{cases} \tag{5-25}$$

对于可控Ⅱ型 $\boldsymbol{\Sigma c}_2(\boldsymbol{A}_{c2},\boldsymbol{b}_{c2},\boldsymbol{C}_{c2})$，其各矩阵的形式为

$$\begin{cases} \boldsymbol{A}_{c2}=\begin{bmatrix} 0 & 0 & 0 & \cdots & 0 & -a_0 \\ 1 & 0 & 0 & \cdots & 0 & -a_1 \\ 0 & 1 & 0 & \cdots & 0 & -a_2 \\ \vdots & \vdots & \vdots & \vdots & \ddots & \vdots \\ 0 & 0 & 0 & \cdots & 1 & -a_{n-1} \end{bmatrix},\ \boldsymbol{b}_{c2}=\begin{bmatrix} 1 \\ 0 \\ \vdots \\ 0 \end{bmatrix} \\ \boldsymbol{C}_{c2}=[\beta_0 \quad \beta_1 \quad \cdots \quad \beta_{n-1}] \end{cases} \tag{5-26}$$

注意：$\boldsymbol{\Sigma c}_1$ 中的 β_i 与 $\boldsymbol{\Sigma c}_2$ 中的 β_i 不是同一数值。

$\boldsymbol{\Sigma c}_1$ 的模拟结构图如图 5-4 所示，$\boldsymbol{\Sigma c}_2$ 的模拟结构图如图 5-5 所示。

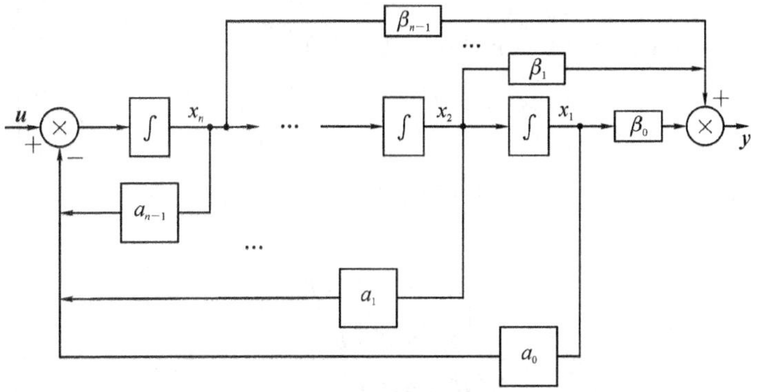

图 5-4　可控Ⅰ型模拟结构图

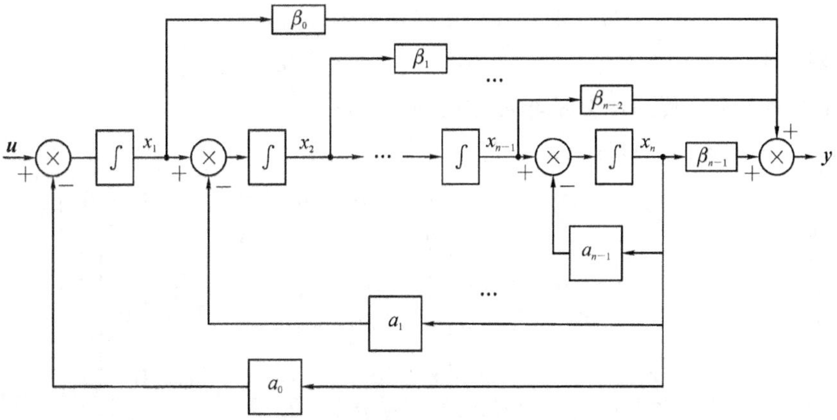

图 5-5　可控Ⅱ型模拟结构图

$\boldsymbol{\Sigma c}_1(\boldsymbol{A}_{c1},\boldsymbol{b}_{c1},\boldsymbol{C}_{c1})$和$\boldsymbol{\Sigma c}_2(\boldsymbol{A}_{c2},\boldsymbol{b}_{c2},\boldsymbol{C}_{c2})$之所以称为可控型，主要是这种形式的动态方程肯定是可控的。如对$\boldsymbol{\Sigma c}_1$系统，可控判别阵

$$\boldsymbol{M}=[\boldsymbol{b}_{c1}\quad \boldsymbol{A}_{c1}\boldsymbol{b}_{c1}\quad \cdots\quad \boldsymbol{A}_{c1}^{n-1}\boldsymbol{b}_{c1}]=\begin{bmatrix}0 & 0 & \cdots & 0 & 1\\ 0 & 0 & \cdots & 1 & -a_{n-1}\\ \vdots & \vdots & & \vdots & \vdots\\ 0 & 1 & \cdots & -a_3 & -a_1\\ 1 & -a_{n-1} & \cdots & \cdots & -a_1\end{bmatrix}$$

$|\boldsymbol{M}|=1\neq 0$，所以系统$\boldsymbol{\Sigma c}_1$始终是可控的。系统$\boldsymbol{\Sigma c}_2$也可类似证明。

下面介绍如何将一个一般的动态方程转化成一个可控标准型。

定理 5.9　对一般动态方程

$$\begin{cases}\dot{\boldsymbol{X}}=\boldsymbol{AX}+\boldsymbol{b}\boldsymbol{U}\\ \boldsymbol{Y}=\boldsymbol{CX}\end{cases}\tag{5-27}$$

如果系统是可控的，即 Rank$[\boldsymbol{b},\boldsymbol{Ab},\cdots,\boldsymbol{A}_{n-1}\boldsymbol{b}]$满秩，那么可以通过非奇异矩阵

$$\boldsymbol{T}_{c1}=[\boldsymbol{A}^{n-1}\boldsymbol{b}\quad \boldsymbol{A}^{n-2}\boldsymbol{b}\quad \cdots\quad \boldsymbol{Ab}\quad \boldsymbol{b}]\begin{bmatrix}1 & 0 & \cdots & 0\\ a_{n-1} & 1 & \cdots & 0\\ \vdots & \vdots & & \vdots\\ a_2 & a_3 & \cdots & 0\\ a_1 & a_2 & a_{n-1} & 1\end{bmatrix}$$

的线性变换，将系统$\boldsymbol{\Sigma}(\boldsymbol{A},\boldsymbol{B},\boldsymbol{C})$变换成式(5-25)所示的可控Ⅰ型$\boldsymbol{\Sigma c}_1(\boldsymbol{A}_{c1},\boldsymbol{b}_{c1},\boldsymbol{C}_{c1})$，其中

$$\begin{cases}\boldsymbol{A}_{c1}=\boldsymbol{T}_{c1}^{-1}\boldsymbol{A}\boldsymbol{T}_{c1}\\ \boldsymbol{b}_{c1}=\boldsymbol{T}_{c1}^{-1}\boldsymbol{b}\\ \boldsymbol{C}_{c1}=\boldsymbol{C}\boldsymbol{T}_{c1}\end{cases}\tag{5-28}$$

$a_i(i=0,1,2,\cdots,n-1)$是系统特征多项式的系数，即

$$|\lambda\boldsymbol{I}-\boldsymbol{A}|=\lambda^n+a_{n-1}\lambda+\cdots+a_1\lambda+a_0$$

(证明略)

由可控Ⅰ型求系统传递函数是非常方便的，因为

$$W(s)=\boldsymbol{C}_{c1}(s\boldsymbol{I}-\boldsymbol{A}_{c1})^{-1}\boldsymbol{b}_{c1}$$

$$=(\beta_0\quad \beta_1\quad \cdots\quad \beta_{n-1})\begin{bmatrix}s & -1 & 0 & \cdots & 0\\ 0 & s & -1 & \cdots & \vdots\\ \vdots & \vdots & \vdots & & \vdots\\ 0 & 0 & 0 & \cdots & -1\\ a_0 & a_1 & a_2 & \cdots & a_{n-1}\end{bmatrix}^{-1}\begin{bmatrix}0\\ \vdots\\ \vdots\\ 0\\ 1\end{bmatrix}$$

$$=(\beta_0 \quad \beta_1 \quad \cdots \quad \beta_{n-1})\frac{1}{s^n+a_{n-1}s^{n-1}+\cdots+a_1s+a_0}\begin{bmatrix}\cdots & 1\\ \cdots & s\\ \cdots & s^2\\ \vdots & \vdots\\ \cdots & s^{n-1}\end{bmatrix}\begin{bmatrix}0\\ \vdots\\ 0\\ 1\end{bmatrix}$$

$$=\frac{\beta_{n-1}s^{n-1}+\beta_{n-2}s^{n-2}+\cdots+\beta_1s+\beta_0}{s^n+a_{n-1}s^{n-1}+\cdots+a_1s+a_0} \tag{5-29}$$

由上式可知，根据系统的传递函数 $W(s)$可直接写出系统的可控Ⅰ型，反之亦然。

例 5-9　已知系统 $\boldsymbol{\Sigma}(\boldsymbol{A}, \boldsymbol{b}, \boldsymbol{C})$，其中

$$\boldsymbol{A}=\begin{bmatrix}1 & 2 & 0\\ 3 & -1 & 1\\ 0 & 2 & 0\end{bmatrix}, \boldsymbol{b}=\begin{bmatrix}2\\ 1\\ 1\end{bmatrix}, \boldsymbol{C}=[0 \quad 0 \quad 1]$$

试求其可控Ⅰ型。

解

$$W(s)=\boldsymbol{C}(s\boldsymbol{I}-\boldsymbol{A})^{-1}\boldsymbol{b}=[0 \quad 0 \quad 1]\begin{bmatrix}s-1 & -2 & 0\\ -3 & s+1 & -1\\ 0 & -2 & s\end{bmatrix}^{-1}\begin{bmatrix}2\\ 1\\ 1\end{bmatrix}$$

$$=\frac{1}{s^3-9s+2}[6 \quad 2(s-1) \quad s^2-7]\begin{bmatrix}2\\ 1\\ 1\end{bmatrix}$$

$$=\frac{s^2+2s+3}{s^3-9s+2}$$

因为传递函数没有零极点对消，系统可控，可以化为可控标准型。从 $W(s)$表达式可知

$$a_0=2, a_1=-9, a_2=0, \beta_0=3, \beta_1=2, \beta_2=1$$

$$\boldsymbol{A}_{c1}=\begin{bmatrix}0 & 1 & 0\\ 0 & 0 & 1\\ -2 & 9 & 0\end{bmatrix}, \boldsymbol{b}_{c1}=\begin{bmatrix}0\\ 0\\ 1\end{bmatrix}, \boldsymbol{C}_{c1}=[3 \quad 2 \quad 1]$$

定理 5.10　对式(5-27)所示一般系统，如果系统可控，即 Rank$[\boldsymbol{b}, \boldsymbol{Ab}, \cdots, \boldsymbol{A}_{n-1}\boldsymbol{b}]$满秩，那么可以通过非奇异变换

$$\boldsymbol{T}_{c2}=[\boldsymbol{b} \quad \boldsymbol{Ab} \quad \cdots \quad \boldsymbol{A}^{n-2}\boldsymbol{b} \quad \boldsymbol{A}^{n-1}\boldsymbol{b}] \tag{5-30}$$

将系统 $\boldsymbol{\Sigma}(\boldsymbol{A}, \boldsymbol{B}, \boldsymbol{C})$变换成式(5-26)所示的可控Ⅱ型 $\boldsymbol{\Sigma}c_2(\boldsymbol{A}_{c2}, \boldsymbol{b}_{c2}, \boldsymbol{C}_{c2})$，其中

$$\begin{cases}\boldsymbol{A}_{c2}=\boldsymbol{T}_{c2}^{-1}\boldsymbol{A}\boldsymbol{T}_{c2}\\ \boldsymbol{b}_{c2}=\boldsymbol{T}_{c2}^{-1}\boldsymbol{b}\\ \boldsymbol{C}_{c2}=\boldsymbol{C}\boldsymbol{T}_{c2}=[\boldsymbol{Cb} \quad \boldsymbol{CAb} \quad \cdots \quad \boldsymbol{CA}^{n-1}\boldsymbol{b}]\end{cases} \tag{5-31}$$

$\boldsymbol{A}_{c2}$中的$a_i(i=0, 1, 2, \cdots, n-1)$是系统特征多项式的系数，即

$$|\lambda\boldsymbol{I}-\boldsymbol{A}|=\lambda^n+a_{n-1}\lambda^{n-1}+\cdots+a_1\lambda_1+a_0 \tag{5-32}$$

证　因为 $\boldsymbol{\Sigma}(\boldsymbol{A}, \boldsymbol{B}, \boldsymbol{C})$系统可控，所以可控判别阵 $\boldsymbol{m}=[\boldsymbol{b}, \boldsymbol{Ab}, \cdots, \boldsymbol{A}_{n-1}\boldsymbol{b}]$满秩。令

$$X=T_{c2}X_{c2}=[b\quad Ab\quad \cdots\quad A^{n-1}b]X_{c2}$$

并代入式(5-27)，得

$$\dot{X}_{c2}=T_{c2}^{-1}AT_{c2}X_{c2}+T_{c2}^{-1}bU=A_{c2}X_{c2}+b_{c2}U$$
$$Y=CT_{c2}X_{c2}=C_{c2}X_{c2}$$

其中

$$\begin{cases} A_{c2}=T_{c2}^{-1}AT_{c2} & (5-33)\\ b_{c2}=T_{c2}^{-1}b & (5-34)\\ C_{c2}=CT_{c2} & (5-35)\end{cases}$$

下面只要验证将如式(5-26)所示的 A_{c2}，b_{c2}，c_{c2} 和如式(5-30)所示的 T_{c2} 代入式(5-33)，式(5-34)，式(5-35)后等式成立即可。先看式(5-33)：

$$\text{右边}=T_{c2}^{-1}AT_{c2}=T_{c2}^{-1}A[b\quad Ab\quad \cdots\quad A^{n-1}b]$$
$$=T_{c2}^{-1}[Ab\quad A^2b\quad \cdots\quad A^{n-1}b\quad A^nb] \tag{5-36}$$

根据凯利-哈密顿定理，矩阵 A 满足其本身特征方程，即 A 满足式(5-32)，则有

$$A^n+a_{n-1}A^{n-1}+\cdots+a_1A+a_0=0$$
$$A^n=-a_{n-1}A^{n-1}-\cdots-a_1A-a_0$$

代入式(5-36)，式(5-33)可为

$$\begin{aligned}\text{右边}&=T_{c2}^{-1}AT_{c2}\\&=T_{c2}^{-1}[Ab,\ A^2b,\ \cdots,\ A^{n-1}b,\ (-a_{n-1}A^{n-1}b-\cdots-a_1Ab-a_0b)]\\&=T_{c2}^{-1}[b,\ Ab,\ \cdots,\ A^{n-1}b]\begin{bmatrix}0&0&\cdots&0&-a_0\\1&0&\cdots&0&-a_1\\0&1&\cdots&0&-a_2\\\vdots&\vdots&&\vdots&\vdots\\0&0&\cdots&1&-a_{n-1}\end{bmatrix}\\&=T_{c2}^{-1}T_{c2}A_{c2}=A_{c2}=\text{左边}\end{aligned}$$

式(5-33)得证。

再看式(5-34)，两边同时左乘 T_{c2}，得新关系 $T_{c2}b_{c2}=b$。将式(5-30)的 T_{c2} 和式(5-26)的 b_{c2} 代入，很容易就得以证明。

再看式(5-35)，有

$$C_{c2}=CT_{c2}=C[b\quad Ab\quad \cdots\quad A^{n-2}b\quad A^{n-1}b]$$
$$=[Cb\quad CAb\quad \cdots\quad CA^{n-2}b\quad CA^{n-1}b]$$

实际上，该式只给出 C_{c2} 的计算公式，C_{c2} 没有像 A_{c2}，b_{c2} 那样的固定标准形式。

例 5-10　将例 5-9 中的系统转化为可控Ⅱ型。

解　因为

$$|\lambda I-A|=\begin{vmatrix}\lambda-1&-2&0\\-3&\lambda+1&-1\\0&-2&\lambda\end{vmatrix}=\lambda^3-9\lambda+2=0$$

所以

$$a_0=2,\ a_1=-9,\ a_2=0$$

$$\boldsymbol{C}_{c2}=[\boldsymbol{Cb}\quad \boldsymbol{CAb}\quad \boldsymbol{CA}^2\boldsymbol{b}]=[1\quad 2\quad 12]$$

故可控Ⅱ型为

$$\begin{cases}\dot{\boldsymbol{X}}_{c2}=\begin{bmatrix}0&0&-2\\1&0&9\\0&1&0\end{bmatrix}\boldsymbol{X}_{c2}+\begin{bmatrix}1\\0\\0\end{bmatrix}\boldsymbol{U}\\ \boldsymbol{Y}=[1\quad 2\quad 12]\boldsymbol{X}_{c2}\end{cases}$$

MATLAB 求系统的可控Ⅱ型方法见 5.7 节。

5.6.2 单输出系统的可观标准型

控制系统的可观标准型也有两种形式，可观Ⅰ型 $\boldsymbol{\Sigma}_{o1}(\boldsymbol{A}_{o1},\boldsymbol{B}_{o1},\boldsymbol{C}_{o1})$ 和可观Ⅱ型 $\boldsymbol{\Sigma}_{o2}(\boldsymbol{A}_{o2},\boldsymbol{B}_{o2},\boldsymbol{C}_{o2})$，其中：

$$\boldsymbol{A}_{o1}=\begin{bmatrix}0&1&0&\cdots&0\\0&0&1&\cdots&0\\\vdots&\vdots&\vdots&&\vdots\\0&0&0&\cdots&1\\-a_0&-a_1&-a_2&\cdots&-a_{n-1}\end{bmatrix},\ \boldsymbol{b}_{o1}=\begin{bmatrix}\beta_0\\\beta_1\\\vdots\\\beta_{n-1}\end{bmatrix}$$

$$\boldsymbol{C}_{o1}=[1\quad 0\quad \cdots\quad 0] \tag{5-37}$$

$$\boldsymbol{A}_{o2}=\begin{bmatrix}0&0&0&\cdots&0&-a_0\\1&0&0&\cdots&0&-a_1\\0&1&0&\cdots&0&0\\\vdots&\vdots&\vdots&&\vdots&\vdots\\0&0&0&\cdots&1&-a_{n-1}\end{bmatrix},\ \boldsymbol{b}_{o2}=\begin{bmatrix}\beta_0\\\beta_1\\\vdots\\\beta_{n-1}\end{bmatrix}$$

$$\boldsymbol{C}_{o2}=[0\quad \cdots\quad 0\quad 1] \tag{5-38}$$

注意：$\boldsymbol{b}_{o1}$ 中的 β_i 与 $\boldsymbol{b}_{o2}$ 中的 β_i 不是同一数值。

可观Ⅰ型 $\boldsymbol{\Sigma}_{o1}$ 的模拟结构图如图 5-6 所示，可观Ⅱ型 $\boldsymbol{\Sigma}_{o2}$ 的模拟结构图如图 5-7 所示。

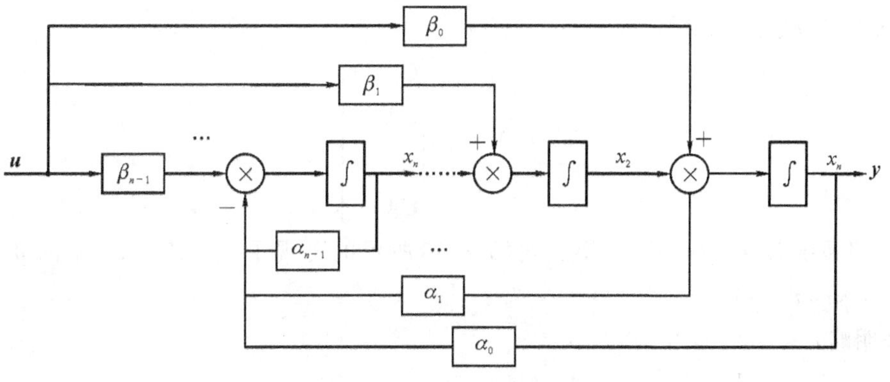

图 5-6　可观Ⅰ型模拟结构图

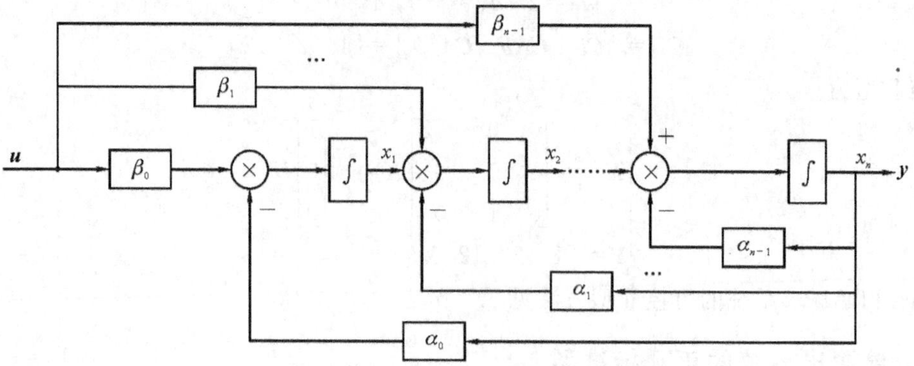

图 5-7　可观Ⅱ型模拟结构图

$\boldsymbol{\Sigma}_{o1}(\boldsymbol{A}_{o1}, \boldsymbol{B}_{o1}, \boldsymbol{C}_{o1})$和$\boldsymbol{\Sigma}_{o2}(\boldsymbol{A}_{o2}, \boldsymbol{B}_{o2}, \boldsymbol{C}_{o2})$之所以称作可观标准型，主要是这种形式的动态方程所表示的系统肯定是可观的，如对$\boldsymbol{\Sigma}_{o1}(\boldsymbol{A}_{o1}, \boldsymbol{B}_{o1}, \boldsymbol{C}_{o1})$系统，其可观判别阵为

$$\boldsymbol{N}=\begin{bmatrix}\boldsymbol{C}_{o1}\\ \boldsymbol{C}_{o1}\boldsymbol{A}_{o1}\\ \vdots\\ \boldsymbol{C}_{o1}\boldsymbol{A}_{o1}^{n-1}\end{bmatrix}=\begin{bmatrix}1 & 0 & \cdots & 0\\ 0 & 1 & \cdots & 0\\ \vdots & \vdots & & \vdots\\ 0 & 0 & \cdots & 1\end{bmatrix}$$

$\mathrm{Rank}(\boldsymbol{N})=n$，满秩，所以$\boldsymbol{\Sigma}_{o1}$可观。

下面介绍如何将一般形式的动态方程转换为可观标准型。

定理 5.11　对一般动态方程：

$$\begin{cases}\dot{\boldsymbol{X}}=\boldsymbol{A}\boldsymbol{X}+\boldsymbol{B}\boldsymbol{U}\\ \boldsymbol{Y}=\boldsymbol{C}\boldsymbol{X}\end{cases} \tag{5-39}$$

如果系统可观，即系统可观判别阵

$$\boldsymbol{N}=\begin{bmatrix}\boldsymbol{C}\\ \boldsymbol{C}\boldsymbol{A}\\ \vdots\\ \boldsymbol{C}\boldsymbol{A}^{n-1}\end{bmatrix}$$

满秩，那么可以通过

$$\boldsymbol{T}_{o1}=\boldsymbol{N}^{-1}=\begin{bmatrix}\boldsymbol{C}\\ \boldsymbol{C}\boldsymbol{A}\\ \vdots\\ \boldsymbol{C}\boldsymbol{A}^{n-1}\end{bmatrix}^{-1}$$

的变换，将系统$\boldsymbol{\Sigma}(\boldsymbol{A}, \boldsymbol{B}, \boldsymbol{C})$变换成式(5-37)所示的可观Ⅰ型。其中$\boldsymbol{b}_{o1}$中的$\boldsymbol{\beta}_i=\boldsymbol{C}\boldsymbol{A}^i\boldsymbol{b}$ $(i=0, 1, \cdots, n-1)$。

(证明略)

定理 5.12　对如式(5-38)所示系统，如果系统可观，那么通过矩阵

$$\boldsymbol{T}_{o2}=\left[\begin{bmatrix}1 & a_{n-1} & \cdots & \cdots & a_1\\ 0 & 1 & a_{n-1} & \cdots & a_2\\ 0 & 0 & 1 & \ddots & \vdots\\ \vdots & \vdots & \vdots & \ddots & a_{n-1}\\ 0 & 0 & 0 & \cdots & 1\end{bmatrix}\begin{bmatrix}\boldsymbol{CA}^{n-1}\\ \boldsymbol{CA}^{n-2}\\ \vdots\\ \boldsymbol{CA}\\ \boldsymbol{C}\end{bmatrix}\right]^{-1}$$

的线性变换，可以将系统转换成如式(5-38)所示的可观Ⅱ型，其中 $\boldsymbol{b}_{o2}$ 由下列公式求得

$$\boldsymbol{b}_{o2}=\boldsymbol{T}_{o2}^{-1}\boldsymbol{b}=\begin{bmatrix}1 & a_{n-1} & a_{n-2} & \cdots & a_1\\ 0 & 1 & a_{n-1} & \cdots & a_2\\ 0 & 0 & 1 & \ddots & \vdots\\ \vdots & \vdots & \vdots & \ddots & a_{n-1}\\ 0 & 0 & 0 & \cdots & 1\end{bmatrix}\begin{bmatrix}\boldsymbol{CA}^{n-1}\\ \boldsymbol{CA}^{n-2}\\ \vdots\\ \boldsymbol{CA}\\ \boldsymbol{C}\end{bmatrix}\boldsymbol{b}$$

(证明略)

例 5-11　试将例 5-9 中的系统转化为可观Ⅰ型和可观Ⅱ型。

解　可观判别阵

$$\boldsymbol{N}=\begin{bmatrix}\boldsymbol{C}\\ \boldsymbol{CA}\\ \boldsymbol{CA}^2\end{bmatrix}=\begin{bmatrix}0 & 0 & 1\\ 0 & 2 & 0\\ 6 & -2 & 2\end{bmatrix}$$

满秩，所以系统可观。

系统特征方程为

$$|\lambda\boldsymbol{I}-\boldsymbol{A}|=\begin{vmatrix}\lambda-1 & -2 & 0\\ -3 & \lambda+1 & -1\\ 0 & -2 & \lambda\end{vmatrix}=\lambda^3-9\lambda+2=0$$

$$a_0=2,\ a_1=-9,\ a_2=0$$

所以根据定理 5.10，通过 $\boldsymbol{T}_{o1}=\boldsymbol{N}^{-1}$ 的线性变换，就可以得到系统可观Ⅰ型 $\boldsymbol{\Sigma}_{o1}(\boldsymbol{A}_{o1},\boldsymbol{B}_{o1},\boldsymbol{C}_{o1})$，其中：

$$\boldsymbol{A}_{o1}=\begin{bmatrix}0 & 1 & 0\\ 0 & 0 & 1\\ -2 & 9 & 0\end{bmatrix}$$

$$\boldsymbol{C}_{o1}=[1\quad 0\quad 0]$$

$$\boldsymbol{b}_{o1}=\boldsymbol{T}_{o1}^{-1}\boldsymbol{b}=\boldsymbol{Nb}=\begin{bmatrix}0 & 0 & 1\\ 0 & 2 & 0\\ 6 & -2 & 2\end{bmatrix}\begin{bmatrix}2\\ 1\\ 1\end{bmatrix}=\begin{bmatrix}1\\ 2\\ 12\end{bmatrix}$$

与例 5-10 的结果比较，我们知道，同一系统的可控Ⅱ型 $\boldsymbol{\Sigma}_{c2}$ 与可观Ⅰ型 $\boldsymbol{\Sigma}_{o1}$ 互为对偶系统。

根据定理 5.11，通过

$$
\boldsymbol{T}_{o2}=\left[\begin{bmatrix}1 & a_2 & a_1\\0 & 1 & a_2\\0 & 0 & 1\end{bmatrix}\begin{bmatrix}\boldsymbol{CA}^2\\\boldsymbol{CA}\\\boldsymbol{C}\end{bmatrix}\right]^{-1}
=\left[\begin{bmatrix}1 & 0 & -9\\0 & 1 & 0\\0 & 0 & 1\end{bmatrix}\begin{bmatrix}6 & -2 & 2\\0 & 2 & 0\\0 & 0 & 1\end{bmatrix}\right]^{-1}=\begin{bmatrix}6 & -2 & -7\\0 & 2 & 0\\0 & 0 & 1\end{bmatrix}^{-1}
$$

的线性变换，就可以得到可观Ⅱ型 $\boldsymbol{\Sigma}_{o2}(\boldsymbol{A}_{o2},\boldsymbol{B}_{o2},\boldsymbol{C}_{o2})$，其中：

$$
\boldsymbol{A}_{o2}=\begin{bmatrix}0 & 0 & -2\\1 & 0 & 9\\0 & 1 & 0\end{bmatrix},\ \boldsymbol{C}_{o2}=\begin{bmatrix}0 & 0 & 1\end{bmatrix}
$$

$$
\boldsymbol{b}_{o2}=\boldsymbol{T}_{o2}^{-1}\boldsymbol{b}=\begin{bmatrix}6 & -2 & -7\\0 & 2 & 0\\0 & 0 & 1\end{bmatrix}\begin{bmatrix}2\\1\\1\end{bmatrix}=\begin{bmatrix}3\\2\\1\end{bmatrix}
$$

比较例 5－10 中的结果，可知同一系统的可控Ⅰ型与可观Ⅱ型互为对偶系统。所以同可控Ⅰ型一样，我们可以直接从可观Ⅱ型中写出系统的传递函数，或者直接从系统的传递函数写出系统可观Ⅱ型。

5.6.3 连续系统离散化后的可控性与可观性

一个连续系统离散化后其可控性与可观性是否发生改变，是设计计算机控制系统时需要考虑的一个重要问题，下面通过具体例子来说明离散化后其可控性与可观性不发生改变的一个充分条件。

设线性定常系统

$$
\begin{cases}\dot{\boldsymbol{x}}=\begin{bmatrix}0 & 1\\-1 & 0\end{bmatrix}\boldsymbol{x}+\begin{bmatrix}1\\0\end{bmatrix}\boldsymbol{u}\\ \boldsymbol{y}=\begin{bmatrix}0 & 1\end{bmatrix}\boldsymbol{x}\end{cases}
$$

因为

$$
\operatorname{rank}\begin{bmatrix}\boldsymbol{B} & \boldsymbol{AB}\end{bmatrix}=\operatorname{rank}\begin{bmatrix}1 & 0\\0 & -1\end{bmatrix}=2=n
$$

$$
\operatorname{rank}\begin{bmatrix}\boldsymbol{C}\\\boldsymbol{CA}\end{bmatrix}=\operatorname{rank}\begin{bmatrix}0 & 1\\-1 & 0\end{bmatrix}=2=n
$$

所以连续系统是可控、可观的。

系统离散化后：

$$
\boldsymbol{G}=\mathrm{e}^{\boldsymbol{A}t}=\begin{bmatrix}\cos T & \sin T\\-\sin T & \cos T\end{bmatrix},\ \boldsymbol{H}=\left[\int_0^T \mathrm{e}^{\boldsymbol{A}t}\,\mathrm{d}t\right],\ \boldsymbol{B}=\begin{bmatrix}\sin T\\\cos T-1\end{bmatrix},\ \boldsymbol{C}=\begin{bmatrix}0 & 1\end{bmatrix}
$$

则离散化后的系统方程为

$$\begin{cases} \boldsymbol{x}(k+1)=\begin{bmatrix} \cos T & \sin T \\ -\sin T & \cos T \end{bmatrix}\boldsymbol{x}(k)+\begin{bmatrix} \sin T \\ \cos T-1 \end{bmatrix}\boldsymbol{u}(k) \\ \boldsymbol{y}(k)=\begin{bmatrix} 0 & 1 \end{bmatrix}\boldsymbol{x}(k) \end{cases}$$

$$[\boldsymbol{H} \quad \boldsymbol{GH}]=\begin{bmatrix} \sin T & -\sin T+2\cos T\sin T \\ \cos T-1 & \cos^2 T-\sin^2 T-\cos T \end{bmatrix}, \quad \begin{bmatrix} \boldsymbol{C} \\ \boldsymbol{CG} \end{bmatrix}=\begin{bmatrix} 0 & 1 \\ -\sin T & \cos T \end{bmatrix}$$

上面两个矩阵是否满秩，取决于采样周期 T 的值。若

$$T=k\pi \ (k=1, 2, \cdots)$$

则

$$[\boldsymbol{H} \quad \boldsymbol{GH}]=\begin{bmatrix} 0 & 0 \\ \times & \times \end{bmatrix}, \qquad \begin{bmatrix} \boldsymbol{C} \\ \boldsymbol{CG} \end{bmatrix}=\begin{bmatrix} 0 & 1 \\ 0 & \times \end{bmatrix}$$

其中，×表示不等于零的数。

$$\text{Rank}[\boldsymbol{H} \quad \boldsymbol{GH}]=1<n=2, \ \text{Rank}\begin{bmatrix} \boldsymbol{C} \\ \boldsymbol{CG} \end{bmatrix}=1<n=2$$

故离散化系统不可控、不可观。若

$$T\neq k\pi \ (k=1, 2, \cdots)$$

则

$$\det[\boldsymbol{H} \quad \boldsymbol{GH}]=2\sin T(\cos T-1)\neq 0, \quad \det\begin{bmatrix} \boldsymbol{C} \\ \boldsymbol{CG} \end{bmatrix}=\sin T\neq 0$$

$$\text{Rank}[\boldsymbol{H} \quad \boldsymbol{GH}]=2=n, \ \text{Rank}\begin{bmatrix} \boldsymbol{C} \\ \boldsymbol{CG} \end{bmatrix}=2=n$$

故离散化系统可控、可观。

由此可知，将原来完全可控、可观的系统离散化后，如果采样周期选择不当，有可能变成不可控和不可观。有如下结论：

(1) 如果连续系统是不可控(不可观)的，则离散后的系统也必是不可控(不可观)的。

(2) 如果连续系统是可控(可观)的，则离散后的系统不一定是可控(可观)的，这将取决于采样周期。保持可控(可观)性的充分条件是一切满足 $\text{Re}(\lambda_i-\lambda_j)=0$ 的特征值均使

$$T\neq\frac{2k\pi}{I_m(\lambda_i-\lambda_j)} \quad (k=\pm 1, \pm 2, \cdots)$$

成立。

其中，λ_i 和 λ_j 表示 $\boldsymbol{A}$ 的全部特征值中两个实部相等的特征值。例如若 $\boldsymbol{A}$ 有$(-1\pm \text{j})$，$(-1\pm 2\text{j})$共 4 个实部相等的特征值，则

$$T\neq\frac{2k\pi}{1-(-1)}\neq k\pi, \ T\neq\frac{2k\pi}{1-(-2)}\neq\frac{2k\pi}{3}$$

需要指出，如果 λ_i 和 λ_j 是实根，不论它们相等与否，T 的选择不受此限制。

5.6.4　多输入多输出系统可控及可观标准型

对于多输入多输出系统亦有类似于单输入单输出的典型实现，下面不加证明予以介

绍。把 $m\times r$ 维的传递函数阵写成和单输入单输出系统的传递函数相类似的形式，即

$$\boldsymbol{G}(s)=\frac{\boldsymbol{B}_{n-1}s^{n-1}+\boldsymbol{B}_{n-2}s^{n-2}+\cdots\boldsymbol{B}_1 s+\boldsymbol{B}_0}{s^n+a_{n-1}s^{n-1}+\cdots a_1 s+a_0} \tag{5-40}$$

式中，$\boldsymbol{B}_{n-1}$，$\boldsymbol{B}_{n-2}$，…，$\boldsymbol{B}_1$，$\boldsymbol{B}_0$ 为 $m\times r$ 维常数阵，则可控标准型实现为

$$\boldsymbol{A}=\begin{bmatrix}\boldsymbol{O}_r & \boldsymbol{I}_r & \cdots & \boldsymbol{O}_r\\ \vdots & \vdots & & \vdots\\ \boldsymbol{O}_r & \boldsymbol{O}_r & \cdots & \boldsymbol{I}_r\\ -a_0\boldsymbol{I}_r & -a_1\boldsymbol{I}_r & \cdots & -a_{n-1}\boldsymbol{I}_r\end{bmatrix},\ \boldsymbol{B}=\begin{bmatrix}\boldsymbol{O}_r\\ \vdots\\ \boldsymbol{O}_r\\ \boldsymbol{I}_r\end{bmatrix},\ \boldsymbol{C}=[\boldsymbol{B}_0\quad \boldsymbol{B}_1\quad \cdots\quad \boldsymbol{B}_{n-1}] \tag{5-41}$$

式中，$\boldsymbol{O}_r$ 和$\boldsymbol{I}_r$ 为 $r\times r$ 阶零矩阵和单位矩阵。

可观标准型实现为

$$\boldsymbol{A}=\begin{bmatrix}\boldsymbol{O}_m & \cdots & \boldsymbol{O}_m & -a_0\boldsymbol{I}_m\\ \boldsymbol{I}_m & \cdots & \boldsymbol{O}_m & -a_1\boldsymbol{I}_m\\ \vdots & & \vdots & \vdots\\ \boldsymbol{O}_m & \cdots & \boldsymbol{I}_m & -a_{n-1}\boldsymbol{I}_m\end{bmatrix},\ \boldsymbol{B}=\begin{bmatrix}\boldsymbol{B}_0\\ \boldsymbol{B}_1\\ \vdots\\ \boldsymbol{B}_{n-1}\end{bmatrix},\ \boldsymbol{C}=[\boldsymbol{O}_m\quad \boldsymbol{O}_m\quad \cdots\quad \boldsymbol{I}_m] \tag{5-42}$$

式中，$\boldsymbol{O}_m$ 和$\boldsymbol{I}_m$ 为 $m\times m$ 阶零矩阵和单位矩阵。

显而易见，可控标准型实现的维数是 $n\times r$，可观标准型实现的维数是 $n\times m$。为了保证实现的维数较小，当 $m>r$ 时，应采用可控标准型实现；当 $m<r$ 时应采用可观标准型实现。多输入多输出系统的可观标准型并不是可控标准型简单的转置，这和单输入单输出系统不同，读者必须注意。

例 5-12　试求：

$$\boldsymbol{G}(s)=\begin{bmatrix}\dfrac{s+2}{s+1} & \dfrac{s+1}{s+3}\\ \dfrac{s}{s+1} & \dfrac{s+1}{s+2}\end{bmatrix}$$

的可控标准型实现和可观标准型实现。

解　首先将 $\boldsymbol{G}(s)$化为严格的真有理分式，即

$$\boldsymbol{G}(s)=\boldsymbol{C}(s\boldsymbol{I}-\boldsymbol{A})^{-1}\boldsymbol{B}+\boldsymbol{D}=\begin{bmatrix}\dfrac{1}{s+1} & \dfrac{1}{s+3}\\ \dfrac{s}{s+1} & \dfrac{s+1}{s+2}\end{bmatrix}+\begin{bmatrix}1 & 0\\ 1 & 1\end{bmatrix}$$

将 $\boldsymbol{C}(s\boldsymbol{I}-\boldsymbol{A})^{-1}\boldsymbol{B}$ 写成按 s 降幂排列的格式：

$$\begin{bmatrix}\dfrac{1}{s+1} & \dfrac{1}{s+3}\\ \dfrac{-1}{s+1} & \dfrac{-1}{s+2}\end{bmatrix}=\frac{1}{s^3+6s^2+11s+6}\begin{bmatrix}s^2+5s+6 & s^2+3s+2\\ -(s^2+5s+6) & -(s^2+4s+3)\end{bmatrix}$$

与式(5-40)对应可知，$a_0=6$，$a_1=11$，$a_2=6$。

$$\boldsymbol{B}_0=\begin{bmatrix}6 & 2\\ -6 & -3\end{bmatrix},\ \boldsymbol{B}_1=\begin{bmatrix}5 & 3\\ -5 & -4\end{bmatrix},\ \boldsymbol{B}_2=\begin{bmatrix}1 & 1\\ -1 & -1\end{bmatrix}$$

把上述参数代入式(5-40)，得到可控标准型实现的各系数阵为

$$\boldsymbol{A}=\begin{bmatrix}0 & 0 & 1 & 0 & 0 & 0\\ 0 & 0 & 0 & 1 & 0 & 0\\ 0 & 0 & 0 & 0 & 1 & 0\\ 0 & 0 & 0 & 0 & 0 & 1\\ -6 & 0 & -11 & 0 & -6 & 0\\ 0 & -6 & 0 & -11 & 0 & -6\end{bmatrix},\ \boldsymbol{B}=\begin{bmatrix}0 & 0\\ 0 & 0\\ 0 & 0\\ 0 & 0\\ 1 & 0\\ 0 & 1\end{bmatrix}$$

$$\boldsymbol{C}=\begin{bmatrix}6 & 2 & 5 & 3 & 1 & 1\\ -6 & -3 & -5 & -4 & -1 & -1\end{bmatrix}$$

类似地，可得到可观标准型实现的各系数阵为

$$\boldsymbol{A}=\begin{bmatrix}0 & 0 & 0 & 0 & -6 & 0\\ 0 & 0 & 0 & 0 & 0 & -6\\ 1 & 0 & 0 & 0 & -11 & 0\\ 0 & 1 & 0 & 0 & 0 & -11\\ 0 & 0 & 1 & 0 & -6 & 0\\ 0 & 0 & 0 & 1 & 0 & -6\end{bmatrix},\ \boldsymbol{B}=\begin{bmatrix}\boldsymbol{B}_0\\ \boldsymbol{B}_1\\ \boldsymbol{B}_2\end{bmatrix}=\begin{bmatrix}6 & 2\\ -6 & -3\\ 5 & 3\\ -5 & -4\\ 1 & 1\\ -1 & -1\end{bmatrix},\ \boldsymbol{C}=\begin{bmatrix}0 & 0 & 0 & 0 & 1 & 0\\ 0 & 0 & 0 & 0 & 0 & 1\end{bmatrix}$$

5.7　MATLAB 判断系统可控性和可观性

MATLAB 中可以用 ctrb(A, B)函数求系统的可控判别矩阵 $\boldsymbol{M}$，并用 rank(M)求 $\boldsymbol{M}$ 的秩。

例 5-13　用 MATLAB 判别例 5-3 所示系统的可控性。

解　MATLAB 程序如下：

```
A=[0 1; 2.5 -1.5]; B=[1; 1];
M=ctrb(A, B);
R1=rank(M);
R2=rank(A);
if R1<R2
    disp('系统不可控')
else
    disp('系统可控')
end
```

运行结果为“系统不可控”。

例 5-14　用 MATLAB 判别例 5-8 的可观性。

解　MATLAB 程序如下：

```
A=[2 3; -1 -2];
C=[2 0; -1 1];
N=obsv(A, C);
R1=rank(N);
R2=rank(A);
if R1<R2
    disp('系统不可观')
else
    disp('系统可观')
end
```

运行结果为“系统可观”。

例 5-15 将例 5-10 系统用 MATLAB 转换为可控Ⅱ型。

解 MATLAB 程序如下：

```
A=[1 2 0; 3 -1 1; 0 2 0];
B=[2; 1; 1];
C=[0 0 1];
D=0;
T=ctrb(A, B)
[Ac2, Bc2, Cc2, Dc2]=ss2ss(A, B, C, D, inv(T))
```

运行结果：

```
T=
  2  4  16
  1  6   8
  1  2  12
Ac2 =
  0  0  -2
  1  0   9
  0  1   0
Bc2 =
  1
  0
  0
Cc2 =
  1     2     12
Dc2 =
  0
```

例 5-16 将例 5-11 系统用 MATLAB 转换为可观Ⅰ型。

解 MATLAB 程序如下：

```
A=[1 2 0; 3 -1 1; 0 2 0]; B=[2; 1; 1]; C=[0 0 1]; D=0;
```

```
To1=obsv(A, C)
[Ao1, Bo1, Co1, Do1]=ss2ss(A, B, C, D, To1)
end
```

运行结果为

```
To1 =
  0   0   1
  0   2   0
  6  -2   2
Ao1 =
   0   1   0
   0   0   1
  -2   9   0
Bo1 =
  1
  2
  12
Co1 =
  1    0    0
Do1 =
  0
```

第 6 章　线性定常系统的综合

前面几章，我们根据建立的系统的状态空间表达式对系统状态求解，对系统的可控性和可观性以及稳定性进行了分析，这些都属于系统分析的内容。本章讨论系统的综合问题，闭环系统性能与闭环极点密切相关。在经典控制理论中，经典控制理论用调整开环增益及引入串联和反馈校正装置来配置闭环极点，即采用输出反馈，通过附加的比例、积分、微分等环节对系统施行校正，以改善系统性能；而在状态空间的分析综合中，除了利用输出反馈以外，更主要是利用状态反馈配置极点，可以在不增加状态变量维数的情况下实现系统极点的任意配置，它能提供更多的校正信息，也是实现系统解耦合构成线性最优调节器的主要手段。

为了实现状态反馈，首先要解决系统状态的测取问题，由于工程实际中系统的状态变量并非都能直接测取到，这就提出了如何根据已知的输出和输入来重构系统状态的问题，这一任务由状态观测器来实现。因此，状态反馈与状态观测器的设计便构成了现代控制系统综合设计的主要内容。

6.1　线性反馈控制系统的基本结构及其特点

6.1.1　状态反馈

系统状态可测量是用状态反馈进行极点配置的前提。状态反馈有两种基本形式：一种为状态反馈至状态微分处，另一种为状态反馈至控制输入处。前者可以任意配置系统矩阵，从而任意配置状态反馈系统的极点，使系统性能达到最佳，且设计上只需将状态反馈阵与原有的系统矩阵合并即可，但是需要为反馈控制量增加新的注入点，否则无法实施反馈控制，显然这在工程上往往是难以实现的；而后者是状态反馈控制信号与原有的控制输入信号叠加后在原控制输入处注入，正好解决了反馈控制量的注入问题，工程可实现性较好，因此本书对后者进行重点介绍，如图 6-1 所示。

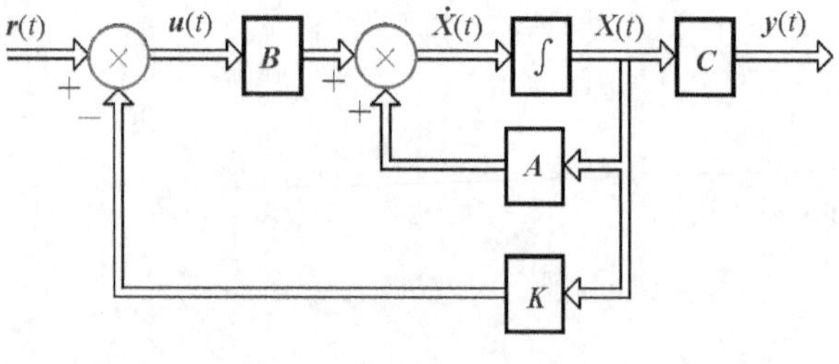

图 6-1　状态反馈系统结构图

设单输入系统的动态方程为

$$\begin{cases}\dot{\boldsymbol{X}}=\boldsymbol{AX}+\boldsymbol{B}u\\ \boldsymbol{Y}=\boldsymbol{CX}\end{cases}$$

状态向量 $\boldsymbol{X}$ 通过待设计的状态反馈矩阵 $\boldsymbol{K}$，负反馈至控制输入处，于是

$$u=r-\boldsymbol{KX} \tag{6-1}$$

状态反馈系统的动态方程为

$$\begin{cases}\dot{\boldsymbol{X}}=\boldsymbol{AX}+\boldsymbol{B}(r-\boldsymbol{KX})=(\boldsymbol{A}-\boldsymbol{BK})\boldsymbol{X}+\boldsymbol{B}r\\ \boldsymbol{Y}=\boldsymbol{CX}\end{cases} \tag{6-2}$$

式中，$\boldsymbol{K}$ 为 $1\times n$ 矩阵，$(\boldsymbol{A}-\boldsymbol{BK})$称为闭环状态阵，闭环特征多项式为$|\lambda\boldsymbol{I}-(\boldsymbol{A}-\boldsymbol{BK})|$。显见引入状态反馈后，只改变了系统矩阵及其特征值，使系统获得所需要的性能，$\boldsymbol{B}$、$\boldsymbol{C}$ 矩阵均无改变。

6.1.2 输出反馈

经典控制理论中的闭环控制都是采用输出反馈，这里介绍用状态空间表达式的多变量系统的输出反馈。同状态反馈类似，输出反馈也有两种基本形式：一种是将输出量反馈至控制输入处，如图 6-2 所示；另一种是将输出量反馈至状态微分处，如图 6-3 所示。由于输出量一般是可测量的，因此输出反馈工程上容易实现。

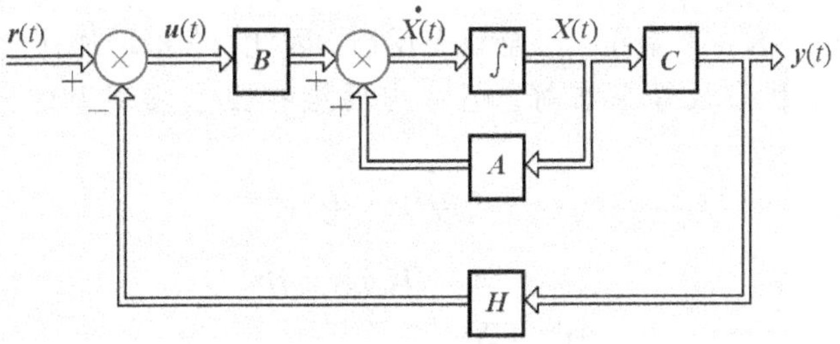

图 6-2　输出反馈至参考输入

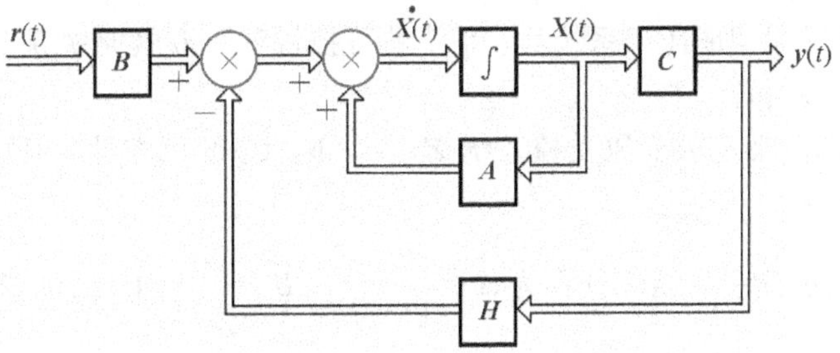

图 6-3　输出反馈至状态微分

图 6-2 输出反馈闭环系统的状态空间表达式

$$\begin{cases}\dot{\boldsymbol{X}}=\boldsymbol{AX}+\boldsymbol{B}(r-\boldsymbol{HY})\\ \boldsymbol{Y}=\boldsymbol{CX}\end{cases} \tag{6-3}$$

即系统动态方程为

$$\begin{cases}\dot{\boldsymbol{X}}=(\boldsymbol{A}-\boldsymbol{BHC})\boldsymbol{X}+\boldsymbol{B}\boldsymbol{r}\\ \boldsymbol{Y}=\boldsymbol{CX}\end{cases} \tag{6-4}$$

$\boldsymbol{H}$ 为 $r\times m$ 维输出反馈增益阵。对于单输出系统，$\boldsymbol{H}$ 为 $r\times 1$ 维列向量。比较式(6-4)与式(6-2)可以看出，输出反馈中的 $\boldsymbol{HC}$ 相当于状态反馈中的 $\boldsymbol{K}$。但由于 $m<n$，所以 $\boldsymbol{H}$ 可供选择的自由度远比 $\boldsymbol{K}$ 小，因而输出反馈只相当于部分状态反馈。只有当 $\boldsymbol{C}=\boldsymbol{I}$ 时，才能等同于全状态反馈。因此，在不增加补偿器的条件下，输出反馈的效果显然不如状态反馈系统好。但输出反馈在技术实现上的方便性则是其突出优点。简记为 $\boldsymbol{\Sigma}_H[(\boldsymbol{A}-\boldsymbol{BHC}),\ \boldsymbol{B},\ \boldsymbol{C}]$。该系统的闭环传递函数阵为

$$\boldsymbol{G}_H(s)=\boldsymbol{C}\ (s\boldsymbol{I}-\boldsymbol{A}+\boldsymbol{BHC})^{-1}\boldsymbol{B}$$

若原受控系统的传递函数阵为

$$\boldsymbol{G}_0(s)=\boldsymbol{C}\ (s\boldsymbol{I}-\boldsymbol{A})^{-1}\boldsymbol{B}$$

则 $\boldsymbol{G}_0(s)$ 与 $\boldsymbol{G}_H(s)$ 有如下关系：

$$\boldsymbol{G}_H(s)=[\boldsymbol{I}+\boldsymbol{G}_0(s)\boldsymbol{H}]^{-1}\boldsymbol{G}_0(s)$$

或

$$\boldsymbol{G}_H(s)=\boldsymbol{G}_0(s)[\boldsymbol{I}+\boldsymbol{HG}_0(s)]^{-1}$$

比较上述两种基本形式的反馈可以看出，输出反馈中的 $\boldsymbol{HX}$ 与状态反馈中的 $\boldsymbol{K}$ 相当。但由于 $m<n$，所以 $\boldsymbol{H}$ 可供选择的自由度远比 $\boldsymbol{K}$ 小，因而输出反馈只相当于部分状态反馈。只有当 $\boldsymbol{C}=\boldsymbol{I}$ 时，$\boldsymbol{HC}=\boldsymbol{K}$，才能等同于全状态反馈。因此，在不增加补偿器的条件下，输出反馈的效果显然不如状态反馈系统好。但输出反馈在技术实现上的方便性则是其突出优点。

图 6-3 输出反馈闭环系统的状态空间表达式为

$$\begin{cases}\dot{\boldsymbol{X}}=(\boldsymbol{A}-\boldsymbol{HC})\boldsymbol{X}+\boldsymbol{B}\boldsymbol{r}\\ \boldsymbol{Y}=\boldsymbol{CX}\end{cases}$$

6.1.3 闭环系统的可控性和可观性

引入上述两种反馈构成闭环系统后，系统的可控性和可观性是关系到能否实现状态控制和状态观测的重要问题。

定理 6.1 状态反馈不改变原受控系统 $\boldsymbol{\Sigma}_0(\boldsymbol{A},\ \boldsymbol{B},\ \boldsymbol{C})$ 的可控性，但却不一定保持系统的可观性。(证明略)

例 6-1 已知系统系数矩阵分别为 $\boldsymbol{A}=\begin{bmatrix}0 & 1\\ 1 & 1\end{bmatrix}$，$\boldsymbol{B}=\begin{bmatrix}0\\ 1\end{bmatrix}$，$\boldsymbol{C}=[0\quad 1]$，试分析引入状态反馈 $\boldsymbol{K}=[1\quad 0]$ 后的可控性和可观性。

解 容易判定原受控系统是可控可观的，引入状态反馈 $\boldsymbol{K}=[1\quad 0]$ 后，闭环系统的可控阵和可观阵分别为

$$\boldsymbol{Q}_{\mathrm{cf}}=[\boldsymbol{B}\quad (\boldsymbol{A}-\boldsymbol{BK})\boldsymbol{B}]=\begin{bmatrix}0 & 1\\ 1 & 0\end{bmatrix}$$

$$\boldsymbol{Q}_{\mathrm{of}}=\begin{bmatrix}\boldsymbol{C}\\ \boldsymbol{C}(\boldsymbol{A}-\boldsymbol{BK})\end{bmatrix}=\begin{bmatrix}0 & 1\\ 0 & 0\end{bmatrix}$$

可见，Q_{cf}满秩而Q_{of}降秩，即状态反馈后的闭环系统是可控不可观的。

定理 6.2　输出反馈系统不改变原受控系统 $\boldsymbol{\Sigma}_0(\boldsymbol{A}, \boldsymbol{B}, \boldsymbol{C})$的可控性和可观性。

证　对于可控性不变。因为

$$\dot{\boldsymbol{X}}=(\boldsymbol{A}-\boldsymbol{BHC})\boldsymbol{X}+\boldsymbol{B}\boldsymbol{r}$$

所以，若把 $\boldsymbol{HC}$ 看成等效的状态反馈中的状态反馈阵 $\boldsymbol{K}$，那么状态反馈便保持原受控系统的可控性不变。

对于可观性不变，可以由输出反馈前后两系统的可观性矩阵：

$$\begin{bmatrix} \boldsymbol{C} \\ \boldsymbol{CA} \\ \vdots \\ \boldsymbol{CA}^{n-1} \end{bmatrix}$$

和

$$\begin{bmatrix} \boldsymbol{C} \\ \boldsymbol{C}(\boldsymbol{A}-\boldsymbol{BHC}) \\ \vdots \\ \boldsymbol{C}(\boldsymbol{A}-\boldsymbol{BHC})^{n-1} \end{bmatrix}$$

来证明。可以证明上述两个可观性矩阵的秩相等，因此输出反馈保持原受控系统的可控性和可观性不变。

6.2　极点配置

系统闭环极点对系统的控制品质在很大程度上起决定性的作用，系统的性能指标往往要通过适当地选择闭环极点来实现，在用根轨迹法设计或分析系统时，正是体现了这一观点，它通过改变系统的一个参数在某一条待定的轨迹上选择闭环极点，即进行极点配置。在现代控制理论中，我们利用状态反馈来实现极点配置，在系统是状态完全可控的条件下，这种极点配置是任意的，即可以通过状态反馈在整个 s 平面上任意选择闭环极点，这显然要比用根轨迹法在一条曲线上选择极点好得多。

由于单输入系统根据指定极点所设计的状态反馈阵是唯一的，所以我们只讨论单输入系统的极点配置问题。

6.2.1　采用状态反馈

1.通过状态反馈可任意配置极点的条件

定理 6.3　线性定常受控系统 $\boldsymbol{\Sigma}_0(\boldsymbol{A}, \boldsymbol{B}, \boldsymbol{C})$通过状态反馈可以任意配置其闭环极点的充要条件是原开环系统 $\boldsymbol{\Sigma}_0(\boldsymbol{A}, \boldsymbol{B}, \boldsymbol{C})$状态完全可控。

证　先证充分性。因为原开环系统状态完全可控，可通过非奇异变换 $\boldsymbol{X}=\boldsymbol{P}^{-1}\bar{\boldsymbol{X}}$，将状态方程化为可控标准型，有

$$\bar{A}=PAP^{-1}=\begin{bmatrix}0 & 1 & 0 & \cdots & 0\\ 0 & 0 & 1 & \cdots & 0\\ \vdots & \vdots & \vdots & & \vdots\\ 0 & 0 & 0 & \cdots & 1\\ -a_0 & -a_1 & -a_2 & \cdots & -a_{n-1}\end{bmatrix},\ \bar{B}=PB=[0\ \ 0\ \ \cdots\ \ 0\ \ 1]^{\mathrm{T}}$$

$$\bar{C}=CP^{-1}=[c_0\ \ c_1\ \ \cdots\ \ c_{n-1}]$$

可控标准型的输出传递函数为

$$G_0(s)=\bar{C}(sI-\bar{A})^{-1}\bar{B}=\frac{c_{n-1}s^{n-1}+\cdots+c_1s+c_0}{s^n+a_{n-1}s^{n-1}+\cdots+a_1s+a_0}$$

设对应状态 $\bar{X}$ 的状态反馈增益阵为

$$\bar{K}=[\bar{k}_0\ \ \bar{k}_1\ \ \cdots\ \ \bar{k}_{n-1}]$$

则闭环系统矩阵为

$$\bar{A}-\bar{B}\bar{K}=\begin{bmatrix}0 & 1 & 0 & \cdots & 0\\ 0 & 0 & 1 & \cdots & 0\\ \vdots & \vdots & \vdots & & \vdots\\ 0 & 0 & 0 & \cdots & 1\\ -a_0-\bar{k}_0 & -a_1-\bar{k}_1 & -a_2-\bar{k}_2 & \cdots & -a_{n-1}-\bar{k}_{n-1}\end{bmatrix}$$

故变换后的状态方程为

$$\begin{cases}\dot{\bar{X}}=(\bar{A}-\bar{B}\bar{K})\bar{X}+\bar{B}r\\ \bar{Y}=\bar{C}\bar{X}\end{cases}\tag{6-5}$$

$(\bar{A}-\bar{B}\bar{K},\bar{B})$仍为可控标准型，故引入状态反馈后，系统可控性不变。其闭环特征方程为

$$|\lambda I-(\bar{A}-\bar{B}\bar{K})|=\lambda^n+(a_{n-1}+\bar{k}_{n-1})\lambda^{n-1}+\cdots+(a_1+\bar{k}_1)\lambda+(a_0+\bar{k}_0)=0\tag{6-6}$$

于是，适当选择 $\bar{k}_0$，…，$\bar{k}_{n-1}$，可满足特征方程中 n 个任意特征值的要求，因而闭环极点可任意配置。充分性得证。

再证必要性。设系统不可控，必有状态变量与输入 u 无关，不可能实现全状态反馈。于是不可控子系统的特征值不可能重新配置，传递函数不反映不可控部分的特性。必要性得证。

2. K 阵的求法

经典控制中的调参及校正方案，其可调参数有限，只能影响特征方程的部分系数，比如根轨迹法仅能在根轨迹上选择极点，它们往往做不到任意配置极点；而状态反馈的待选参数多，如果系统可控，特征方程的全部 n 个系数都可独立任意设置，便获得了任意配置闭环极点的效果。

(1) 利用可控标准型求 K 阵(间接法)，首先求线性变换 P 阵：

$$u=r-\bar{K}\bar{X}=r-\bar{K}PX=r-KX$$

故

$$K=\bar{K}P \tag{6-7}$$

对原受控系统直接采用状态反馈阵 K，可获得与式(6－7)相同的特征值，这是因为线性变换后系统特征值不变。

(2) 直接求 K 阵。实际求解状态反馈阵时，并不一定要进行到可控标准型的变换，只需校验系统可控，计算特征多项式 $|\lambda I-(A-BK)|$(其系数均为 k_0，…，k_{n-1} 的函数)和特征值，并通过与具有希望特征值的特征多项式相比较，便可确定 K 矩阵(一般 K 矩阵元素越大，闭环极点离虚轴越远，频带越宽，响应速度越快，但稳态抗干扰能力越差)。

例 6－2　设系统传递函数为$\dfrac{Y(s)}{U(s)}=\dfrac{10}{s(s+1)(s+2)}=\dfrac{10}{s^3+3s^2+2s}$，试用状态反馈使闭环极点配置在$-2$，$-1\pm$j。

解　该系统传递函数无零极点对消，故系统可控可观测。其可控标准型实现为

$$\begin{cases}\dot{x}=\begin{bmatrix}0 & 1 & 0\\0 & 0 & 1\\0 & -2 & -3\end{bmatrix}x+\begin{bmatrix}0\\0\\1\end{bmatrix}u\\ y=[10\quad 0\quad 0]x\end{cases}$$

状态反馈矩阵为

$$K=[k_0\quad k_1\quad k_2]$$

状态反馈系统特征方程为

$$|\lambda I-(A-BK)|=\lambda^3+(3+k_2)\lambda^2+(2+k_1)\lambda+k_0=0$$

期望闭环极点对应的系统特征方程为

$$(\lambda+2)(\lambda+1-j)(\lambda+1+j)=\lambda^3+4\lambda^2+6\lambda+4=0$$

由两特征方程同幂项系数应相同，可得

$$k_0=4,\ k_1=4,\ k_2=1$$

即系统反馈阵 $K=[4\quad 4\quad 1]$将系统闭环极点配置在-2，$-1\pm$j。

例 6－3　设受控系统的状态方程为$\begin{bmatrix}\dot{x}_1\\\dot{x}_2\end{bmatrix}=\begin{bmatrix}0 & 0\\0 & 1\end{bmatrix}\begin{bmatrix}x_1\\x_2\end{bmatrix}+\begin{bmatrix}1\\1\end{bmatrix}u$，试用状态反馈使闭环极点配置在$-1$。

解　由系统矩阵为对角阵，显见系统可控，但不稳定。设反馈控制律为 $u=r-KX$，$K=[k_1\quad k_2]$，则

$$\begin{bmatrix}\dot{x}_1\\\dot{x}_2\end{bmatrix}=\begin{bmatrix}-k_1 & -k_2\\-k_1 & -k_2+1\end{bmatrix}\begin{bmatrix}x_1\\x_2\end{bmatrix}+\begin{bmatrix}1\\1\end{bmatrix}r$$

闭环特征多项式为

$$\begin{vmatrix}\lambda+k_1 & k_2\\k_1 & \lambda+k_2-1\end{vmatrix}=\lambda^2+(k_1+k_2-1)\lambda-k_1=\lambda^2+2\lambda+1$$

因此，

$$K=[k_1\quad k_2]=[-1\quad 4]$$

最后，闭环系统的状态方程为

$$\begin{bmatrix}\dot{x}_1\\ \dot{x}_2\end{bmatrix}=\begin{bmatrix}1 & -4\\ 1 & -3\end{bmatrix}\begin{bmatrix}x_1\\ x_2\end{bmatrix}+\begin{bmatrix}1\\ 1\end{bmatrix}\boldsymbol{r}$$

例 6-4　设受控系统传递函数为

$$\frac{Y(s)}{U(s)}=\frac{1}{s(s+6)(s+12)}=\frac{1}{s^3+18s^2+72s}$$

综合指标为：① 超调量：$\sigma\%\leqslant5\%$；② 峰值时间：$t_p\leqslant0.5s$；③ 系统带宽：$\omega_b=10$；④ 位置误差 $e_p=0$。试用极点配置法进行综合。

解　(1) 列动态方程：本题要用带输入变换的状态反馈来解题，原系统可控标准型动态方程为

$$\begin{cases}\begin{bmatrix}\dot{x}_1\\ \dot{x}_2\\ \dot{x}_3\end{bmatrix}=\begin{bmatrix}0 & 1 & 0\\ 0 & 0 & 1\\ 0 & -72 & -18\end{bmatrix}\begin{bmatrix}x_1\\ x_2\\ x_3\end{bmatrix}+\begin{bmatrix}0\\ 0\\ 1\end{bmatrix}\boldsymbol{u}\\ \boldsymbol{y}=\begin{bmatrix}1 & 0 & 0\end{bmatrix}\begin{bmatrix}x_1\\ x_2\\ x_3\end{bmatrix}\end{cases}$$

(2) 根据技术指标确定希望极点。系统有三个极点，为方便，选一对主导极点 s_1，s_2，另外一个为可忽略影响的非主导极点。由经典控制理论知识，指标计算公式为

$$\sigma\%=e^{-\frac{\pi\zeta}{\sqrt{1-\zeta^2}}},\ t_p=\frac{\pi}{\omega_n\sqrt{1-\zeta^2}},\ \omega_b=\omega_n\sqrt{1-2\zeta^2+\sqrt{2-4\zeta^2+4\zeta^4}}$$

式中，ζ 和 ω_n 分别为阻尼比和自然频率。将已知数据代入，从前两个指标可以分别求出：$\zeta\approx0.707$，$\omega_n\approx9.0$；代入带宽公式，可求得 $\omega_b\approx9.0$；综合考虑响应速度和带宽要求，取 $\omega_n=10$。于是，闭环主导极点为 $s_{1,2}=-7.07\pm j7.07$，取非主导极点为 $s_3=-10\omega_n=-100$。

(3) 确定状态反馈矩阵 $\boldsymbol{K}$。状态反馈系统的特征多项式为

$$|\lambda\boldsymbol{I}-(\boldsymbol{A}-\boldsymbol{BK})|=(\lambda+100)(\lambda^2+14.1\lambda+100)=\lambda^3+114.1\lambda^2+1510\lambda+10\,000$$

由此，求得状态反馈矩阵为

$$\boldsymbol{K}=[10\,000-0\quad 1510-72\quad 114.1-18]=[10\,000\quad 1438\quad 96.1]$$

(4) 确定输入放大系数。状态反馈系统闭环传递函数为

$$G(s)=\frac{Y(s)}{U(s)}=\frac{k_v}{(s+100)(s^2+14.1s+100)}=\frac{k_v}{s^3+114.1s^2+1510s+10\,000}$$

令

$$e_p=\lim_{s\to0}s\frac{1}{s}G(s)=\lim_{s\to0}G(s)=0$$

以求出 $k_v=10\,000$。

为根据期望闭环极点位置来设计输出反馈矩阵 $\boldsymbol{H}$ 的参数，只需将期望系统的特征多项式与该输出反馈系统特征多项式 $|\lambda\boldsymbol{I}-(\boldsymbol{A}-\boldsymbol{BHC})|$ 相比较即可。输出至输入的反馈不会改变原系统的可控性和可观测性。(证略)

3. 用状态反馈配置极点来改善系统性能

下面通过两个例子来说明如何用状态反馈的办法来改善系统性能。

例 6-5　设系统的开环传递函数为 $G(s)=\dfrac{1}{s(s+6)}$，试改善系统的性能。

解　方法一：根轨迹法。

从根轨迹的观点来说，就是适当地选取系统的放大倍数，从而在根轨迹上得到希望的闭环极点。这种方法的控制结构图和根轨迹图分别如图 6-4 和图 6-5 所示。

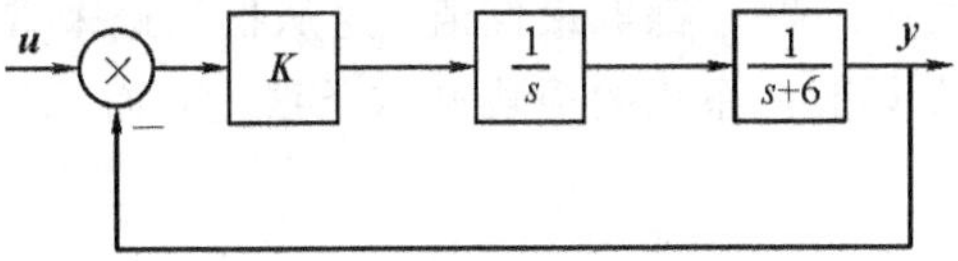

图 6-4　控制系统结构图

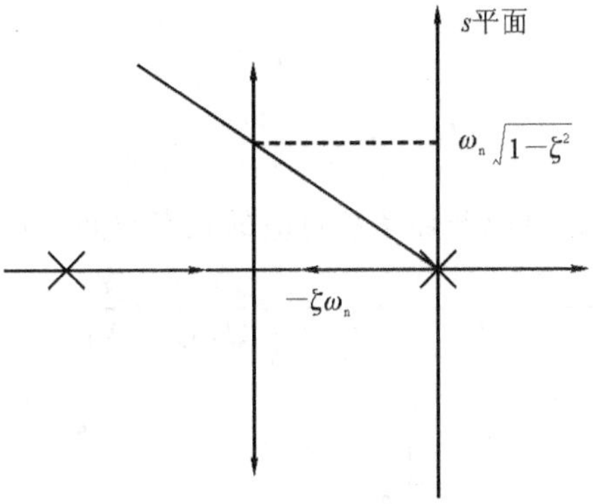

图 6-5　控制系统根轨迹图

由图 6-4 可得，系统的闭环传递函数为

$$\Phi(s)=\frac{KG(s)}{1+KG(s)}=\frac{K}{s(s+6)+K}$$

对比二阶系统的标准形式$\dfrac{\omega_n^2}{s^2+2\zeta\omega_n s+\omega_n^2}$可知，$\omega_n^2=K$，$2\zeta\omega_n=6$，选取 ζ 为最佳阻尼系数 $\zeta=\dfrac{1}{\sqrt{2}}$，则 $\omega_n=3\sqrt{2}$，$K=\omega_n^2=18$，于是可算出相应的时域指标为

（1）峰值时间：

$$t_p=\frac{\pi}{\omega_n\sqrt{1-\zeta^2}}=\frac{\pi}{3}$$

（2）最大超调：

$$M_p=\exp\left(\frac{-\pi\zeta}{\sqrt{1-\zeta^2}}\right)=6.32\%$$

（3）系统带宽：由

$$L(\omega)=-20\lg\sqrt{\left(1-\frac{\omega^2}{\omega_n^2}\right)^2+\left(2\zeta\frac{\omega}{\omega_n}\right)^2}$$

当 $\zeta=\dfrac{1}{\sqrt{2}}$，$\omega=\omega_b$ 时，$L(\omega)=-3$ db，可求得 $\omega_b=3\sqrt{2}=\omega_n$。

(4) 速度误差系数：

$$k_v=\lim_{s\to 0}sG(s)=\lim_{s\to 0}s\frac{\omega_n^2}{s(s+2\zeta\omega_n)}=\lim_{s\to 0}\frac{18s}{s(s+6)}=3$$

由此得单位斜坡输入的稳态误差为 $e_v=1/3$，若要减小峰值时间 t_p 和稳态误差 e_v，就要增大 ω_n，由 $2\zeta\omega_n=6$ 可知，增大 ω_n，就要减小 ζ，这就会使系统最大超调 M_p 增大。可见只靠调整增益 K 无法同时使 ζ 和 ω_n 都取最佳值。这从根轨迹来看，由于可调参数只有 K，故系统特征根，即闭环极点只能在系统的根轨迹这条线上，而无法在根轨迹以外的 s 平面的其他点上实现。

方法二：状态反馈法。

仍取 $\zeta=\frac{1}{\sqrt{2}}$，并任取 $\omega_b=\omega_n=35\sqrt{2}$，则 $2\zeta\omega_n=70$，$\omega_n^2=2450$，则此时对应的闭环传递函数为

$$\Phi'(s)=\frac{2450}{s^2+70s+2450}$$

为了求状态反馈，我们列出原开环系统对应的状态空间表达式。由

$$G(s)=\frac{1}{s(s+6)}=\frac{1}{s}\cdot\frac{1}{s+6}=\frac{Y(s)}{U(s)}=\frac{Y(s)}{X_1(s)}\cdot\frac{X_1(s)}{U(s)}$$

可得

$$\begin{cases}\dot{x}_1=u\\ \dot{x}_2=x_1-6x_2\\ y=x_2\end{cases}$$

即

$$\boldsymbol{A}=\begin{bmatrix}0 & 0\\ 1 & -6\end{bmatrix},\ \boldsymbol{B}=\begin{bmatrix}1\\ 0\end{bmatrix},\ \boldsymbol{C}=\begin{bmatrix}0 & 1\end{bmatrix}$$

对应的模拟结构图如图 6－6 所示。

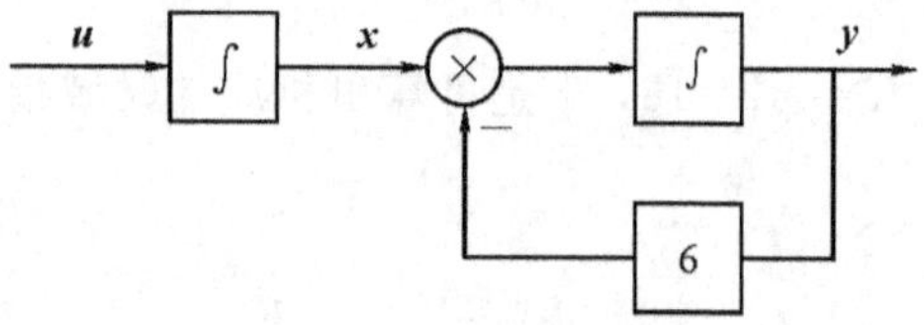

图 6－6 模拟结构图

原开环系统的可控阵为

$$\boldsymbol{Q}_c=[\boldsymbol{B}\quad \boldsymbol{AB}]=\begin{bmatrix}1 & 0\\ 0 & 1\end{bmatrix}$$

由于 $\boldsymbol{Q}_c$ 满秩，故原开环系统状态完全可控，因而可以由状态反馈来任意配置极点。取状态反馈阵 $\boldsymbol{K}=[k_1\quad k_2]$，则对应的闭环传递函数为

$$\Phi''(s)=\boldsymbol{C}(s\boldsymbol{I}-\boldsymbol{A}+\boldsymbol{BK})^{-1}\boldsymbol{B}=\frac{1}{s^2+(6+k_1)s+6k_1+k_2}$$

为了得到 $\zeta=\frac{1}{\sqrt{2}}$，$\omega_b=\omega_n=35\sqrt{2}$ 所对应的闭环极点，应使 $\Phi'(s)$ 和 $\Phi''(s)$ 的分子、分母均相同，即应有

$$\Phi''(s)=\frac{1}{s^2+(6+k_1)s+6k_1+k_2}=\frac{1}{s^2+70s+2450}$$

由此解出 $k_1=64$，$k_2=2066$。为了使 $\Phi'(s)$ 和 $\Phi''(s)$ 的分子、分母均相同，即 $\Phi'(s)=\Phi''(s)$，其状态反馈实现的模拟结构图如图 6－7 所示。

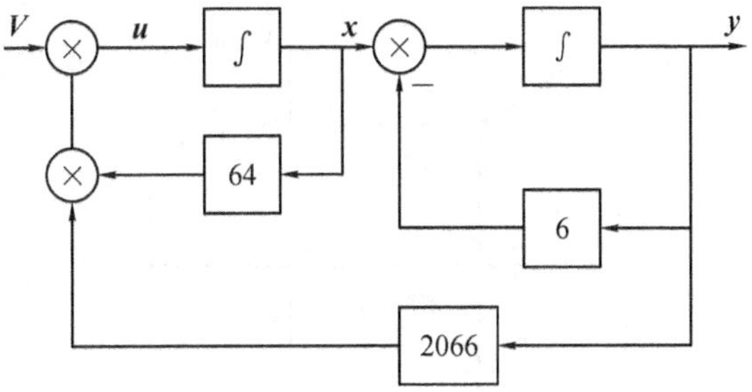

图 6－7　加入状态反馈后的模拟结构图

所得到的时域指标为

峰值时间：

$$t_p=\frac{\pi}{\omega_n\sqrt{1-\zeta^2}}=\frac{\pi}{35}$$

最大超调：

$$M_p=\exp\left(\frac{-\pi\zeta}{\sqrt{1-\zeta^2}}\right)=4.32\%$$

速度误差系数：

$$k_v=\lim_{s\to 0}sG(s)=\frac{2450}{70}=35$$

从而速度误差：

$$e_v=\frac{1}{35}$$

系统带宽

$$\omega_b=\omega_n=35\sqrt{2}$$

由此可见，采用状态反馈和调整增益方法相比，在保证 M_p 不变的情况下，其他几项指标都改善了十倍以上。若要继续改善，还可以通过再重新选取 ω_n 来实现。即在状态反馈的情况下，若系统可控，由于有 n 个参数 k_1，k_2，…，k_n 可以自由选择，故系统的极点可以在整个 s 平面内任意配置。本例 $n=2$，对此二阶系统，不仅阻尼系数 ζ 可任选，而且其自然振荡频率 ω_n 也是可以任意实现的。当然从上面的实现过程来看，ω_n 再大，前置放大器扩大倍数就要从 2450 再提高，所以 ω_n 的上限值实际上受放大器放大倍数的限制。

例 6－6　已知系统开环传递函数为 $G(s)=\frac{1}{s(s+6)(s+12)}$，使用状态反馈法提高系

统性能，具体指标为

(1) 超调量 $M_p \leqslant 5\%$；

(2) 峰值时间 $t_p \leqslant 0.5$ s；

(3) 稳态误差 $e_p = 0$，$e_v \leqslant 0.2$。

解　由于所给的传递函数无零极点对消，故对应于传递函数 $G(s)$ 的实现可控又可观。对于此三阶系统，运用主导极点的概念，选主导极点为 s_1，s_2，系统性能主要由主导极点决定，另一非主导极点只起微小的影响，其闭环极点分布如图 6-8 所示。

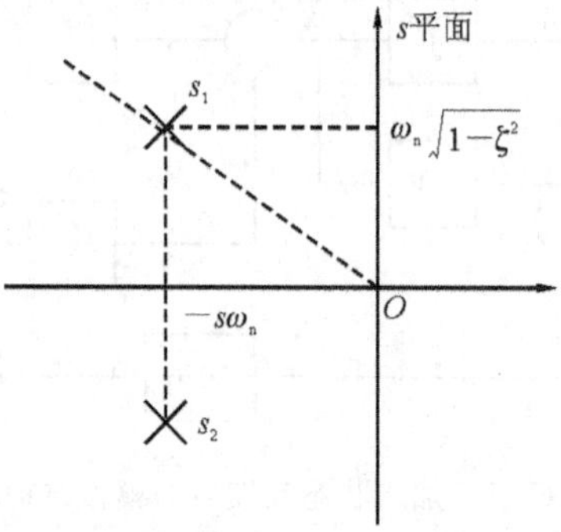

图 6-8　闭环极点分布图

从经典控制理论，二阶系统的复数极点在 s 平面的位置为

$$s_{1,2} = -\zeta\omega_n \pm j\omega_n\sqrt{1-\zeta^2},\ \theta = \arccos\zeta$$

既然系统的性能主要由主导极点决定，则可根据二阶系统的指标公式

$$t_p = \frac{\pi}{\omega_n\sqrt{1-\zeta^2}} \leqslant 0.5\ \text{s},\ M_p = \exp\left(\frac{-\pi\zeta}{\omega_n\sqrt{1-\zeta^2}}\right) \leqslant 5\%$$

来确定 s_1 和 s_2。

首先，由 $M_p = \exp\left(\frac{-\pi\zeta}{\sqrt{1-\zeta^2}}\right) \leqslant 5\%$，可得 $\zeta \geqslant 0.6899$，取 ζ 为最佳阻尼，$\zeta = \frac{1}{\sqrt{2}}$，则由 $t_p = \frac{\pi}{\omega_n\sqrt{1-\zeta^2}} \leqslant 0.5$ 可解出 $\omega_n \geqslant \frac{\sqrt{2}\pi}{0.5} \approx 9$，取 $\omega_n = 10$，从而得到

$$s_{1,2} = -\zeta\omega_n \pm j\omega_n\sqrt{1-\zeta^2} = \frac{10}{\sqrt{2}} \pm j\frac{10}{\sqrt{2}}$$

按主导极点的要求，非主导极点 s_3 应满足：

$$|s_3| > 5\zeta\omega_n = \frac{50}{\sqrt{2}}$$

现取 $s_3 = -100$，则得期望的闭环特征多项式为

$$\begin{aligned} f^*(s) &= (s - s_1)\cdot(s - s_2)\cdot(s - s_3) \\ &= (s + 100)\cdot\left(s + \frac{10}{\sqrt{2}} + j\frac{10}{\sqrt{2}}\right)\cdot\left(s + \frac{10}{\sqrt{2}} - j\frac{10}{\sqrt{2}}\right) \\ &= s^3 + 114.1s^2 + 1510s + 10\ 000 \end{aligned}$$

对于所给的开环传递函数 $G(s)$ 可用图 6-9 的结构来表示。

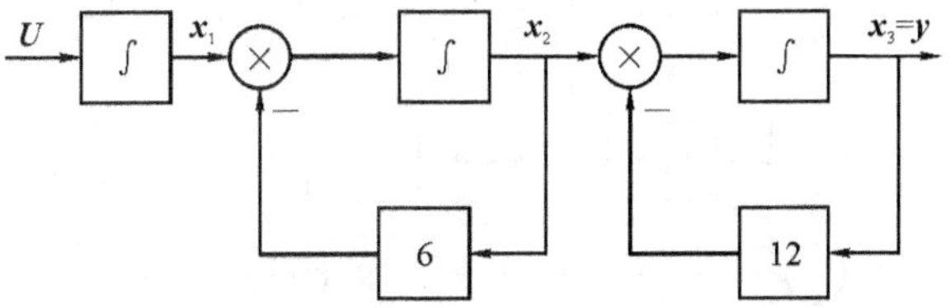

图 6-9　模拟结构图

与此相应的状态方程为

$$\dot{\boldsymbol{X}}=\begin{bmatrix}0 & 0 & 0\\1 & -6 & 0\\0 & 1 & -12\end{bmatrix}\boldsymbol{X}+\begin{bmatrix}1\\0\\0\end{bmatrix}\boldsymbol{u}$$

设状态反馈阵为

$$\boldsymbol{K}=[k_1 \quad k_2 \quad k_3]$$

则闭环特征多项式为

$$\begin{aligned}f(s)&=|s\boldsymbol{I}-\boldsymbol{A}+\boldsymbol{BK}|\\&=\begin{vmatrix}s+k_1 & k_2 & k_3\\-1 & s+6 & 0\\0 & -1 & s+12\end{vmatrix}\\&=s^3+(18+k_1)s^2+(72+18k_1+k_2)s+(72k_1+12k_2+k_3)\end{aligned}$$

令 $f(s)=f^*(s)$，可得

$$\begin{cases}18+k_1=114.1\\72+18k_1+k_2=1510\\72k_1+12k_2+k_3=10\ 000\end{cases}$$

由此解得 $k_1=96.1$，$k_2=-291.8$，$k_3=6582.4$。

所以，闭环系统的传递函数为

$$\Phi(s)=\frac{10\ 000}{s^3+114.1s^2+1510s+10\ 000}$$

为检验稳态误差的要求，可求得与原系统相对应的开环传递函数为

$$G'(s)=\frac{10\ 000}{s(s^2+114.1s+1510)}$$

由此可求得速度误差系数为

$$k_v=\lim_{s\to 0}sG'(s)=\frac{10\ 000}{1510}=6.62$$

从而求得速度稳态误差 $e_v=\dfrac{1}{k_v}=0.15$，满足 $e_v\leqslant 0.2$ 的要求。又由 $G'(s)$ 知，系统为Ⅰ型，故有 $e_p=0$，于是通过状态反馈使所要求的全部指标均得到满足，状态反馈后的闭环系统模拟结构图如图 6-10 所示。

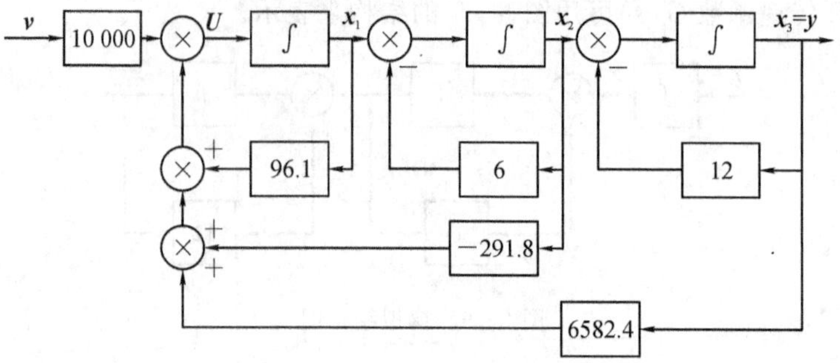

图 6-10　加入状态反馈后的模拟结构图

6.2.2　输出反馈极点配置

输出反馈有两种方式。

(1) 采用从输出到 $\dot{\boldsymbol{X}}$ 反馈，如图 6-3 所示。

定理 6.4　对受控系统采用从输出到 $\dot{\boldsymbol{X}}$ 的线性反馈实现闭环极点任意配置的充要条件是该受控系统状态完全可观。

证　根据对偶原理，如果受控系统 $\Sigma_0(\boldsymbol{A}, \boldsymbol{B}, \boldsymbol{C})$ 可观，则对偶系统 $\Sigma_0(\boldsymbol{A}^{\mathrm{T}}, \boldsymbol{B}^{\mathrm{T}}, \boldsymbol{C}^{\mathrm{T}})$ 必然可控，因而可以任意配置 $(\boldsymbol{A}^{\mathrm{T}}-\boldsymbol{C}^{\mathrm{T}}\boldsymbol{H}^{\mathrm{T}})$ 的特征值。而 $(\boldsymbol{A}^{\mathrm{T}}-\boldsymbol{C}^{\mathrm{T}}\boldsymbol{H}^{\mathrm{T}})$ 的特征值与 $(\boldsymbol{A}-\boldsymbol{HC})$ 的特征值是相同的，故当且仅当 $\Sigma_0(\boldsymbol{A}, \boldsymbol{B}, \boldsymbol{C})$ 可观时，可以任意配置 $(\boldsymbol{A}-\boldsymbol{HC})$ 的特征值。

(2) 输出反馈至参考输入，如图 6-2 所示。

定理 6.5　对完全可控的单输入单输出系统 $\Sigma_0(\boldsymbol{A}, \boldsymbol{b}, \boldsymbol{c})$，不能采用输出线性反馈来实现闭环系统极点的任意配置。(证略)

如果要任意配置闭环极点，则必须加校正网络。这就要在输出线性反馈的同时，在受控系统中串联补偿器，即通过增加开环零极点的途径来实现极点的任意配置。

6.3　解耦问题

解耦问题是多输入多输出系统综合理论中的重要组成部分。对于一般的多输入多输出受控系统来说，系统的每个输入分量通常与各个输出分量都互相关联(耦合)，即一个输入分量可以控制多个输出分量。或反过来说，一个输出分量受多个输入分量的控制。这给系统的分析和设计带来了很大的麻烦。其设计目的是寻求适当的控制率，使输入输出相互关联的多变量系统实现每一个输出仅受相应的一个输入所控制，每一个输入也仅可控制相应的一个输出，这样的问题称为解耦问题。

所谓解耦控制就是寻求合适的控制规律，使闭环系统实现一个输出分量仅仅受一个输入分量的控制，也就是实现一对一控制，从而解除输入与输出间的耦合。实现解耦控制的方法有两类，一类称为串联补偿器解耦；另一类称为状态反馈解耦。前者是频域方法，后者是时域方法。

6.3.1　解耦的定义

若一个系统 $\boldsymbol{\Sigma}_0(\boldsymbol{A},\boldsymbol{B},\boldsymbol{C})$的传递矩阵 $\boldsymbol{G}(s)$是非奇异对角形矩阵，即

$$\boldsymbol{G}(s)=\begin{bmatrix} g_{11}(s) & & & \\ & g_{22}(s) & & \\ & & \ddots & \\ & & & g_{mn}(s) \end{bmatrix} \tag{6-8}$$

则称系统 $\boldsymbol{\Sigma}_0(\boldsymbol{A},\boldsymbol{B},\boldsymbol{C})$是解耦的。

此时系统输出为

$$\boldsymbol{y}(s)=\boldsymbol{G}(s)\boldsymbol{u}(s)=\begin{bmatrix} g_{11}(s) & & & \\ & g_{22}(s) & & \\ & & \ddots & \\ & & & g_{mn}(s) \end{bmatrix}\begin{bmatrix} u_1(s) \\ u_2(s) \\ \vdots \\ u_m(s) \end{bmatrix}$$

整理可得

$$\begin{cases} y_1(s) = g_{11}(s)u_1(s) \\ y_2(s) = g_{22}(s)u_2(s) \\ \vdots \\ y_m(s) = g_{mm}(s)u_m(s) \end{cases} \tag{6-9}$$

由此可见，解耦实质上就是实现每一个输入只可控制相应的一个输出，也就是一对一控制。通过解耦可将系统分解为多个独立的单输入单输出系统。解耦控制要求原系统输入与输出的维数要相同，反映在传递函数矩阵上就是 $\boldsymbol{G}(s)$应是 m 阶方阵。而要求 $\boldsymbol{G}(s)$是非奇异的，也等价于要求 $g_{11}(s)$，$g_{22}(s)$，…，$g_{mm}(s)$应均不等于零。否则相应的输出与输入无关。

一个多变量系统实现解耦以后，可被看作一组相互独立的单变量系统，从而可实现自治控制。要完全解决上述解耦控制问题，必须考虑两方面的问题：一是确定系统能够被解耦的充要条件，也称为能解耦性的判别问题。二是确定解耦控制率和解耦系统的结构，即解耦控制的具体综合问题，这两个问题随着解耦方法的不同而有所不同。

6.3.2　串联补偿器解耦

所谓串联补偿器解耦，就是在原反馈系统的前向通道中串联一个补偿器 $\boldsymbol{G}_c(s)$，使闭环传递矩阵 $\boldsymbol{G}_f(s)$为要求的对角形矩阵 $\boldsymbol{G}(s)$，系统的结构图如图 6-11 所示。

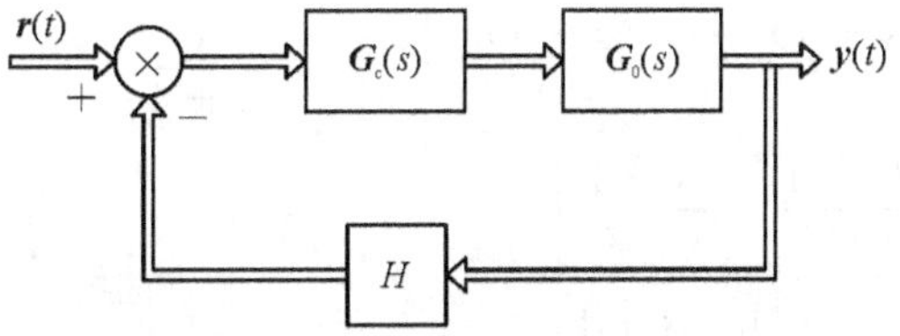

图 6-11　串联补偿器解耦系统的结构

其中，$\boldsymbol{G}_0(s)$为受控对象的传递矩阵；$\boldsymbol{H}$ 为输出反馈矩阵；$\boldsymbol{G}_p(s)=\boldsymbol{G}_0(s)\boldsymbol{G}_c(s)$为前向通道的传递矩阵。

为简单起见，设各传递矩阵的每一个元素均为严格真有理分式。由图 6-11 可得系统的闭环传递矩阵为

$$\boldsymbol{G}_f(s)=[\boldsymbol{I}+\boldsymbol{G}_p(s)\boldsymbol{H}]^{-1}\boldsymbol{G}_p(s)=\boldsymbol{G}(s)$$

因此

$$\boldsymbol{G}_p(s)=\boldsymbol{G}(s)[\boldsymbol{I}-\boldsymbol{H}\boldsymbol{G}(s)]^{-1}$$

故串联补偿器的传递矩阵为

$$\boldsymbol{G}_c(s)=\boldsymbol{G}_0^{-1}(s)\boldsymbol{G}(s)[\boldsymbol{I}-\boldsymbol{H}\boldsymbol{G}(s)]^{-1} \tag{6-10}$$

若是单位反馈时，即 $\boldsymbol{H}=\boldsymbol{I}$，则

$$\boldsymbol{G}_c(s)=\boldsymbol{G}_0^{-1}(s)\boldsymbol{G}(s)[\boldsymbol{I}-\boldsymbol{G}(s)]^{-1} \tag{6-11}$$

一般情况下，只要 $\boldsymbol{G}_0(s)$是非奇异的，系统就可以通过串联补偿器实现解耦控制。即 $\det\boldsymbol{G}(s)\neq 0$ 是通过串联补偿器实现解耦控制的一个充分条件。

例 6-7 设串联补偿器解耦系统的结构图如图 6-11 所示，其中 $\boldsymbol{H}=\boldsymbol{I}$。受控对象 $\boldsymbol{G}_0(s)$和要求的闭环传递矩阵 $\boldsymbol{G}(s)$分别为

$$\boldsymbol{G}_0(s)=\begin{bmatrix}\dfrac{1}{2s+1} & \dfrac{1}{s+1}\\[2mm] \dfrac{2}{2s+1} & \dfrac{1}{s+1}\end{bmatrix}$$

$$\boldsymbol{G}(s)=\begin{bmatrix}\dfrac{1}{s+2} & 0\\[2mm] 0 & \dfrac{1}{s+5}\end{bmatrix}$$

求串联补偿器 $\boldsymbol{G}_c(s)$。

解 由式(6-11)得

$$\begin{aligned}\boldsymbol{G}_c(s)&=\boldsymbol{G}_0^{-1}(s)\boldsymbol{G}(s)[\boldsymbol{I}-\boldsymbol{G}(s)]^{-1}\\
&=\begin{bmatrix}\dfrac{1}{2s+1} & \dfrac{1}{s+1}\\[2mm] \dfrac{2}{2s+1} & \dfrac{1}{s+1}\end{bmatrix}^{-1}\begin{bmatrix}\dfrac{1}{s+2} & 0\\[2mm] 0 & \dfrac{1}{s+5}\end{bmatrix}\begin{bmatrix}1-\dfrac{1}{s+2} & 0\\[2mm] 0 & 1-\dfrac{1}{s+5}\end{bmatrix}^{-1}\\
&=\begin{bmatrix}-(2s+1) & 2s+1\\ 2(s+1) & -(s+1)\end{bmatrix}\begin{bmatrix}\dfrac{1}{s+1} & 0\\[2mm] 0 & \dfrac{1}{s+4}\end{bmatrix}\\
&=\begin{bmatrix}-\dfrac{2s+1}{s+1} & \dfrac{2s+1}{s+4}\\[2mm] 2 & -\dfrac{s+1}{s+4}\end{bmatrix}\end{aligned}$$

闭环系统的结构图如图 6-12 所示。

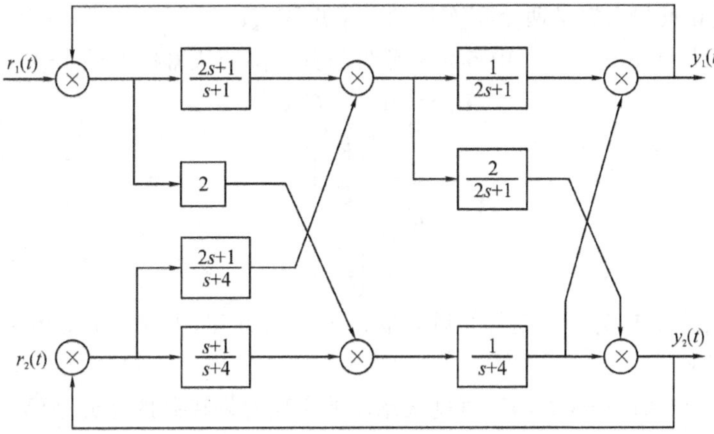

图 6-12　闭环系统的结构图

6.3.3　状态反馈解耦

1. 状态反馈解耦控制的结构

设受控系统的传递矩阵为 $\boldsymbol{G}(s)$，其状态空间表达式为

$$\begin{cases}\dot{\boldsymbol{X}}=(\boldsymbol{A}-\boldsymbol{BK})\boldsymbol{X}+\boldsymbol{BFr}\\ \boldsymbol{y}=\boldsymbol{Cx}\end{cases}$$

利用状态反馈实现解耦控制，通常采用状态反馈加输入变换器的结构形式，如图 6-13 所示。

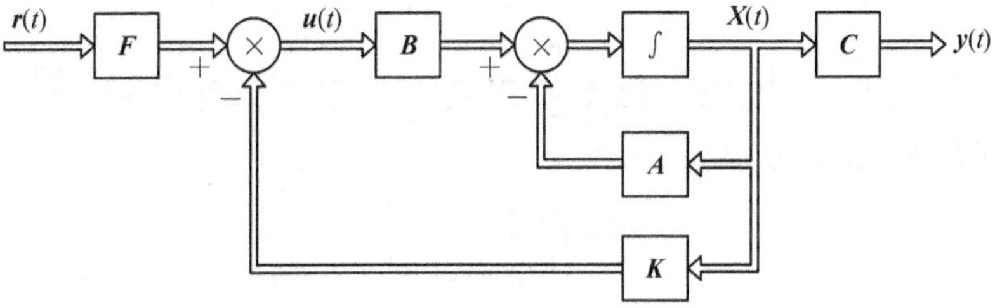

图 6-13　状态反馈解耦控制的结构

图中，$\boldsymbol{K}$ 为状态反馈阵，是 $m\times n$ 阶常数阵，$\boldsymbol{F}$ 为 $m\times m$ 阶输入变换阵，$\boldsymbol{r}$ 是 m 维参考输入向量。此时系统的控制规律为

$$\boldsymbol{u}=\boldsymbol{Fr}-\boldsymbol{KX}$$

则闭环系统的传递矩阵为

$$\boldsymbol{G}_{K,F}(s)=\boldsymbol{C}(s\boldsymbol{I}-\boldsymbol{A}+\boldsymbol{BK})^{-1}\boldsymbol{BF} \tag{6-12}$$

如果存在某个 $\boldsymbol{K}$ 阵与 $\boldsymbol{F}$ 阵，使 $\boldsymbol{G}_{K,F}(s)$ 是对角形非奇异矩阵，就实现了解耦控制。关于状态反馈解耦控制的理论问题比较复杂，下面不加证明地给出状态反馈实现解耦控制的充分必要条件以及 $\boldsymbol{K}$ 阵、$\boldsymbol{F}$ 阵的求法。使系统解耦的矩阵 $\boldsymbol{K}$ 并不是唯一的，$\boldsymbol{K}$ 的这种不唯

一性可用来同时满足配置极点的要求。

为了便于讨论问题，定义两个不变量和一个矩阵：

$$d_i = \min\{\boldsymbol{G}_i(s)\text{ 中各元素分母与分子多项式幂次之差}\} - 1 \tag{6-13}$$

$$\boldsymbol{E}_i = \lim_{s\to\infty} s^{d_i+1}\boldsymbol{G}_i(s) \tag{6-14}$$

$$\boldsymbol{E} = \begin{bmatrix} \boldsymbol{E}_1 \\ \boldsymbol{E}_2 \\ \vdots \\ \boldsymbol{E}_m \end{bmatrix} \tag{6-15}$$

称 d_i 为解耦阶常数；$\boldsymbol{E}$ 为可解耦性矩阵，是 $m\times m$ 阶方阵。$\boldsymbol{G}_i(s)$是受控系统的传递矩阵$\boldsymbol{G}(s)$的第 i 个行向量。

定理 6.6 受控系统($\boldsymbol{A}$, $\boldsymbol{B}$, $\boldsymbol{C}$)通过状态反馈实现解耦控制的充分必要条件是可解耦性矩阵 $\boldsymbol{E}$ 是非奇异的，即

$$\det\boldsymbol{E} \neq 0 \tag{6-16}$$

例 6-8 设受控系统的传递矩阵为

$$\boldsymbol{G}(s) = \begin{bmatrix} \dfrac{s+2}{s^2+s+1} & \dfrac{1}{s^2+s+2} \\ \dfrac{1}{s^2+2s+1} & \dfrac{3}{s^2+s+4} \end{bmatrix}$$

试判断该系统是否能通过状态反馈实现解耦控制。

解 由 d_i 的定义，分别观察$\boldsymbol{G}(s)$的第一行和第二行，可得 $d_1=1-1=0$，$d_2=2-1=1$。又由 $\boldsymbol{E}_i$ 的定义知

$$\boldsymbol{E}_1 = \lim_{s\to\infty} s^{d_1+1}\boldsymbol{G}_1(s) = \lim_{s\to\infty} s\begin{bmatrix} \dfrac{s+2}{s^2+s+1} & \dfrac{1}{s^2+s+2} \end{bmatrix} = [1 \quad 0]$$

$$\boldsymbol{E}_2 = \lim_{s\to\infty} s^{d_2+1}\boldsymbol{G}_2(s) = \lim_{s\to\infty} s^2\begin{bmatrix} \dfrac{1}{s^2+2s+1} & \dfrac{3}{s^2+s+4} \end{bmatrix} = [1 \quad 3]$$

所以系统的可解耦性矩阵为

$$\boldsymbol{E} = \begin{bmatrix} \boldsymbol{E}_1 \\ \boldsymbol{E}_2 \end{bmatrix} = \begin{bmatrix} 1 & 0 \\ 1 & 3 \end{bmatrix}$$

因为

$$\det\boldsymbol{E} = \begin{vmatrix} 1 & 0 \\ 1 & 3 \end{vmatrix} = 3 \neq 0$$

所以，该系统可以通过状态反馈实现解耦控制。

2. $\boldsymbol{K}$ 阵、$\boldsymbol{F}$ 阵的求法

若已知受控系统($\boldsymbol{A}$, $\boldsymbol{B}$, $\boldsymbol{C}$)，下面不加证明，给出求取状态反馈解耦控制的 $\boldsymbol{K}$ 阵、$\boldsymbol{F}$ 阵的一般步骤。

(1) 首先由($\boldsymbol{A}$, $\boldsymbol{B}$, $\boldsymbol{C}$)写出受控系统的传递矩阵 $\boldsymbol{G}(s)$。

(2) 再由 $\boldsymbol{G}(s)$求系统的两个不变量 d_i，$\boldsymbol{E}_i$，$i=1$，…，m。

(3) 构造可解耦性矩阵：

$$\boldsymbol{E}=\begin{bmatrix}\boldsymbol{E}_1\\\boldsymbol{E}_2\\\vdots\\\boldsymbol{E}_m\end{bmatrix}$$

并根据定理 6.6 判断系统是否可通过状态反馈实现解耦控制。

(4) 计算 $\boldsymbol{K}$ 阵、$\boldsymbol{F}$ 阵。

$$\boldsymbol{K}=\boldsymbol{E}^{-1}\boldsymbol{L},\ \boldsymbol{F}=\boldsymbol{E}^{-1} \tag{6-17}$$

式中

$$\boldsymbol{L}=\begin{bmatrix}\boldsymbol{C}_1\boldsymbol{A}^{d_1+1}\\\vdots\\\boldsymbol{C}_m\boldsymbol{A}^{d_m+1}\end{bmatrix} \tag{6-18}$$

而 $\boldsymbol{C}_i$ 是 $\boldsymbol{C}$ 阵的第 i 个行向量。

(5) 写出状态反馈解耦系统的闭循环矩阵 $\boldsymbol{G}_{\boldsymbol{K},\boldsymbol{F}}(s)$ 和状态空间表达式($\widetilde{\boldsymbol{A}}$, $\widetilde{\boldsymbol{B}}$, $\widetilde{\boldsymbol{C}}$)。

$$\boldsymbol{G}_{\boldsymbol{K},\boldsymbol{F}}(s)=\begin{bmatrix}\frac{1}{s^{d_1+1}} & & & \\ & \frac{1}{s^{d_2+1}} & & \\ & & \ddots & \\ & & & \frac{1}{s^{d_m+1}}\end{bmatrix} \tag{6-19}$$

$$\widetilde{\boldsymbol{A}}=\boldsymbol{A}-\boldsymbol{B}\boldsymbol{E}^{-1}\boldsymbol{L},\ \widetilde{\boldsymbol{B}}=\boldsymbol{B}\boldsymbol{E}^{-1},\ \widetilde{\boldsymbol{C}}=\boldsymbol{C} \tag{6-20}$$

由式(6-19)可以看出，解耦后的系统实现了一对一控制，并且每一个输入与相应的输出之间都是积分关系。因此称上述形式的解耦控制为积分型解耦控制。

例 6-9　已知系统的状态空间表达式为

$$\begin{cases}\dot{\boldsymbol{X}}=\begin{bmatrix}-\frac{1}{2} & 0\\ 0 & -1\end{bmatrix}\boldsymbol{X}+\begin{bmatrix}\frac{1}{2} & 0\\ 0 & 1\end{bmatrix}\boldsymbol{u}\\ \boldsymbol{y}=\begin{bmatrix}1 & 1\\ 2 & 1\end{bmatrix}\boldsymbol{X}\end{cases}$$

试求实现积分型解耦控制的 $\boldsymbol{K}$ 阵、$\boldsymbol{F}$ 阵。

解　由($\boldsymbol{A}$, $\boldsymbol{B}$, $\boldsymbol{C}$)可写出受控系统的传递矩阵：

$$\boldsymbol{G}(s)=\boldsymbol{C}(s\boldsymbol{I}-\boldsymbol{A})^{-1}\boldsymbol{B}=\begin{bmatrix}\frac{1}{2s+1} & \frac{1}{s+1}\\ \frac{2}{2s+1} & \frac{1}{s+1}\end{bmatrix}$$

可得

$$d_1=d_2=0$$

$$\boldsymbol{E}_1=\lim_{s\to\infty}s^{d_1+1}\boldsymbol{G}_1(s)=\lim_{s\to\infty}s\begin{bmatrix}\frac{1}{2s+1} & \frac{1}{s+1}\end{bmatrix}=\begin{bmatrix}\frac{1}{2} & 1\end{bmatrix}$$

$$\boldsymbol{E}_2=\lim_{s\to\infty}s^{d_2+1}\boldsymbol{G}_2(s)=\lim_{s\to\infty}s^{d_2+1}\boldsymbol{G}_2(s)=\lim_{s\to\infty}\begin{bmatrix}\frac{2}{2s+1} & \frac{1}{s+1}\end{bmatrix}=[1\quad 1]$$

$$\boldsymbol{E}=\begin{bmatrix}\boldsymbol{E}_1\\ \boldsymbol{E}_2\end{bmatrix}=\begin{bmatrix}\frac{1}{2} & 1\\ 1 & 1\end{bmatrix}$$

$$\det\boldsymbol{E}=\begin{vmatrix}\frac{1}{2} & 1\\ 1 & 1\end{vmatrix}=-\frac{1}{2}\neq 0$$

满足状态反馈解耦控制的充要条件。又因为

$$\boldsymbol{L}=\begin{bmatrix}\boldsymbol{C}_1\boldsymbol{A}^{d_1+1}\\ \boldsymbol{C}_2\boldsymbol{A}^{d_2+1}\end{bmatrix}=\begin{bmatrix}-\frac{1}{2} & -1\\ -1 & -1\end{bmatrix}$$

所以

$$\boldsymbol{K}=\boldsymbol{E}^{-1}\boldsymbol{L}=\begin{bmatrix}\frac{1}{2} & 1\\ 1 & 1\end{bmatrix}^{-1}\begin{bmatrix}-\frac{1}{2} & -1\\ -1 & -1\end{bmatrix}=\begin{bmatrix}-1 & 0\\ 0 & -1\end{bmatrix}$$

$$\boldsymbol{F}=\boldsymbol{E}^{-1}=\begin{bmatrix}-2 & 2\\ 2 & -1\end{bmatrix}$$

解耦后的闭环传递矩阵为

$$\boldsymbol{G}_{\boldsymbol{K},\boldsymbol{F}}(s)=\begin{bmatrix}\frac{1}{s^{d_1+1}} & 0\\ 0 & \frac{1}{s^{d_2+1}}\end{bmatrix}=\begin{bmatrix}\frac{1}{s} & 0\\ 0 & \frac{1}{s}\end{bmatrix}$$

而闭环系统$(\widetilde{\boldsymbol{A}},\widetilde{\boldsymbol{B}},\widetilde{\boldsymbol{C}})$为

$$\widetilde{\boldsymbol{A}}=\boldsymbol{A}-\boldsymbol{B}\boldsymbol{E}^{-1}\boldsymbol{L}=\boldsymbol{A}-\boldsymbol{B}\boldsymbol{K}=\begin{bmatrix}-\frac{1}{2} & 0\\ 0 & -1\end{bmatrix}-\begin{bmatrix}\frac{1}{2} & 0\\ 0 & 1\end{bmatrix}\begin{bmatrix}-1 & 0\\ 0 & -1\end{bmatrix}=\begin{bmatrix}0 & 0\\ 0 & 0\end{bmatrix}$$

$$\widetilde{\boldsymbol{B}}=\boldsymbol{B}\boldsymbol{E}^{-1}=\begin{bmatrix}\frac{1}{2} & 0\\ 0 & 1\end{bmatrix}\begin{bmatrix}-2 & 2\\ 2 & -1\end{bmatrix}=\begin{bmatrix}-1 & 1\\ 2 & -1\end{bmatrix}$$

$$\widetilde{\boldsymbol{C}}=\boldsymbol{C}=\begin{bmatrix}1 & 1\\ 2 & 1\end{bmatrix}$$

6.4　状态重构与状态观测器设计

在极点配置时，状态反馈明显优于输出反馈，但需用传感器对所有的状态变量进行测量，工程上不一定可实现；输出量一般是可测的，然而输出反馈至状态微分处，在工程上同样也难以实现，但是如果反馈至控制输入处，往往又不能任意配置系统的闭环极点。将两

种反馈方案综合起来，扬长避短，于是就提出了利用系统的输出，通过状态观测器重构系统的状态，然后将状态估计值(计算机内存变量)反馈至控制输入处来配置系统极点的方案。当重构状态向量的维数与系统状态的维数相同时，观测器称为全维状态观测器，否则称为降维观测器。显然，状态观测器可以使状态反馈真正得以实现。

6.4.1　全维状态观测器及其状态反馈系统组成结构

设系统动态方程为

$$\begin{cases}\dot{\boldsymbol{X}}=\boldsymbol{A}\boldsymbol{X}+\boldsymbol{B}\boldsymbol{u}\\ \boldsymbol{y}=\boldsymbol{C}\boldsymbol{X}\end{cases}$$

可构造一个结构与之相同，但由计算机模拟的系统：

$$\begin{cases}\dot{\hat{\boldsymbol{X}}}=\boldsymbol{A}\hat{\boldsymbol{X}}+\boldsymbol{B}\boldsymbol{u}\\ \hat{\boldsymbol{y}}=\boldsymbol{C}\hat{\boldsymbol{X}}\end{cases}\tag{6-21}$$

式中，$\hat{\boldsymbol{X}}$，$\hat{\boldsymbol{y}}$ 分别为模拟系统的状态向量及输出向量。当模拟系统与受控对象的初始状态相同时，有 $\hat{\boldsymbol{X}}=\boldsymbol{X}$，于是可用 $\hat{\boldsymbol{X}}$ 作为状态反馈信息。但是，受控对象的初始状态一般不可能知道，模拟系统状态初值只能是预估值，因而两个系统的初始状态总有差异，即使两个系统的 $\boldsymbol{A}$、$\boldsymbol{B}$、$\boldsymbol{C}$ 矩阵完全一样，估计状态与实际状态也必然存在误差，用 $\hat{\boldsymbol{X}}$ 代替 $\boldsymbol{X}$，难以实现真正的状态反馈。但是 $\hat{\boldsymbol{X}}-\boldsymbol{X}$ 的存在必导致 $\hat{\boldsymbol{y}}-\boldsymbol{y}$ 的存在，如果利用 $\hat{\boldsymbol{y}}-\boldsymbol{y}$，并负反馈至 $\dot{\hat{\boldsymbol{X}}}$ 处，控制 $\hat{\boldsymbol{y}}-\boldsymbol{y}$ 尽快衰减至零，从而使 $\hat{\boldsymbol{X}}-\boldsymbol{X}$ 也尽快衰减至零，便可以利用 $\hat{\boldsymbol{X}}$ 来形成状态反馈。按以上原理构成的状态观测器并实现状态反馈的方案如图 6-14 所示。状态观测器有两个输入即 $\boldsymbol{u}$ 和 $\boldsymbol{y}$，其输出为 $\hat{\boldsymbol{X}}$，含 n 个积分器并对全部状态变量作出估计。$\boldsymbol{H}$ 为观测器输出反馈矩阵，它是前面介绍过的一种输出反馈，目的是配置观测器极点，提高其动态性能，使 $\hat{\boldsymbol{X}}-\boldsymbol{X}$ 尽快趋近于零。

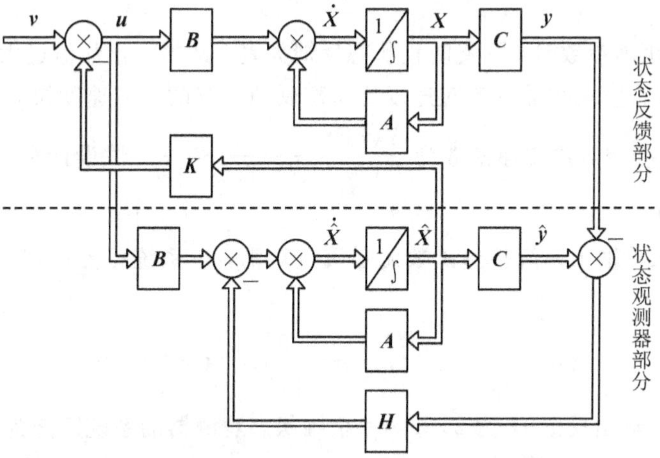

图 6-14　用全维状态观测器实现状态反馈原理

6.4.2　全维状态观测器分析设计

由图 6-14 可得全维状态观测器动态方程为

$$\begin{cases}\dot{\hat{\boldsymbol{X}}}=\boldsymbol{A}\hat{\boldsymbol{X}}+\boldsymbol{B}\boldsymbol{u}-\boldsymbol{H}(\hat{\boldsymbol{y}}-\boldsymbol{y})\\ \hat{\boldsymbol{y}}=\boldsymbol{C}\hat{\boldsymbol{X}}\end{cases}\tag{6-22}$$

故

$$\begin{aligned}\dot{\hat{\boldsymbol{X}}}&=\boldsymbol{A}\,\dot{\hat{\boldsymbol{X}}}+\boldsymbol{B}\boldsymbol{u}-\boldsymbol{H}\boldsymbol{C}(\hat{\boldsymbol{X}}-\boldsymbol{X})\\&=(\boldsymbol{A}-\boldsymbol{H}\boldsymbol{C})\hat{\boldsymbol{X}}+\boldsymbol{B}\boldsymbol{u}+\boldsymbol{H}\boldsymbol{y}\end{aligned}\tag{6-23}$$

式中，$(\boldsymbol{A}-\boldsymbol{HC})$称为观测器系统矩阵，$\boldsymbol{H}$ 为 $n\times q$ 维矩阵。为了保证状态反馈系统正常工作，重构的状态在任何 $\hat{\boldsymbol{X}}(t_0)$与 $\boldsymbol{X}(t_0)$的初始条件下，都必须满足

$$\lim_{t\to\infty}(\hat{\boldsymbol{X}}-\boldsymbol{X})=0\tag{6-24}$$

状态误差 $\hat{\boldsymbol{X}}-\boldsymbol{X}$ 的状态方程为

$$\dot{\boldsymbol{X}}-\dot{\hat{\boldsymbol{X}}}=(\boldsymbol{A}-\boldsymbol{HC})(\boldsymbol{X}-\hat{\boldsymbol{X}})\tag{6-25}$$

解为

$$\dot{\boldsymbol{X}}-\dot{\hat{\boldsymbol{X}}}=(\boldsymbol{A}-\boldsymbol{HC})(\boldsymbol{X}-\hat{\boldsymbol{X}})\tag{6-26}$$

当 $\hat{\boldsymbol{X}}(t_0)=\boldsymbol{X}(t_0)$时，恒有 $\hat{\boldsymbol{X}}(t)=\boldsymbol{X}(t)$，输出反馈不起作用；当 $\hat{\boldsymbol{X}}(t_0)\neq\boldsymbol{X}(t_0)$时，有 $\hat{\boldsymbol{X}}(t)\neq\boldsymbol{X}(t)$，输出反馈起作用，这时只要观测器的极点具有负实部，状态误差向量总会按指数规律衰减，衰减速率取决于观测器的极点配置。由输出反馈，有：

定理 6.7　若系统$(\boldsymbol{A},\boldsymbol{B},\boldsymbol{C})$可观测，则可用

$$\dot{\hat{\boldsymbol{X}}}=(\boldsymbol{A}-\boldsymbol{HC})\hat{\boldsymbol{X}}+\boldsymbol{B}\boldsymbol{u}+\boldsymbol{H}\boldsymbol{y}\tag{6-27}$$

的全维状态观测器来给出状态估值，矩阵 $\boldsymbol{H}$ 可按极点配置的需要来设计，以决定状态估计误差衰减的速率。

实际选择 $\boldsymbol{H}$ 矩阵参数时，既要防止状态反馈失真，又要防止数值过大导致饱和效应和噪声加剧等。通常希望观测器的响应速度比状态反馈系统的响应速度快 3～10 倍为好。

例 6-10　设受控对象传递函数为 $\dfrac{Y(s)}{U(s)}=\dfrac{2}{(s+1)(s+2)}$，试设计全维状态观测器，将其极点配置在$-10$，$-10$。

解　该单输入单输出系统传递函数无零极点对消，故系统可控可观。若写出其可控标准型实现，则有

$$\boldsymbol{A}=\begin{bmatrix}0&1\\-2&-3\end{bmatrix},\quad \boldsymbol{b}=\begin{bmatrix}0\\1\end{bmatrix},\quad \boldsymbol{C}=[2\quad 0]$$

由于 $n=2$，$q=1$，输出反馈 $\boldsymbol{H}$ 为 2×1 维。全维状态观测器的系统矩阵为

$$\boldsymbol{A}-\boldsymbol{HC}=\begin{bmatrix}0&1\\-2&-3\end{bmatrix}-\begin{bmatrix}h_0\\h_1\end{bmatrix}[2\quad 0]=\begin{bmatrix}-2h_0&1\\-2-2h_1&-3\end{bmatrix}$$

观测器的特征方程为

$$|\lambda \boldsymbol{I}-(\boldsymbol{A}-\boldsymbol{HC})|=\lambda^2+(2h_0+3)\lambda+(6h_0+2h_1+2)=0$$

期望特征方程为

$$(\lambda+10)^2=\lambda^2+20\lambda+100=0$$

由特征方程同幂系数相等可得

$$h_0=8.5,\ h_1=23.5$$

h_0，h_1 分别为由$(\hat{\boldsymbol{y}}-\boldsymbol{y})$引至 $\dot{\hat{x}}_1$，$\dot{\hat{x}}_2$ 的反馈系数。一般来说，如果给定的系统模型是传递函数，建议按可观标准型实现较好，这样观测器的极点总可以任意配置，从而达到满意的效果，若用可控标准型实现，则观测器设计往往会失败。

(1) 分离特性。用全维状态观测器提供的状态估值 $\hat{\boldsymbol{X}}$ 代替真实状态 $\boldsymbol{X}$ 来实现状态反馈，其状态反馈阵是否需要重新设计，以保持系统的期望特征值；当观测器被引入系统以后，状态反馈系统部分是否会改变已经设计好的观测器极点配置；其观测器输出反馈阵 $\boldsymbol{H}$ 是否需要重新设计。这些问题均需要作进一步的分析。如图 6 - 14 所示，整个系统是一个 $2n$ 维的复合系统，其中

$$\boldsymbol{u}=\boldsymbol{v}-\boldsymbol{K}\hat{\boldsymbol{X}} \tag{6-28}$$

状态反馈子系统的动态方程为

$$\begin{cases}\dot{\boldsymbol{X}}=\boldsymbol{AX}+\boldsymbol{Bu}=\boldsymbol{AX}-\boldsymbol{BK}\hat{\boldsymbol{X}}+\boldsymbol{Bv}\\ \boldsymbol{y}=\boldsymbol{CX}\end{cases} \tag{6-29}$$

全维状态观测器子系统的动态方程为

$$\dot{\hat{\boldsymbol{X}}}=\boldsymbol{A}\hat{\boldsymbol{X}}+\boldsymbol{Bu}-\boldsymbol{H}(\hat{\boldsymbol{y}}-\boldsymbol{y})=(\boldsymbol{A}-\boldsymbol{BK}-\boldsymbol{HC})\hat{\boldsymbol{X}}+\boldsymbol{HCX}+\boldsymbol{Bv} \tag{6-30}$$

故复合系统动态方程为

$$\begin{cases}\begin{bmatrix}\dot{\boldsymbol{X}}\\ \dot{\hat{\boldsymbol{X}}}\end{bmatrix}=\begin{bmatrix}\boldsymbol{A} & -\boldsymbol{BK}\\ \boldsymbol{HC} & \boldsymbol{A}-\boldsymbol{BK}-\boldsymbol{HC}\end{bmatrix}\begin{bmatrix}\boldsymbol{X}\\ \hat{\boldsymbol{X}}\end{bmatrix}+\begin{bmatrix}\boldsymbol{B}\\ \boldsymbol{B}\end{bmatrix}\boldsymbol{v}\\ \boldsymbol{y}=[\boldsymbol{C}\quad \boldsymbol{0}]\begin{bmatrix}\boldsymbol{X}\\ \hat{\boldsymbol{X}}\end{bmatrix}\end{cases} \tag{6-31}$$

由于，$\dot{\boldsymbol{X}}-\dot{\hat{\boldsymbol{X}}}=(\boldsymbol{A}-\boldsymbol{HC})(\boldsymbol{X}-\hat{\boldsymbol{X}})$，且 $\dot{\boldsymbol{X}}=\boldsymbol{AX}-\boldsymbol{BK}\hat{\boldsymbol{X}}+\boldsymbol{Bv}=(\boldsymbol{A}-\boldsymbol{BK})\boldsymbol{X}+\boldsymbol{BK}(\boldsymbol{X}-\hat{\boldsymbol{X}})$，可以得到复合系统的另外一种形式。

$$\begin{gathered}\begin{bmatrix}\dot{\boldsymbol{X}}\\ \dot{\boldsymbol{X}}-\dot{\hat{\boldsymbol{X}}}\end{bmatrix}=\begin{bmatrix}\boldsymbol{A}-\boldsymbol{BK} & \boldsymbol{BK}\\ \boldsymbol{0} & \boldsymbol{A}-\boldsymbol{HC}\end{bmatrix}\begin{bmatrix}\boldsymbol{X}\\ \boldsymbol{X}-\hat{\boldsymbol{X}}\end{bmatrix}+\begin{bmatrix}\boldsymbol{B}\\ \boldsymbol{0}\end{bmatrix}\boldsymbol{v}\\ \boldsymbol{y}=[\boldsymbol{C}\quad \boldsymbol{0}]\begin{bmatrix}\boldsymbol{X}\\ \boldsymbol{X}-\hat{\boldsymbol{X}}\end{bmatrix}\end{gathered} \tag{6-32}$$

由式(6 - 32)，可以导出复合系统传递函数矩阵为

$$\boldsymbol{G}(s)=[\boldsymbol{C}\quad \boldsymbol{0}]\begin{bmatrix}s\boldsymbol{I}-(\boldsymbol{A}-\boldsymbol{BK}) & \boldsymbol{BK}\\ \boldsymbol{0} & s\boldsymbol{I}-(\boldsymbol{A}-\boldsymbol{HC})\end{bmatrix}^{-1}\begin{bmatrix}\boldsymbol{B}\\ \boldsymbol{0}\end{bmatrix} \tag{6-33}$$

利用分块矩阵求逆公式：

$$\begin{bmatrix} \boldsymbol{R} & \boldsymbol{S} \\ \boldsymbol{0} & \boldsymbol{T} \end{bmatrix}^{-1} = \begin{bmatrix} \boldsymbol{R}^{-1} & -\boldsymbol{R}^{-1}\boldsymbol{S}\boldsymbol{T}^{-1} \\ \boldsymbol{0} & \boldsymbol{T}^{-1} \end{bmatrix} \tag{6-34}$$

则

$$G(s) = \boldsymbol{C}\left[s\boldsymbol{I} - (\boldsymbol{A} - \boldsymbol{B}\boldsymbol{K})\right]^{-1}\boldsymbol{B} \tag{6-35}$$

式(6－35)右端正是引入真实状态 $\boldsymbol{X}$ 作为反馈的状态反馈系统，即

$$\begin{cases} \dot{\boldsymbol{X}} = \boldsymbol{A}\boldsymbol{X} + \boldsymbol{B}(\boldsymbol{v} - \boldsymbol{K}\boldsymbol{X}) = (\boldsymbol{A} - \boldsymbol{B}\boldsymbol{K})\boldsymbol{X} + \boldsymbol{B}\boldsymbol{v} \\ \boldsymbol{y} = \boldsymbol{C}\boldsymbol{X} \end{cases}$$

的传递函数矩阵。该式表明复合系统与状态反馈系统具有相同的传递特性，与观测器的部分无关，可用估值状态 $\hat{\boldsymbol{X}}$ 代替真实状态 $\boldsymbol{X}$ 作为反馈。从 $2n$ 维复合系统导出了 $n \times n$ 传递函数矩阵，这是由于 $(\boldsymbol{X} - \hat{\boldsymbol{X}})$ 不可控造成的。

复合系统的特征值多项式为

$$\begin{bmatrix} s\boldsymbol{I} - (\boldsymbol{A} - \boldsymbol{B}\boldsymbol{K}) & \boldsymbol{B}\boldsymbol{K} \\ \boldsymbol{0} & s\boldsymbol{I} - (\boldsymbol{A} - \boldsymbol{H}\boldsymbol{C}) \end{bmatrix} = |s\boldsymbol{I} - (\boldsymbol{A} - \boldsymbol{B}\boldsymbol{K})| \cdot |s\boldsymbol{I} - (\boldsymbol{A} - \boldsymbol{H}\boldsymbol{C})| \tag{6-36}$$

该式表明复合系统特征值是由状态反馈子系统和全维状态观测器的特征值组合而成的，且两部分特征值相互独立，彼此不受影响，因而状态反馈矩阵 $\boldsymbol{K}$ 和输出反馈矩阵 $\boldsymbol{H}$ 可根据各自的要求来独立进行设计，故有下列定理。

(2) 分离定理：若受控系统 $\Sigma(\boldsymbol{A}, \boldsymbol{B}, \boldsymbol{C})$ 可控可观，用状态观测器估值形成状态反馈时，其系统的极点配置和观测器设计可分别独立进行。即 $\boldsymbol{K}$ 与 $\boldsymbol{H}$ 的设计可分别独立进行。

6.4.3 降维状态观测器的概念

当状态观测器的估计状态向量维数小于受控对象的状态向量维数时，状态观测器称为降维状态观测器。降维状态观测器主要在三种情况下使用：一是系统不可观；二是不可控系统的状态反馈控制设计；三是希望简化观测器的结构或减小状态估计的计算量。下面举例说明降维状态观测器的设计方法。

例 6－11 已知 $\begin{bmatrix} \dot{x}_1 \\ \dot{x}_2 \\ \dot{x}_3 \end{bmatrix} = \begin{bmatrix} 1 & 0 & 0 \\ 0 & 1 & 1 \\ 0 & 0 & 1 \end{bmatrix}\begin{bmatrix} x_1 \\ x_2 \\ x_3 \end{bmatrix} + \begin{bmatrix} 1 & 0 \\ 0 & 1 \\ 0 & 1 \end{bmatrix}\boldsymbol{u}$ 和 $\boldsymbol{y} = \begin{bmatrix} 0 & 1 & 0 \end{bmatrix}\begin{bmatrix} x_1 \\ x_2 \\ x_3 \end{bmatrix}$，试设计特征值为－2 的降维状态观测器。

解 (1) 检查受控系统可观性：

$$\text{rank}\begin{bmatrix} \boldsymbol{C}^{\mathrm{T}} & \boldsymbol{A}^{\mathrm{T}}\boldsymbol{C}^{\mathrm{T}} & (\boldsymbol{A}^{\mathrm{T}})^2\boldsymbol{C}^{\mathrm{T}} \end{bmatrix} = \text{rank}\begin{bmatrix} 0 & 0 & 0 \\ 1 & 1 & 1 \\ 0 & 1 & 2 \end{bmatrix} = 2$$

系统不可观，实际上正是 x_1 不可观测。

(2) 考虑到 $x_2 = y$ 可通过测量得到，故设计一维状态观测器。

(3) 将 $z = \dot{y} - y = \dot{x}_2 - x_2 = x_3$ 作为观测量，得到降维观测器动态方程为

$$\begin{cases}\dot{\hat{X}}=\hat{x}_3\\ z=\hat{x}_3\end{cases}$$

(4) 由观测器特征方程 $|\lambda-(1-h)|=\lambda+2=0$，得到 $h=3$。

故降维观测器动态方程最后为

$$\begin{cases}\dot{\hat{X}}=-2\hat{x}_3\\ z=\hat{x}_3\end{cases}$$

(5) 如果要进行状态反馈，则可用 $\hat{X}=\begin{bmatrix}0\\ \hat{x}_2\\ \hat{x}_3\end{bmatrix}$ 作原系统状态反馈的状态信息，即

$$u=v-[k_1\quad k_2]\begin{bmatrix}\hat{x}_2\\ \hat{x}_3\end{bmatrix}=v-[k_1\quad k_2]\begin{bmatrix}y\\ \dot{y}-y\end{bmatrix}$$

注意：在本题中，可观测子系统的观测值不是由传感器直接测量得到的，而是根据传感器的测量值计算出来的。请读者自己考虑闭环状态反馈系统的控制器设计问题。

6.5　采用状态观测器的状态反馈系统

设计状态观测器的目的是提供状态估值 $\hat{X}$ 以代替真实状态 X 来实现全状态反馈，构成闭环控制系统。带有全维状态观测器的状态反馈系统如图 6-15 所示。假设系统 $\Sigma_o(A, B, C)$ 可控可观，其状态空间表达式为

$$\begin{cases}\dot{X}=AX+Bu\\ y=CX\end{cases}\tag{6-37}$$

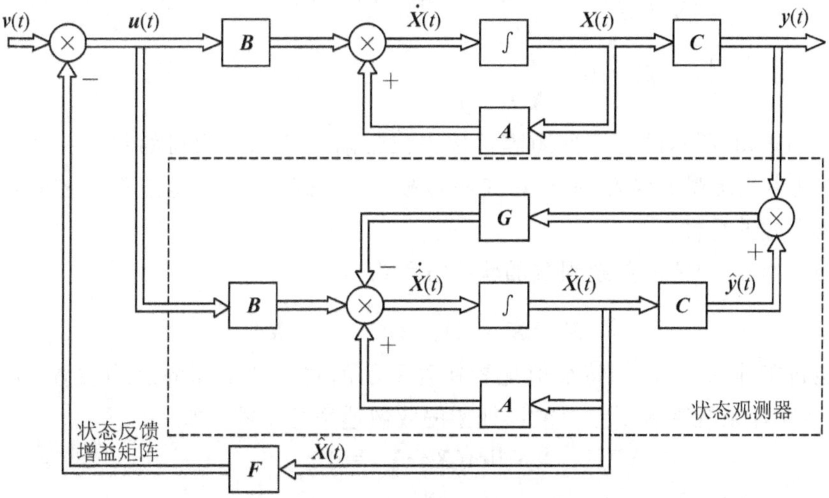

图 6-15　带有全维状态观测器的状态反馈系统

图 6-15 中虚线方框所示的渐近状态观测器的状态方程为

$$\dot{\hat{\boldsymbol{X}}}=(\boldsymbol{A}-\boldsymbol{GC})\hat{\boldsymbol{X}}+\boldsymbol{G}y+\boldsymbol{B}u \tag{6-38}$$

利用观测器的状态估值 $\hat{\boldsymbol{X}}$ 所实现的状态反馈控制律为

$$u=v-\boldsymbol{F}\hat{\boldsymbol{X}} \tag{6-39}$$

将式(6-39)代入式(6-37)、式(6-38)，得图 6-15 所示的整个闭环系统的状态空间表达式为

$$\begin{cases}\dot{\boldsymbol{X}}=\boldsymbol{AX}-\boldsymbol{BF}\hat{\boldsymbol{X}}+\boldsymbol{B}v\\ \dot{\hat{\boldsymbol{X}}}=(\boldsymbol{A}-\boldsymbol{GC}-\boldsymbol{BF})\hat{\boldsymbol{X}}+\boldsymbol{GCX}+\boldsymbol{B}v\\ y=\boldsymbol{CX}\end{cases} \tag{6-40}$$

式(6-40)写成矩阵形式，即

$$\begin{cases}\begin{bmatrix}\dot{\boldsymbol{X}}\\ \dot{\hat{\boldsymbol{X}}}\end{bmatrix}=\begin{bmatrix}\boldsymbol{A} & -\boldsymbol{BF}\\ \boldsymbol{GC} & \boldsymbol{A}-\boldsymbol{GC}-\boldsymbol{BF}\end{bmatrix}\begin{bmatrix}\boldsymbol{X}\\ \hat{\boldsymbol{X}}\end{bmatrix}+\begin{bmatrix}\boldsymbol{B}\\ \boldsymbol{B}\end{bmatrix}v\\ y=[\boldsymbol{C}\quad \boldsymbol{0}]\begin{bmatrix}\boldsymbol{X}\\ \hat{\boldsymbol{X}}\end{bmatrix}\end{cases} \tag{6-41}$$

这是一个 $2n$ 维的复合系统。为方便研究复合系统的基本特性，对式(6-41)进行线性非奇异变换：

$$\begin{bmatrix}\boldsymbol{X}\\ \hat{\boldsymbol{X}}\end{bmatrix}=\begin{bmatrix}\boldsymbol{I}_n & \boldsymbol{0}\\ \boldsymbol{I}_n & -\boldsymbol{I}_n\end{bmatrix}\begin{bmatrix}\boldsymbol{X}\\ \boldsymbol{X}-\hat{\boldsymbol{X}}\end{bmatrix} \tag{6-42}$$

则 $2n$ 维复合系统的状态空间表达式变换为按可控性分解的形式，即

$$\begin{cases}\begin{bmatrix}\dot{\boldsymbol{X}}\\ \dot{\boldsymbol{X}}-\dot{\hat{\boldsymbol{X}}}\end{bmatrix}=\begin{bmatrix}\boldsymbol{A}-\boldsymbol{BF} & \boldsymbol{BF}\\ \boldsymbol{0} & \boldsymbol{A}-\boldsymbol{GC}\end{bmatrix}\begin{bmatrix}\boldsymbol{X}\\ \boldsymbol{X}-\hat{\boldsymbol{X}}\end{bmatrix}+\begin{bmatrix}\boldsymbol{B}\\ \boldsymbol{0}\end{bmatrix}v\\ y=[\boldsymbol{C}\quad \boldsymbol{0}]\begin{bmatrix}\boldsymbol{X}\\ \boldsymbol{X}-\hat{\boldsymbol{X}}\end{bmatrix}\end{cases} \tag{6-43}$$

写出式(6-43)所示的可控性矩阵可以得出带渐近状态观测器的状态反馈闭环系统不完全可控，其中状态观测误差$(\boldsymbol{X}-\hat{\boldsymbol{X}})$是不可控的，从式(6-43)也能看出控制信号不能影响状态重构误差的特性。

从式(6-43)可得闭环系统误差的状态方程为

$$\dot{\boldsymbol{X}}-\dot{\hat{\boldsymbol{X}}}=(\boldsymbol{A}-\boldsymbol{GC})(\boldsymbol{X}-\hat{\boldsymbol{X}}) \tag{6-44}$$

如果能将矩阵 $\boldsymbol{A}-\boldsymbol{GC}$ 的特征值配置在复平面的左半开平面的适当位置，则能保证式(6-43)所示闭环系统观测误差总能以期望的收敛速率趋于零，即

$$\lim_{t\to\infty}(\boldsymbol{X}-\hat{\boldsymbol{X}})=0$$

由此可见，带渐近观测器的状态反馈系统的一个重要性质是当 $t\to\infty$ 系统进入稳态时，才会与直接状态反馈系统完全等价，此时式(6-43)所示的系统将简化为

$$\begin{cases}\dot{\boldsymbol{X}}=(\boldsymbol{A}-\boldsymbol{BF})\boldsymbol{X}+\boldsymbol{B}v\\ \boldsymbol{y}=\boldsymbol{CX}\end{cases}\tag{6-45}$$

可见，带观测器的状态反馈系统只有当 $t\to\infty$ 进入稳态时，才会与直接状态反馈系统完全等价。要使系统快速进入稳态，使 $(\boldsymbol{X}-\hat{\boldsymbol{X}})\to 0$ 的速度足够快，应通过设计输出偏差反馈增益矩阵 $\boldsymbol{G}$ 来合理配置观测点的极点，也即矩阵 $\boldsymbol{A}-\boldsymbol{GC}$ 的特征值。

那么带状态观测器的状态反馈系统与直接状态反馈闭环系统有什么联系和区别呢？由于传递函数矩阵在线性非奇异变换下保持不变，因此可根据式(6-43)求 $2n$ 维复合系统的传递函数矩阵为

$$\begin{aligned}\boldsymbol{W}_{F,G}(s)&=[\boldsymbol{C}\quad 0]\begin{bmatrix}s\boldsymbol{I}_n-\boldsymbol{A}+\boldsymbol{BF} & -\boldsymbol{BF}\\ 0 & s\boldsymbol{I}_n-\boldsymbol{A}+\boldsymbol{GC}\end{bmatrix}^{-1}\begin{bmatrix}\boldsymbol{B}\\ 0\end{bmatrix}\\ &=\boldsymbol{C}(s\boldsymbol{I}_n-\boldsymbol{A}+\boldsymbol{BF})^{-1}\boldsymbol{B}=\boldsymbol{W}_F(s)\end{aligned}$$

上式表明，$2n$ 维复合系统的传递函数矩阵等于直接状态反馈闭环系统的传递函数矩阵，即观测器的引入不改变直接状态反馈控制系统 $\boldsymbol{\Sigma}_F$ 的传递函数矩阵。

由于线性变换也不改变系统的特征值，根据式(6-43)可得 $2n$ 维复合系统的特征多项式为

$$\begin{vmatrix}s\boldsymbol{I}_n-(\boldsymbol{A}-\boldsymbol{BF}) & -\boldsymbol{BF}\\ 0 & s\boldsymbol{I}_n-(\boldsymbol{A}-\boldsymbol{GC})\end{vmatrix}=|s\boldsymbol{I}_n-(\boldsymbol{A}-\boldsymbol{BF})|\cdot|s\boldsymbol{I}_n-(\boldsymbol{A}-\boldsymbol{GC})|\tag{6-46}$$

式(6-46)中 $|s\boldsymbol{I}_n-(\boldsymbol{A}-\boldsymbol{BF})|$ 为矩阵 $\boldsymbol{A}-\boldsymbol{BF}$ 的特征多项式，$|s\boldsymbol{I}_n-(\boldsymbol{A}-\boldsymbol{GC})|$ 为矩阵 $\boldsymbol{A}-\boldsymbol{GC}$ 的特征多项式，因此由观测器构成状态反馈的 $2n$ 维复合系统的特征多项式等于直接状态反馈系统与状态观测器系统的特征多项式的乘积。也就是说，$2n$ 维复合系统的 $2n$ 个特征值由直接状态反馈系统的系统矩阵 $\boldsymbol{A}-\boldsymbol{BF}$ 的 n 个特征值与状态观测器的系统矩阵 $\boldsymbol{A}-\boldsymbol{GC}$的 n 个特征值共同组成，并且这两部分特征值彼此独立，复合系统特征值的这种性质称为分离特性。根据复合系统特征值的分离性，对一个可控可观的被控系统 $\boldsymbol{\Sigma}_0(\boldsymbol{A},\boldsymbol{B},\boldsymbol{C})$用状态观测器估计值形成状态反馈时，可对 $\boldsymbol{\Sigma}_0(\boldsymbol{A},\boldsymbol{B},\boldsymbol{C})$的状态反馈控制器及状态观测器分别按各自的要求进行独立设计，即先按闭环控制系统的动态要求确定 $\boldsymbol{A}-\boldsymbol{BF}$ 的特征值，从而设计出状态反馈增益矩阵 $\boldsymbol{F}$；再按状态观测误差趋于零的收敛速率要求确定$\boldsymbol{A}-\boldsymbol{GC}$的特征值，从而设计出输出偏差反馈增益矩阵 $\boldsymbol{G}$；最后，将两部分独立设计的结果联合起立，合并为带状态观测器的状态反馈系统。应该指出，对采用降维观测器构成的状态反馈系统，其特征值也具有分离特性，因此，其状态反馈控制器及降维状态观测器的设计也是相互独立的。

具体设计观测器的特征值时，往往会考虑选取合适的特征从而使状态观测误差趋于零的收敛速率较系统的响应快得多，以保证观测器的引入不致影响全状态反馈控制的性能，但是使观测器的响应速度太快会出现大量噪声，使系统无法正常工作，因此，观测器期望特征值的选择应从工程实际出发，兼顾快速性、抗干扰性等折中考虑，通常选择观测器的响应速度比所考虑的状态反馈闭环系统快 2～5 倍。

6.6　MATLAB 在系统综合中的应用

6.6.1　极点配置的 MATLAB 函数

在 MATLAB 控制工具箱内，直接用于系统极点配置设计的函数有 acker 和 place。函数 acker 是基于 Ackermann 算法求解反馈增益 $\boldsymbol{K}$，一般仅用于单输入单输出系统，调用格式为

K＝acker(A，B，P)

其中，A，B 为系统系数矩阵，P 为期望极点向量，K 为反馈增益矩阵。

函数 place 用于单输入或多输入系统，在给定系统 A，B 和期望极点 P 的情况下，求反馈增益 K。place 算法比 acker 算法具有更好的鲁棒性，其调用格式为

K＝place(A，B，P)

[K，prec，message]＝place(A，B，P)

其中，prec 为实际极点偏离期望极点的误差，message 为当系统由一非零的极点偏离期望极点位置大于 10% 时给出的警告信息。

在进行极点配置之前，一般要先验证原系统是否可控和可观，这时要用到判断可控性和可观性的两个函数：ctrb 和 obsv，这两个函数在前面章节已经介绍过了。

利用 MATLAB 实现极点配置的步骤为：先求得系统的状态空间模型，根据系统性能指标的要求找到期望的极点配置 $\boldsymbol{P}$，然后利用 MATLAB 极点配置函数求取状态反馈增益矩阵 $\boldsymbol{K}$，最后验证系统性能。

例 6-12　系统传递函数为 $G(s)=\dfrac{1}{s(s+6)(s+12)}$，通过状态反馈使系统的闭环极点配置在－100，－7.07±7.07i，求状态反馈增益阵 $\boldsymbol{K}$。

解　MATLAB 程序如下：

```
sys=zpk([], [0, -6, -12], 1);
P=[-100, -7.07+7.07i, -7.07-7.07i];
sys=ss(sys);
[A, B, C, D]=ssdata(sys);
disp('闭环极点配置:')
K=acker(A, B, P)
sysopen=ss(A, B, K, 0);
sysclose=ss(A-B*K, B, C, D);
disp('闭环系统的极点:');
poles=pole(sysclose)
figure(1);
step(sysclose/dcgain(sysclose), 2);
```

运行结果如下：

```
闭环极点配置:
```

```
K=
   1.0e+03 *
9.9970      0.8651      0.0961
闭环系统的极点:
poles=
   1.0e+02 *
  -1.0000 + 0.0000i
  -0.0707 + 0.0707i
  -0.0707 - 0.0707i
```

极点配置后系统阶跃响应曲线如图 6-16 所示。

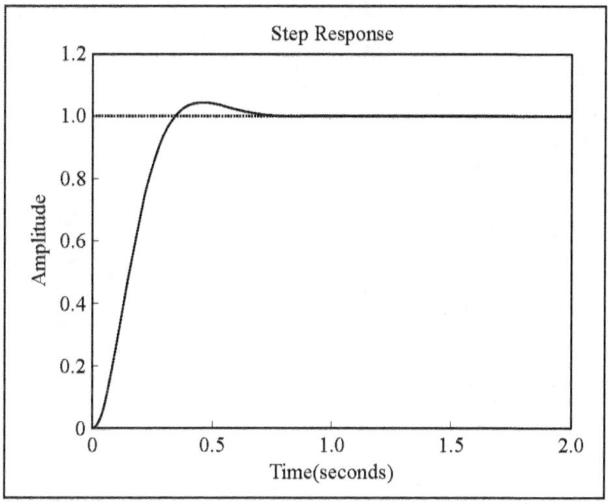

图 6-16 极点配置后系统阶跃响应曲线

6.6.2 状态观测器设计

1. MATLAB 设计状态观测器函数

由于状态观测器反馈矩阵 $\boldsymbol{G}$ 的求法和极点配置类似，所以 MATLAB 设计状态观测器函数还是 place 或函数 acker，格式为

$$\boldsymbol{G}=\text{place}(\boldsymbol{A}',\ \boldsymbol{C}',\ \boldsymbol{P}')$$

$$\boldsymbol{G}=\text{acker}(\boldsymbol{A}',\ \boldsymbol{C}',\ \boldsymbol{P}')$$

式中，$\boldsymbol{P}$ 为观测器的期望极点配置。

2. 利用 MATLAB 进行状态观测器的设计

设计时，要注意状态观测器期望极点配置 $\boldsymbol{P}$ 的选择。为了保证状态观测器输出的状态估计值 $\hat{\boldsymbol{X}}$ 快速跟踪实际状态值 $\boldsymbol{X}$，极点的绝对值应大些，但是如果极点的绝对值过大会使系统产生饱和或引起噪声干扰。

例 6-13 设系统的状态空间表达式为

$$\begin{cases}\dot{X}=\begin{bmatrix}0 & 0 & -2\\ 1 & 0 & 9\\ 0 & 1 & 0\end{bmatrix}X+\begin{bmatrix}3\\ 2\\ 1\end{bmatrix}u\\ y=\begin{bmatrix}0 & 0 & 1\end{bmatrix}X\end{cases}$$

试设计一状态观测器，其极点为－3，－4，－5。

解　首先检验系统是否状态完全可观，若是，则采用全维状态观测器，如不是，可采用降维状态观测器部分极点配置方案。

MATLAB 源程序如下：

```
A=[0 0 -2; 1 0 9; 0 1 0];
B=[3 2 1]';
C=[0 0 1];
D=0;
P0=[-3, -4, -5]';
sys=ss(A, B, C, D);
Ob=obsv(sys);
ob=rank(A)-rank(Ob);
if ob~=0
Disp('The system is unobservable.')
else
disp('The system is observable.')
end
disp('gain matrix of the observer:')
G=acker(A', C', P0)
disp('Model of the observer:')
A0=A-G'*C
B0=B
G0=G'
```

运行结果：

```
The system is observable.
gain matrix of the observer:
G=
    58    56    12
Model of the observer:
A0=
    0    0    -60
    1    0    -47
    0    1    -12
B0=
    3
    2
    1
```

```
G0=
    58
    56
    12
```

6.6.3 带状态观测器的闭环状态反馈系统

利用 MATLAB 可方便地构成状态方程并进行闭环系统的时域和频域分析。

上例中，若系统的期望极点 $\boldsymbol{P}=[-2+\mathrm{j}, -2-\mathrm{j}, -15]$，用极点配置法求系统的状态反馈增益矩阵以及带状态观测器的闭环系统特征值。

MATLAB 源程序如下：

```
A=[0 0 -2; 1 0 9; 0 1 0];
B=[3 2 1]';
C=[0 0 1];
D=0;
P0=[-3, -4, -5];
Ps=[-2+i, -2-i, -15];
sys=ss(A, B, C, D);
Ob=obsv(sys);
ob=rank(A)-rank(Ob);
if ob~=0
Disp('The system is unobservable.')
else
disp('The system is observable.')
end
disp('gain matrix of the observer:')
G=acker(A', C', P0)
disp('Model of the observer:')
A0=A-G' * C
B0=B
G0=G'
K=acker(A, B, Ps);
disp('Poles of tclosed-loop system without observer');
sysc=ss(A-B * K, B, C, D);
poles=pole(sysc)
disp('Poles of the closed-loop system with observer')
A11=A;
A12=-B * K;
A21=G' * C;
```

```
A22=A- G'*C-B*K;
Ac=[A11 A12; A21 A22];
Bc=[B; B];
[nl, nc]=size(B);
C2=zeros(nl, nc);
Cc=[C C2'];
syscl=ss(Ac, Bc, Cc, D);
poles=pole(syscl)
step(syscl)
save sysmod syscl
```

程序运行结果：

```
The system is observable.
gain matrix of the observer:
G=
    58    56    12
Model of the observer:
A0=
    0    0   -60
    1    0   -47
    0    1   -12
B0=
    3
    2
    1
G0=
    58
    56
    12
Poles of tclosed-loop system without observer
poles=
  -15.0000 + 0.0000i
  -2.0000 + 1.0000i
  -2.0000 - 1.0000i
Poles of the closed-loop system with observer
poles=
  -15.0000 + 0.0000i
  -5.0000 + 0.0000i
  -4.0000 + 0.0000i
```

−3.0000 + 0.0000i

−2.0000 + 1.0000i

−2.0000 − 1.0000i

状态观测器配置后系统阶跃响应曲线如图 6 - 17 所示。

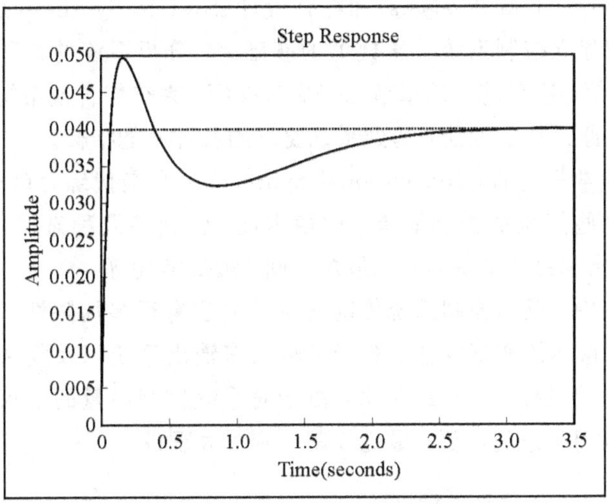

图 6 - 17　状态观测器配置后系统阶跃响应曲线

第 7 章　系统的最优控制

控制系统的分析(System Analysis)和综合设计(System Synthesis)是系统研究的两大课题。系统分析是在建立控制系统数学模型的基础上，分析系统的各种性能，如系统稳定性、可观性、可控性等，这在前面的章节已经做过介绍。系统综合或系统设计的任务是设计系统控制器，以改善原系统的性能，达到系统要求的各种性能指标。

系统综合可分为常规综合(Conventional Synthesis)和最优综合(Optimal Synthesis)。前者只满足系统的某些笼统的指标要求，如稳定性、快速性及稳态误差，而最优综合(控制)是确保系统某种指标最优的综合，如最短时间、最低能耗等。

在经典控制理论中，反馈控制系统传统的设计方法有很多局限性，其中最主要的缺点就是方法不严密，大量地依靠试探法。对于多输入多输出系统以及复杂系统，这种设计方法难以得到令人满意的设计结果。近年来，由于对系统控制质量的要求越来越高，以及计算机在控制领域的应用越来越广泛，最优控制受到很大重视。

7.1　系统最优控制的概念

最优控制理论(The Optimal Control Theory)是现代控制理论中的重要内容，近几十年的研究与应用使最优控制理论成为现代控制论中的一大分支。由于计算机的发展已使过去认为不能实现的计算成为很容易的事，所以最优控制的思想和方法已在工程技术实践中得到越来越广泛的应用。应用最优控制理论和方法可以在严密的数学基础上找出满足一定性能优化要求的系统最优控制律，这种控制律可以是时间 t 的显式函数，也可以是系统状态反馈或系统输出反馈的反馈律。常用的最优化求解方法有变分法、最大值原理以及动态规划法等。

控制系统的最优控制问题一般提法为：对于某个由动态方程描述的系统，在某初始和终端状态条件下，从系统所允许的某控制系统集合中寻找一个控制，使得给定的系统的性能目标函数达到最优。

所以最优控制问题的完整描述包括下列四个方面：

(1) 系统的动态方程，或在许多情况下只需系统的状态方程。

对连续系统，其状态方程为

$$\dot{\boldsymbol{X}}(t)=f[\boldsymbol{X}(t),\ \boldsymbol{U}(t),\ t] \tag{7-1}$$

对离散系统，其状态方程为

$$\boldsymbol{X}(k+1)=f[\boldsymbol{X}(k),\ \boldsymbol{U}(k),\ k] \tag{7-2}$$

系统状态方程给出了系统内部状态随系统控制输入的变化关系，或者说是内部状态的一种约束关系。

(2) 系统状态的始端和终端条件。系统状态方程给出了系统状态在整个控制过程的转移约束关系，始端和终端条件却给出了系统状态在系统控制开始和结束时刻的约束条件。端点条件一般有三种类型：固定端、自由端和可变端。

固定端就是时间和状态值都是固定的端点。例如初始时间 t_0 及其初始状态 $\boldsymbol{X}(t_0)$都固定就称始端固定条件，而终端时间 t_f 及其终端状态 $\boldsymbol{X}(t_f)$都固定就称终端固定条件。一般来说，两端固定是最简单的情况。

自由端是指端点时间固定，但端点状态值不受任何限制的端点，有始端自由和终端自由两种。

可变端就是端点时间及其状态值都可变的端点。但一般它满足一定条件，如满足 $\boldsymbol{C}(t_f)=0$，或 $\boldsymbol{N}[\boldsymbol{X}(t_f),\ t_f]=0$。

(3) 系统控制域。在实际控制系统中，控制输入 $\boldsymbol{u}(t)$往往是不能不受限制地任意取值的，例如作为驱动电机，其输出力矩就有最大力矩的限制。所以在许多最优控制问题中，需要规定一个允许的控制域。

(4) 系统目标泛函。最优控制就是使系统的某种性能指标达到最佳，也就是说，利用控制作用可使系统选择一条达到目标的最佳途径(即最优轨线)。至于哪一条轨线为最优，对于不同的系统可能有不同的要求。例如，在机床加工问题中可要求加工成本最低为最优；在导弹飞行控制中可要求燃料消耗最小为最优；在截击问题中可选择时间最短为最优等。因此最优是以选定的性能指标达到最优为依据的。

一般来说，达到一个目标的控制方式很多，但实际上经济、时间、环境、制造等方面有各种限制，可实行的控制方式是有限的。当需要实行具体控制时，有必要选择某种控制方式。考虑这些情况，引入控制的性能指标概念，使这种指标达到最优值(指标可以是极大值或极小值)就是一种选择方式。这样的问题就是最优控制。一般情况下不是把经济、时间等方面的要求全部表示为这种性能指标，而是把其中的一部分用这种指标表示，其余部分用系统工作范围中的约束来表示。因为最优控制问题中的性能指标一般都是一个函数的函数，即泛函，所以称系统目标泛函，在控制系统术语中称为损失函数。对于连续时间系统，目标泛函一般为

$$J=\Phi[\boldsymbol{X}(t_f)]+\int_{t_0}^{t_f}L[\boldsymbol{X}(t),\ \boldsymbol{U}(t),\ t]\mathrm{d}t \tag{7-3}$$

对于离散时间系统，目标泛函一般为

$$J=\Phi[\boldsymbol{X}(l)]+\sum_{k=h}^{l-1}L[\boldsymbol{X}(k),\ \boldsymbol{U}(k),\ k] \tag{7-4}$$

式(7-3)和式(7-4)所示目标泛函称为综合型或波尔扎(Bolza)型，第一部分表示对系统的终端状态的要求，而第二部分表示对系统的整个控制过程的要求。

如果系统目标泛函只取式(7-3)和式(7-4)中的第一项，即：

$$J=\Phi[\boldsymbol{X}(t_f)] \tag{7-5}$$

或

$$J=\Phi[\boldsymbol{X}(l)] \tag{7-6}$$

那么称式(7-5)、式(7-6)为终端型或迈耶(Mayer)型性能指标。反之，若只取式(7-3)、式(7-4)中的第二部分，即：

$$J = \int_{t_0}^{t_f} L[\boldsymbol{X}(t), \boldsymbol{U}(t), t]\mathrm{d}t \tag{7-7}$$

或

$$J = \sum_{k=h}^{l-1} L[\boldsymbol{X}(k), \boldsymbol{U}(k), k] \tag{7-8}$$

则称式(7-7)、式(7-8)为积分型或拉格朗日(Lagrange)型性能指标。

最优控制问题就是在上述所定义的问题空间内找到一个控制 $\boldsymbol{U}(t)$，使得系统目标泛函 J 达到最大或最小。这样的控制 $\boldsymbol{U}(t)$ 就称为系统的最优控制 $\boldsymbol{U}^*(t)$，将 $\boldsymbol{U}^*(t)$ 代入系统状态方程就可解得系统的状态轨迹 $\boldsymbol{X}(t)$，称为最优状态轨迹 $\boldsymbol{X}^*(t)$。

一个最优控制问题的复杂程度，或者说其求解和实现的难易程度是由上述四方面的具体规定，特别是系统的性能指标的具体形式来决定的。一般来说，两端固定的线性系统，其控制不受限制，且系统性能指标为积分型时，最优控制问题是比较简单的。

7.2 几种常用的性能指标

1. 最短时间问题

在最优控制中，一个最常遇到的问题是设计一个系统，使该系统能在最短时间内从某初始状态过渡到最终状态。例如，反导弹系统的轨道转移。最短时间问题可表示为极小值问题。最短时间控制问题的性能指标为

$$J = \int_{t_0}^{t_f} \mathrm{d}t = t_f - t_0 \tag{7-9}$$

2. 最小燃料消耗问题

航天器携带的燃料有限，希望航天器在状态转移时所消耗的燃料尽可能的少。粗略地说，控制量 $\boldsymbol{u}(t)$ 与燃料消耗量成比例，最小燃料消耗问题的性能指标为

$$J = \int_{t_0}^{t_f} |\boldsymbol{u}(t)| \mathrm{d}t \tag{7-10}$$

3. 最小能量问题

如果一个物理系统的能量有限，例如通信卫星上的太阳能电池等，为了使系统在有限的能源条件下保证正常工作，就需要对能量的消耗进行控制，设标题函数 $u^2(t)$ 与所消耗的功率成比例，则最小能量控制问题的性能指标为

$$J = \int_{t_0}^{t_f} u^2(t)\mathrm{d}t \tag{7-11}$$

4. 线性调节器问题

给定一个线性系统，设计目标保持平衡状态，而且系统能从任何初始状态恢复到平衡状态。如导弹的横滚控制回路即属于这类系统。有限时间线性调节器的性能指标通常取为

$$J = \frac{1}{2}\int_{t_0}^{t_f} \boldsymbol{X}^{\mathrm{T}}\boldsymbol{Q}\boldsymbol{X}\mathrm{d}t \tag{7-12}$$

式中，$\boldsymbol{Q}$ 为对称的正定矩阵，或

$$J=\frac{1}{2}\int_{t_0}^{t_f}\left[\boldsymbol{X}^{\mathrm{T}}\boldsymbol{Q}\boldsymbol{X}+\boldsymbol{u}^{\mathrm{T}}\boldsymbol{R}\boldsymbol{u}\right]\mathrm{d}t \tag{7-13}$$

式中，$\boldsymbol{u}$ 起控制作用；矩阵 $\boldsymbol{Q}\geqslant 0$，$\boldsymbol{R}\geqslant 0$，称为权矩阵，在最优化过程中，它们的组成将对 $\boldsymbol{X}$ 和 $\boldsymbol{u}$ 施加不同的影响。

5. 线性伺服器问题

如果要求给定系统的系统状态 $\boldsymbol{X}$ 跟踪或者尽可能地接近目标轨迹 $\boldsymbol{X}_{\mathrm{d}}$，则问题转化成

$$J=\frac{1}{2}\int_{t_0}^{t_f}(\boldsymbol{X}-\boldsymbol{X}_{\mathrm{d}})^{\mathrm{T}}\boldsymbol{Q}(\boldsymbol{X}-\boldsymbol{X}_{\mathrm{d}})\,\mathrm{d}t \tag{7-14}$$

为极小。

除特殊情况外，最优控制问题的解析解是较复杂的，以至必须求其数值解。但必须指出，当线性系统具有二次型性能指标时，其解就可以用整齐的解析形式表示。

必须注意，控制作用 $\boldsymbol{u}(t)$ 不像通常在传统设计中那样被称为参考输入。当设计完成时，最优控制 $\boldsymbol{u}(t)$ 将具有依靠输出量或状态变量的性质，所以一个闭环系统是自然形成的。如果系统不可控，则系统最优控制问题是不能实现的。如果提出的性能指标超出给定系统所能达到的程度，则系统最优问题同样是不能实现的。

7.3 泛函及其变分法

7.3.1 泛函及其变分法概念

在 XY 平面上有两个固定点 $A(x_a,\ y_a)$ 和 $B(x_b,\ y_b)$，求连接 A，B 两点的长度最短的曲线 $y=y(x)$。

我们知道，曲线 $y(x)$ 上两个接近点间的弧长为

$$\mathrm{d}l=\sqrt{1+\dot{y}^2(x)}\,\mathrm{d}x$$

所以从 A 到 B 整条曲线的长度为

$$l=\int_{x_A}^{x_B}\sqrt{1+\dot{y}^2(x)}\,\mathrm{d}x$$

由上式可知，曲线的长度 l 是 A，B 间的曲线的形状，也即函数 $y(x)$ 的函数，不同的函数 $y(x)$ 就有不同的曲线长度。我们称 $l=l[y(x)]$ 这个函数的函数为泛函。

所以上述的问题就是求泛函 $l[y(x)]$ 的极值问题，我们称之为变分问题，而求泛函极值的方法称作变分法。

如果在某区域内，对所有的可取函数 $y(x)$，都有

$$l[y(x)]-l[y^*(x)]\geqslant 0 \tag{7-15}$$

则称泛函 $l[y(x)]$ 在 $y^*(x)$ 曲线上达到极小值，相应的极小值为 $l[y^*(x)]$，而 $y^*(x)$ 称为系统的极值曲线。

同理，对所有可取函数 $y(x)$，如果：

$$l[y(x)]-l[y^*(x)]\leqslant 0 \tag{7-16}$$

则称泛函 $l[y(x)]$ 在 $y^*(x)$ 曲线上达到极大值。

7.3.2 二次型性能指标的最优控制

在现代控制理论中基于二次型性能指标进行最优设计的问题成为最优控制理论中的一个重要问题。

给定一个 n 阶线性控制对象，其状态方程是

$$\dot{\boldsymbol{X}}(t)=\boldsymbol{A}(t)\boldsymbol{X}(t)+\boldsymbol{B}(t)\boldsymbol{U}(t),\ \boldsymbol{X}(t_0)=\boldsymbol{X}_0 \tag{7-17}$$

寻求最优控制 $\boldsymbol{U}(t)$，使性能指标

$$J=\frac{1}{2}\boldsymbol{X}^{\mathrm{T}}(t_{\mathrm{f}})\boldsymbol{S}\boldsymbol{X}(t_{\mathrm{f}})+\int_{t_0}^{t_{\mathrm{f}}}[\boldsymbol{X}^{\mathrm{T}}(t)\boldsymbol{Q}(t)\boldsymbol{X}(t)+\boldsymbol{U}^{\mathrm{T}}(t)\boldsymbol{R}(t)\boldsymbol{U}(t)]\,\mathrm{d}t \tag{7-18}$$

达到极小值。这是二次型指标泛函，要求 $\boldsymbol{S}$、$\boldsymbol{Q}(t)$、$\boldsymbol{R}(t)$ 为对称矩阵，并且 $\boldsymbol{S}$ 和 $\boldsymbol{Q}(t)$ 应是非负定或正定的，$\boldsymbol{R}(t)$ 应是正定的。

式(7-18)右端第一项是未知项，实际上它是对终端状态提出一个符合需要的要求，表示在给定的控制终端时刻 t_{f} 到来时，系统的终态 $\boldsymbol{X}(t_{\mathrm{f}})$ 接近预定终态的程度。这一项对于控制大气层外导弹拦截、飞船的会合等问题是很重要的。

式(7-18)右侧的积分项是一项综合指标。积分中的第一项表示一切的 $t\in[t_0, t_{\mathrm{f}}]$ 对状态 $\boldsymbol{X}(t)$ 的要求，用它来衡量整个控制期间系统的实际状态与给定状态之间的综合误差，类似于古典控制理论中给定参考输入与被控制量之间的误差的平方积分。这一积分项越小，说明控制的性能越好。积分的第二项是对控制总量的限制。如果仅要求控制误差尽量小，则可能造成求得的控制向量 $\boldsymbol{U}(t)$ 过大，控制能量消耗过大，甚至在实际上难于实现。实际上，上述两个积分项是相互制约的，要求控制状态的误差平方积分减小，必然导致控制能量的消耗增大；反之，为了节省控制能量，就不得不降低对控制性能的要求。求两者之和的极小值，实际上是求取在某种最优意义下的折中，折中侧重哪一方面，取决于加权矩阵 $\boldsymbol{Q}(t)$ 及 $\boldsymbol{R}(t)$ 的选取。如果重视控制的准确性，则应增大加权矩阵 $\boldsymbol{Q}(t)$ 的各元，反之，则应增大加权矩阵 $\boldsymbol{R}(t)$ 的各元。$\boldsymbol{Q}(t)$ 中的各元体现了对 $\boldsymbol{X}(t)$ 中各元分量的重视程度，这些状态分量往往对整个系统的控制性能影响较微小。由此也能说明加权矩阵 $\boldsymbol{Q}(t)$ 为什么可以是正定或非正定对称矩阵。因为对任一控制分量所消耗的能量都应限制，又因为计算中需要用到矩阵 $\boldsymbol{R}(t)$ 的逆矩阵，所以 $\boldsymbol{R}(t)$ 必须是正定对称矩阵。

常见的二次型性能指标最优控制分两类，即线性调节器和线性伺服器，它们已在实际中得到了广泛的应用。由于二次型性能指标最优控制的突出特点是其线性的控制规律及其反馈控制作用可以做到与系统状态的变化比例，即 $\boldsymbol{U}(t)=-\boldsymbol{K}\boldsymbol{X}(t)$（实际上，它是采用状态反馈的闭环控制系统），因此这类控制易于实现，也易于驾驭，是很引人注意的一个课题。

(1) 线性调节器问题。

如果施加于控制系统的参考输入不变，当被控对象的状态受到外界干扰或受到其他因素影响而偏离给定的平衡状态时，就要对它加以控制，使其恢复到平衡状态，这类问题称为调节器问题。

(2) 线性伺服器问题。

对被控对象施加控制，使其状态按照参考输入的变化而变化，这就是伺服器问题。从

控制性质看，以上两类问题虽然有差异，但在寻求最优控制问题上，它们有许多一致的地方。

这两类问题又可根据要求的性能指标不同，分为两种情况：

(1) 终端时间有限($t_f \neq \infty$)的最优控制。

因为所给控制时间 $t_0 \sim t_f$ 是有限的，这就限制了终端状态完全进入终端稳定状态，所以终端状态 $\boldsymbol{X}(t_f)$可以是自由的，也可以是受限制的，往往不可能要求 $\boldsymbol{X}(t_f)$完全固定。此外，该问题中性能指标应该有未知项，因为积分项上限 t_f 是有限的。

(2) 终端时间无限($t_f \to \infty$)的最优控制。

当终端时间 $t_f \to \infty$时，终端状态 $\boldsymbol{X}(t_f)$进入到给定的终端稳定状态 $\boldsymbol{X}_f$，所以性能指标中不应有未知项，此时积分上限 t_f 为∞。

7.4　线性二次型最优控制问题

本节将研究基于二次型性能指标的稳定控制系统的设计。考虑控制系统

$$\dot{\boldsymbol{X}} = \boldsymbol{AX} + \boldsymbol{Bu} \tag{7-19}$$

式中，$\boldsymbol{X}$ 为状态变量(n 维向量)；$\boldsymbol{u}$ 为控制向量(r 维向量)；$\boldsymbol{A}$ 为 $n \times n$ 维常数矩阵；$\boldsymbol{B}$ 为 $n \times r$维常数矩阵。

在设计控制系统时，我们感兴趣的经常是选择向量 $\boldsymbol{U}(t)$，使得给定的性能指标达到极小。可以证明，当二次型性能指标的积分限由零变化到无穷大时，如

$$J = \int_0^{\infty} L(\boldsymbol{X}, \boldsymbol{U})\mathrm{d}t$$

式中，$L(\boldsymbol{X}, \boldsymbol{U})$是 $\boldsymbol{X}$ 和 $\boldsymbol{U}$ 的二次型函数或厄米特函数，将得到线性控制律，即

$$\boldsymbol{U}(t) = -\boldsymbol{KX}(t)$$

式中，$\boldsymbol{K}$ 是 $r \times n$ 维矩阵，或者

$$\begin{bmatrix} u_1 \\ u_2 \\ \vdots \\ u_r \end{bmatrix} = \begin{bmatrix} k_{11} & k_{12} & \cdots & k_{1n} \\ k_{21} & k_{22} & \cdots & k_{2n} \\ \vdots & \vdots & & \vdots \\ k_{r1} & k_{r2} & \cdots & k_{rn} \end{bmatrix} \begin{bmatrix} x_1 \\ x_2 \\ \vdots \\ x_n \end{bmatrix}$$

因此，基于二次型性能指标的最佳控制系统和最佳调节器系统的设计归结为确定矩阵 $\boldsymbol{K}$ 的各元素。采用二次型最佳控制方法的一个优点是除了系统不可控的情况外，所设计的系统将是稳定的。在设计二次型性能指标为极小的控制系统时，需要解黎卡提方程。MATLAB有一条命令 lqr，它给出连续时间黎卡提方程的解，并能确定最佳反馈增益矩阵。本节在采用二次型性能指标设计控制系统时，将应用 MATLAB 进行分析和计算。

考虑由方程(7-19)描述的系统，性能指标为

$$J = \int_0^{\infty} (\boldsymbol{X}^* \boldsymbol{QX} + \boldsymbol{U}^* \boldsymbol{RU})\mathrm{d}t$$

式中，$\boldsymbol{Q}$ 为正定(或正半定)厄米特或实对称矩阵；$\boldsymbol{R}$ 为正定厄米特或实对称矩阵；$\boldsymbol{U}$ 是无约束的向量。最佳控制系统使性能指标达到极小，该系统是稳定的。解决此类问题有许多

不同的方法，这里介绍一种基于李雅普诺夫第二方法的解法。

注意，下面在讨论二次型最佳控制问题时，将采用复二次型性能指标(厄米特性能指标)，而不采用实二次型性能指标，这是因为复二次型性能指标包含作为特例的性能指标。对于含有实向量和实矩阵的系统 $\int_0^{\infty}(\boldsymbol{X}^*\boldsymbol{QX}+\boldsymbol{U}^*\boldsymbol{RU})\,\mathrm{d}t$ 和 $\int_0^{\infty}(\boldsymbol{X}^{\mathrm{T}}\boldsymbol{QX}+\boldsymbol{U}^{\mathrm{T}}\boldsymbol{RU})\,\mathrm{d}t$ 是相同的。

7.4.1 基于李雅普诺夫第二方法的控制系统最佳化

从经典意义而言，首先设计出控制系统，再判断系统的稳定性；最优控制与此不同的是先用公式表示出稳定性条件，再在这些约束条件下设计系统。如果能用李雅普诺夫第二方法作为最佳控制器设计的基础，就能保证正常工作，也就是说，系统输出将能连续地朝所希望的状态转移。因此，设计出的系统具有固有的稳定特性的结构(注意，如果系统是不可控的，不能采用二次型最佳控制)。对于一大类控制系统，在李雅普诺夫函数和用来综合最佳控制系统的二次型性能指标之间可找到一个直接的关系式。下面我们将用李雅普诺夫方法来解决简单情况下的最佳化问题，该问题通称为参数最佳化问题。

7.4.2 参数最佳问题的李雅普诺夫第二方法的解法

下面讨论李雅普诺夫函数和二次型性能指标之间的直接关系，并利用这种关系求解参数最佳问题。该系统为

$$\dot{\boldsymbol{X}}=\boldsymbol{AX}$$

式中，$\boldsymbol{A}$ 的所有特征值均具有负实部，即原点 $x=0$ 是渐近稳定的(称矩阵 $\boldsymbol{A}$ 为稳定矩阵)。假设矩阵 $\boldsymbol{A}$ 包括一个(或几个)可调函数。要求下列性能指标

$$J=\int_0^{\infty}\boldsymbol{X}^*\boldsymbol{QX}\,\mathrm{d}t$$

达到极小。式中，$\boldsymbol{Q}$ 为正定(或正半定)厄米特或实对称矩阵。因而该问题变为确定几个可调参数值，使得性能指标达到极小。在解该问题时，利用李雅普诺夫函数是很有效的。假设

$$\boldsymbol{X}^*\boldsymbol{QX}=-\frac{\mathrm{d}}{\mathrm{d}t}(\boldsymbol{X}^*\boldsymbol{PX})$$

式中，$\boldsymbol{P}$ 是一个正定的厄米特或实对称矩阵，因此可得

$$\boldsymbol{X}^*\boldsymbol{QX}=-\dot{\boldsymbol{X}}^*\boldsymbol{PX}-\boldsymbol{X}^*\boldsymbol{P}\dot{\boldsymbol{X}}=-\boldsymbol{X}^*\boldsymbol{A}^*\boldsymbol{PX}-\boldsymbol{X}^*\boldsymbol{PAX}=-\boldsymbol{X}^*(\boldsymbol{A}^*\boldsymbol{P}+\boldsymbol{PA})\boldsymbol{X}$$

根据李雅普诺夫第二方法可知，如果 $\boldsymbol{A}$ 是稳定矩阵，则对给定的 $\boldsymbol{Q}$，必存在一个 $\boldsymbol{P}$，使得

$$\boldsymbol{A}^*\boldsymbol{P}+\boldsymbol{PA}=-\boldsymbol{Q} \tag{7-20}$$

因此，可由该方程确定 $\boldsymbol{P}$ 的各元素。

性能指标 J 可按

$$J=\int_0^{\infty}\boldsymbol{X}^*\boldsymbol{QX}\,\mathrm{d}t=\boldsymbol{X}^*\boldsymbol{PX}\Big|_0^{\infty}=-\boldsymbol{X}^*(\infty)\boldsymbol{PX}(\infty)+\boldsymbol{X}^*(0)\boldsymbol{PX}(0)$$

计算。由于 $\boldsymbol{A}$ 的所有特征值均有负实部，可得 $\boldsymbol{X}(\infty)\rightarrow 0$，所以

$$J=\boldsymbol{X}^*(0)\boldsymbol{PX}(0)$$

因而性能指标 J 根据初始条件 $\boldsymbol{X}(0)$和 $\boldsymbol{P}$ 求得，而 $\boldsymbol{P}$ 与 $\boldsymbol{A}$，$\boldsymbol{Q}$ 的关系取决于方程(7-20)。

例如，如果欲调整系统的参数，使得性能指标 J 到极小，则可对讨论中的参数，用 $\boldsymbol{X}^*(0)\boldsymbol{P}\boldsymbol{X}(0)$取极小值来实现。由于 $\boldsymbol{X}(0)$是给定的初始条件，$\boldsymbol{Q}$ 也是给定的，所以 $\boldsymbol{Q}$ 是 $\boldsymbol{A}$ 的各元素的函数。例如 $x_1(0)\neq 0$，而其余的初始分量均等于零，那么参数最佳与 $x_1(0)$的数值无关(见下例)。

例 7-1　研究图 7-1 所示的系统，确定阻尼比 $\xi>0$ 的值，使得系统在单位阶跃输入 $r(t)=1(t)$作用下，性能指标

$$J=\int_{0+}^{\infty}(e^2+\dot{e}^2)\,\mathrm{d}t\,,\ \mu>0$$

达到极小。式中的 e 为误差信号，并且 $e=r-c$，假设系统开始时是静止的。

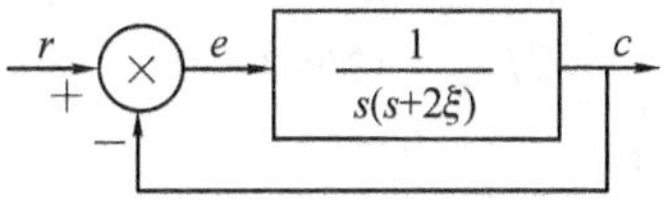

图 7-1　控制系统

解　由图 7-1 可得

$$\ddot{c}+2\xi\dot{c}+c=r$$

或者，依据误差信号 e 的形式，可得

$$\ddot{e}+2\xi\dot{e}+e=\ddot{r}+2\xi\dot{r}$$

由于输入 $1(t)$是单位阶跃函数，所以 $\ddot{r}(0_+)=0$，$\ddot{r}(0_+)=0$。因此，对于 $t\geqslant 0$，有

$$\ddot{c}+2\xi\dot{e}+e=0,\ e(0_+)=1,\ \dot{e}(0_+)=0$$

定义如下状态变量：

$$x_1=e\,,\ x_2=\dot{e}$$

则状态方程为

$$\dot{\boldsymbol{X}}=\boldsymbol{A}\boldsymbol{X}$$

式中

$$\boldsymbol{A}=\begin{bmatrix}0 & 1\\ -1 & -2\xi\end{bmatrix}$$

性能指标 J 可写为

$$\begin{aligned}J&=\int_{0+}^{\infty}(e^2+\mu\dot{e}^2)\,\mathrm{d}t=\int_{0+}^{\infty}(x_1^2+\mu x_2^2)\,\mathrm{d}t\\&=\int_{0+}^{\infty}\begin{bmatrix}x_1 & x_2\end{bmatrix}\begin{bmatrix}1 & 0\\ 0 & \mu\end{bmatrix}\begin{bmatrix}x_1\\ x_2\end{bmatrix}\mathrm{d}t\\&=\int_{0+}^{\infty}\boldsymbol{X}^{\mathrm{T}}\boldsymbol{Q}\cdot\boldsymbol{X}\,\mathrm{d}t\end{aligned}$$

式中

$$\boldsymbol{X}=\begin{bmatrix}x_1\\ x_2\end{bmatrix}=\begin{bmatrix}e\\ \dot{e}\end{bmatrix},\ \boldsymbol{Q}=\begin{bmatrix}1 & 0\\ 0 & \mu\end{bmatrix}$$

由于 $\boldsymbol{A}$ 是稳定矩阵，所以参照方程(7-20)，J 的值为

$$J=\boldsymbol{X}^{\mathrm{T}}(0_+)\boldsymbol{P}\boldsymbol{X}(0_+)$$

式中的 $\boldsymbol{P}$ 由下式确定：

$$\boldsymbol{A}^{\mathrm{T}}\boldsymbol{P}+\boldsymbol{P}\boldsymbol{A}=-\boldsymbol{Q}$$

可写为

$$\begin{bmatrix}0 & -1\\1 & -2\xi\end{bmatrix}\begin{bmatrix}p_{11} & p_{12}\\p_{12} & p_{22}\end{bmatrix}+\begin{bmatrix}p_{11} & p_{12}\\p_{12} & p_{22}\end{bmatrix}\begin{bmatrix}0 & 1\\-1 & -2\xi\end{bmatrix}=\begin{bmatrix}-1 & 0\\0 & -\mu\end{bmatrix}$$

该方程可化为以下三个方程：

$$\begin{cases}-2p_{12}=-1\\p_{11}-2\xi p_{12}-p_{22}=0\\2p_{12}-4\xi p_{22}=-\mu\end{cases}$$

对 p_{ij} 解以上三个方程，可得

$$\boldsymbol{P}=\begin{bmatrix}p_{11} & p_{12}\\p_{12} & p_{22}\end{bmatrix}=\begin{bmatrix}\xi+\dfrac{1+\mu}{4\xi} & \dfrac{1}{2}\\\dfrac{1}{2} & \dfrac{1+\mu}{4\xi}\end{bmatrix}$$

于是性能指标 J 为

$$\begin{aligned}J&=\boldsymbol{X}^{\mathrm{T}}(0_+)\boldsymbol{P}\boldsymbol{X}(0_+)\\&=\left(\xi+\frac{1+\mu}{4\xi}\right)x_1^2(0_+)+x_1(0_+)x_2(0_+)+\frac{1+\mu}{4\xi}x_2^2(0_+)\end{aligned}$$

将初始条件 $x_1(0_+)=1$，$x_2(0_+)=0$ 代入上式，可得

$$J=\xi+\frac{1+\mu}{4\xi}$$

对 ξ 使 J 为极小，可令 $\partial J/\partial\xi=0$，即

$$\frac{\partial J}{\partial\xi}=\frac{\partial J}{\partial\xi}\xi-\frac{1+\mu}{4\xi^2}=0$$

可得

$$\xi=\frac{\sqrt{1+\mu}}{2}$$

因此，ξ 的最佳值是 $\dfrac{\sqrt{1+\mu}}{2}$。例如，若 $\mu=1$，则 ξ 的最佳值为 $\sqrt{2}/2$，即 0.707。

7.4.3 二次型最佳控制问题

现在我们来研究最佳控制问题。已知系统方程为

$$\dot{\boldsymbol{X}}=\boldsymbol{A}\boldsymbol{X}+\boldsymbol{B}\boldsymbol{u} \tag{7-21}$$

确定最佳控制向量

$$\boldsymbol{u}(t)=-\boldsymbol{K}\boldsymbol{X}(t) \tag{7-22}$$

的矩阵 $\boldsymbol{K}$，使得性能指标

$$J=\int_{0}^{\infty}(\boldsymbol{X}^{*}\boldsymbol{Q}\boldsymbol{X}+\boldsymbol{u}^{*}\boldsymbol{R}\boldsymbol{u})\mathrm{d}t \tag{7-23}$$

达到极小。式中，$\boldsymbol{Q}$ 是正定(或正半定)厄米特或实对称矩阵；$\boldsymbol{R}$ 是正定厄米特或实对称矩阵。注意，方程(7-23)右边的第二项是考虑到控制信号的能量损耗而引进的。矩阵 $\boldsymbol{Q}$ 和 $\boldsymbol{R}$ 确定了误差和能量损耗的相对重要性。在此，假设控制向量 $\boldsymbol{u}(t)$ 是不受约束的，由方程(7-22)给出的线性控制律是最佳控制律。所以，若能确定矩阵 $\boldsymbol{K}$ 中的未知元素，使得性能指标达到极小，则 $\boldsymbol{u}(t)=-\boldsymbol{K}\boldsymbol{X}(t)$ 对任意初始状态 $\boldsymbol{X}(0)$ 而言均是最佳的。图 7-2 所示为该最佳控制系统的结构方块图。

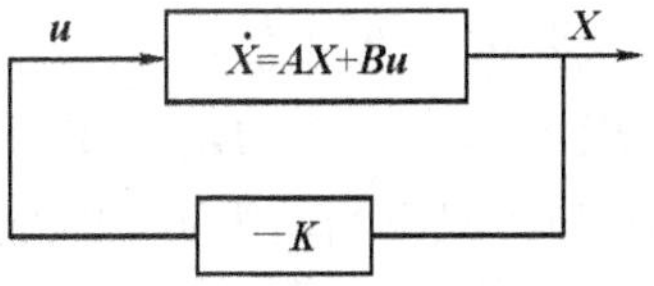

图 7-2　最佳控制系统

现求解最佳控制问题。将方程(7-22)代入方程(7-21)，可得

$$\dot{\boldsymbol{X}}=\boldsymbol{A}\boldsymbol{X}-\boldsymbol{B}\boldsymbol{K}\boldsymbol{X}=(\boldsymbol{A}-\boldsymbol{B}\boldsymbol{K})\boldsymbol{X}$$

在以下推导过程中，假设 $\boldsymbol{A}-\boldsymbol{B}\boldsymbol{K}$ 是稳定矩阵，即 $\boldsymbol{A}-\boldsymbol{B}\boldsymbol{K}$ 的所有特征值均具有负实部。将方程(7-22)代入方程(7-23)，可得

$$\begin{aligned}J&=\int_{0}^{\infty}(\boldsymbol{X}^{*}\boldsymbol{Q}\boldsymbol{X}+\boldsymbol{X}^{*}\boldsymbol{K}^{*}\boldsymbol{R}\boldsymbol{K}\boldsymbol{X})\mathrm{d}t\\&=\int_{0}^{\infty}\boldsymbol{X}^{*}(\boldsymbol{Q}+\boldsymbol{K}^{*}\boldsymbol{R}\boldsymbol{K})\boldsymbol{X}\mathrm{d}t\end{aligned}$$

依照解参数最佳化问题时的讨论，取

$$\boldsymbol{X}^{*}(\boldsymbol{Q}+\boldsymbol{K}^{*}\boldsymbol{R}\boldsymbol{K})\boldsymbol{X}=-\frac{\mathrm{d}}{\mathrm{d}t}(\boldsymbol{X}^{*}\boldsymbol{P}\boldsymbol{X})$$

式中，$\boldsymbol{P}$ 是正定的厄米特或实对称矩阵，于是

$$\boldsymbol{X}^{*}(\boldsymbol{Q}+\boldsymbol{K}^{*}\boldsymbol{R}\boldsymbol{K})\boldsymbol{X}=-\dot{\boldsymbol{X}}^{*}\boldsymbol{P}\boldsymbol{X}-\boldsymbol{X}^{*}\boldsymbol{P}\dot{\boldsymbol{X}}=-\boldsymbol{X}^{*}[(\boldsymbol{A}-\boldsymbol{B}\boldsymbol{K})^{*}\boldsymbol{P}+\boldsymbol{P}(\boldsymbol{A}-\boldsymbol{B}\boldsymbol{K})]\boldsymbol{X}$$

比较上式两端，并注意到方程对任意 $\boldsymbol{X}$ 均成立，这就要求

$$(\boldsymbol{A}-\boldsymbol{B}\boldsymbol{K})^{*}\boldsymbol{P}+\boldsymbol{P}(\boldsymbol{A}-\boldsymbol{B}\boldsymbol{K})=-(\boldsymbol{Q}+\boldsymbol{K}^{*}\boldsymbol{R}\boldsymbol{K}) \tag{7-24}$$

根据李雅普诺夫第二方法可知，如果 $\boldsymbol{A}-\boldsymbol{B}\boldsymbol{K}$ 是稳定矩阵，则必存在一个满足方程(7-24)的正定矩阵 $\boldsymbol{P}$。因此，该方法由方程(7-24)确定 $\boldsymbol{P}$ 的各元素，并检验其是否为正定(注意，这里可能不止一个矩阵 $\boldsymbol{P}$ 满足该方程。如果系统是稳定的，则总存在一个正定的矩阵 $\boldsymbol{P}$ 满足该方程。这就意味着，如果我们解此方程并能找到一个正定矩阵 $\boldsymbol{P}$，该系统是稳定的。满足该方程的其他矩阵 $\boldsymbol{P}$ 不是正定的，必须丢弃)。

性能指标可计算为

$$J=\int_{0}^{\infty}\boldsymbol{X}^{*}(\boldsymbol{Q}+\boldsymbol{K}^{*}\boldsymbol{R}\boldsymbol{K})\boldsymbol{X}\mathrm{d}t=-\boldsymbol{X}^{*}\boldsymbol{P}\boldsymbol{X}\Big|_{0}^{\infty}=-\boldsymbol{X}^{*}(\infty)\boldsymbol{P}\boldsymbol{X}(\infty)+\boldsymbol{X}^{*}(0)\boldsymbol{P}\boldsymbol{X}(0)$$

由于假设 $\boldsymbol{A}-\boldsymbol{B}\boldsymbol{K}$ 的所有特征值均具有负实部，所以 $\boldsymbol{X}(\infty)\rightarrow 0$。故

$$J = \boldsymbol{X}^{*}(0)\boldsymbol{P}\boldsymbol{X}(0) \tag{7-25}$$

于是，性能指标 J 可根据初始条件 $\boldsymbol{X}(0)$ 和 $\boldsymbol{P}$ 求得。

为求二次型最佳控制问题的解，可按下列步骤操作：由于所设的 $\boldsymbol{R}$ 是正定的厄米特或实对称矩阵，可将其写为

$$\boldsymbol{R}=\boldsymbol{T}^{*}\boldsymbol{T}$$

式中，$\boldsymbol{T}$ 是非奇异矩阵。于是，方程(7-25)可写为

$$(\boldsymbol{A}^{*}-\boldsymbol{K}^{*}\boldsymbol{B}^{*})\boldsymbol{P}+\boldsymbol{P}(\boldsymbol{A}-\boldsymbol{B}\boldsymbol{K})+\boldsymbol{Q}+\boldsymbol{K}^{*}\boldsymbol{T}^{*}\boldsymbol{T}\boldsymbol{K}=0$$

上式也可写为

$$\boldsymbol{A}^{*}\boldsymbol{P}+\boldsymbol{P}\boldsymbol{A}+[\boldsymbol{T}\boldsymbol{K}-(\boldsymbol{T}^{*})^{-1}\boldsymbol{B}^{*}\boldsymbol{P}]^{*}[\boldsymbol{T}\boldsymbol{K}-(\boldsymbol{T}^{*})^{-1}\boldsymbol{B}^{*}\boldsymbol{P}]-\boldsymbol{P}\boldsymbol{B}\boldsymbol{R}^{-1}\boldsymbol{B}^{*}\boldsymbol{P}+\boldsymbol{Q}=0$$

求 J 对 $\boldsymbol{K}$ 的极小值，即求下式对 $\boldsymbol{K}$ 的极小值：

$$\boldsymbol{X}^{*}[\boldsymbol{T}\boldsymbol{K}-(\boldsymbol{T}^{*})^{-1}\boldsymbol{B}^{*}\boldsymbol{P}]^{*}[\boldsymbol{T}\boldsymbol{K}-(\boldsymbol{T}^{*})^{-1}\boldsymbol{B}^{*}\boldsymbol{P}]\boldsymbol{X}$$

由于上面的表达式不为负值，所以只有当其为零，即当

$$\boldsymbol{T}\boldsymbol{K}=(\boldsymbol{T}^{*})^{-1}\boldsymbol{B}^{*}\boldsymbol{P}$$

时，才存在极小值。故

$$\boldsymbol{K}=\boldsymbol{T}^{-1}(\boldsymbol{T}^{*})^{-1}\boldsymbol{B}^{*}\boldsymbol{P}=\boldsymbol{R}^{-1}\boldsymbol{B}^{*}\boldsymbol{P} \tag{7-26}$$

方程(7-26)给出了最佳矩阵 $\boldsymbol{K}$。所以，当二次型最佳控制问题的性能指标由方程(7-23)定义时，其最佳控制是线性的，并由

$$\boldsymbol{u}(t)=-\boldsymbol{K}\boldsymbol{X}(t)=-\boldsymbol{R}^{-1}\boldsymbol{B}^{*}\boldsymbol{P}\boldsymbol{X}(t)$$

给出。方程(7-26)中的矩阵 $\boldsymbol{P}$ 必须满足方程(7-24)，即满足下列退化方程：

$$\boldsymbol{A}^{*}\boldsymbol{P}+\boldsymbol{P}\boldsymbol{A}-\boldsymbol{P}\boldsymbol{B}\boldsymbol{R}^{-1}\boldsymbol{B}^{*}\boldsymbol{P}+\boldsymbol{Q}=0 \tag{7-27}$$

方程(7-27)称为退化矩阵黎卡提方程，其设计步骤如下：

(1) 解退化矩阵黎卡提方程(7-27)，以求出矩阵 $\boldsymbol{P}$[如果存在正定矩阵 $\boldsymbol{P}$(某些系统可能没有正定矩阵 $\boldsymbol{P}$)，那么系统是稳定的，即矩阵 $\boldsymbol{A}-\boldsymbol{B}\boldsymbol{K}$ 是稳定矩阵]。

(2) 将矩阵 $\boldsymbol{P}$ 代入方程(7-26)，求得的矩阵 $\boldsymbol{K}$ 就是最佳矩阵。

例 7-2 是建立在这种方法基础上的设计例子。注意，如果矩阵 $\boldsymbol{A}-\boldsymbol{B}\boldsymbol{K}$ 是稳定的，则此方法总能给出正确的结果。

确定最佳反馈增益矩阵 $\boldsymbol{K}$ 还有另一种方法，其设计步骤如下。

(1) 由作为 $\boldsymbol{K}$ 的函数的方程(7-26)确定矩阵 $\boldsymbol{P}$。

(2) 将矩阵 $\boldsymbol{P}$ 代入方程(7-25)，于是性能指标成为 $\boldsymbol{K}$ 的一个函数。

(3) 确定 $\boldsymbol{K}$ 的各元素，使得性能指标为极小。这可通过令 $\partial J/\partial k_{ij}$ 等于零，并解出 k_{ij} 的最佳值来实现，J 对 $\boldsymbol{K}$ 各元素 k_{ij} 为极小。当元素 k_{ij} 的数目较多时，使用该方法很不方便。

如果性能指标以输出向量的形式给出，而不是由状态向量的形式给出，即

$$J=\int_{0}^{\infty}(y^{*}\boldsymbol{Q}\boldsymbol{y}+\boldsymbol{u}^{*}\boldsymbol{R}\boldsymbol{u})\,\mathrm{d}t$$

则可输出方程

$$y=\boldsymbol{C}\boldsymbol{X}$$

来修正性能指标，使得 J 为

$$J=\int_0^{\infty}(\boldsymbol{X}^*\boldsymbol{C}^*\boldsymbol{Q}\boldsymbol{C}\boldsymbol{X}+\boldsymbol{u}^*\boldsymbol{R}\boldsymbol{u})\,\mathrm{d}t \tag{7-28}$$

且仍可用本节介绍的设计步骤来求最佳矩阵 $\boldsymbol{K}$。

例 7-2　研究如图 7-3 所示的系统。假设控制信号为

$$\boldsymbol{u}(t)=-\boldsymbol{K}\boldsymbol{X}(t)$$

确定最佳反馈增益矩阵 $\boldsymbol{K}$，使得下列性能指标达到极小：

$$J=\int_0^{\infty}(\boldsymbol{X}^{\mathrm{T}}\boldsymbol{Q}\boldsymbol{X}+\boldsymbol{u}^2)\,\mathrm{d}t$$

式中

$$\boldsymbol{Q}=\begin{bmatrix}1 & 0\\0 & \mu\end{bmatrix},\ \mu\geqslant 0$$

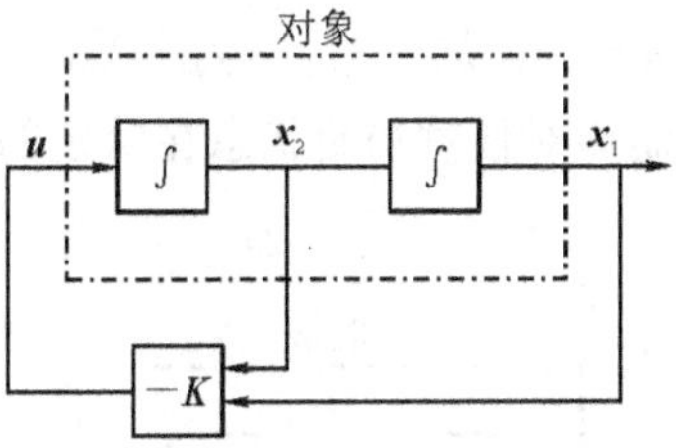

图 7-3　控制系统

解　由图 7-3 可看出，被控对象的状态方程为

$$\dot{\boldsymbol{X}}=\boldsymbol{A}\boldsymbol{X}+\boldsymbol{B}\boldsymbol{u}$$

式中

$$\boldsymbol{A}=\begin{bmatrix}0 & 1\\0 & 0\end{bmatrix},\ \boldsymbol{B}=\begin{bmatrix}0\\1\end{bmatrix}$$

以下说明退化矩阵黎卡提代数方程如何应用于最佳控制系统的设计。解方程(7-28)，将其重写为

$$\boldsymbol{A}^*\boldsymbol{P}+\boldsymbol{P}\boldsymbol{A}-\boldsymbol{P}\boldsymbol{B}\boldsymbol{R}^{-1}\boldsymbol{B}^*\boldsymbol{P}+\boldsymbol{Q}=0$$

注意到 $\boldsymbol{A}$ 为实矩阵，$\boldsymbol{Q}$ 为实对称矩阵，$\boldsymbol{P}$ 为实对称矩阵。因此，上式可写为

$$\begin{bmatrix}0 & 0\\1 & 0\end{bmatrix}\begin{bmatrix}p_{11} & p_{12}\\p_{12} & p_{22}\end{bmatrix}+\begin{bmatrix}p_{11} & p_{12}\\p_{12} & p_{22}\end{bmatrix}\begin{bmatrix}0 & 1\\0 & 0\end{bmatrix}-\begin{bmatrix}p_{11} & p_{12}\\p_{12} & p_{22}\end{bmatrix}\begin{bmatrix}0\\1\end{bmatrix}[1]\begin{bmatrix}0 & 1\end{bmatrix}\begin{bmatrix}p_{11} & p_{12}\\p_{12} & p_{22}\end{bmatrix}+\begin{bmatrix}1 & 0\\0 & \mu\end{bmatrix}$$
$$=\begin{bmatrix}0 & 0\\0 & 0\end{bmatrix}$$

该方程可简化为

$$\begin{bmatrix}0 & 0\\p_{11} & p_{12}\end{bmatrix}+\begin{bmatrix}0 & p_{11}\\0 & p_{12}\end{bmatrix}-\begin{bmatrix}p_{12}^2 & p_{12}p_{22}\\p_{12}p_{22} & p_{22}^2\end{bmatrix}+\begin{bmatrix}1 & 0\\0 & \mu\end{bmatrix}=\begin{bmatrix}0 & 0\\0 & 0\end{bmatrix}$$

由上式得到下面 3 个方程：

$$\begin{cases}1-p_{12}^2=0\\p_{11}-p_{12}p_{22}=0\\\mu+2p_{12}-p_{22}^2=0\end{cases}$$

将这 3 个方程联立，解出 p_{11}，p_{12}，p_{22}，且要求 $\boldsymbol{P}$ 为正定的，可得

$$\boldsymbol{P}=\begin{bmatrix} p_{11} & p_{12} \\ p_{12} & p_{22} \end{bmatrix}=\begin{bmatrix} \sqrt{\mu+2} & 1 \\ 1 & \sqrt{\mu+2} \end{bmatrix}$$

参照方程(7－28)，最佳反馈增益矩阵 $\boldsymbol{K}$ 为

$$\begin{aligned}\boldsymbol{K} &= \boldsymbol{R}^{-1}\boldsymbol{B}^{*}\boldsymbol{P} = [1][0 \quad 1]\begin{bmatrix} p_{11} & p_{12} \\ p_{12} & p_{22} \end{bmatrix} \\ &= [p_{12} \quad p_{22}] \\ &= [1 \quad \sqrt{\mu+2}]\end{aligned}$$

因此，最佳控制信号为

$$\boldsymbol{u}=-\boldsymbol{K}\boldsymbol{X}=-x_1-\sqrt{\mu+2}\,x_2$$

注意，由上述方程给出的控制律对任意初始状态在给定的性能指标下都能得出最佳的结果。图 7－4 是该系统的方块图。

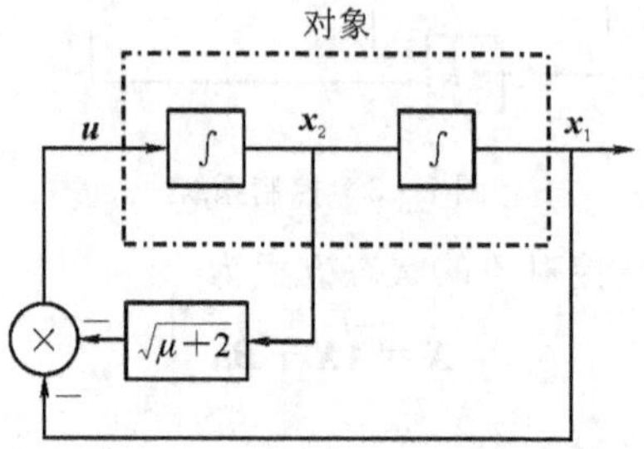

图 7－4　图 7－3 所示对象的最佳控制

7.5　用 MATLAB 解二次型最优问题

在 MATLAB 中，命令 lqr(A, B, Q, R)可解连续时间的二次型调节器问题，并可解与其有关的黎卡提方程。该命令可计算最佳反馈增益矩阵 $\boldsymbol{K}$，并且使性能指标

$$J=\int_0^{\infty}(\boldsymbol{X}^{\mathrm{T}}\boldsymbol{Q}\boldsymbol{X}+\boldsymbol{u}^{\mathrm{T}}\boldsymbol{R}\boldsymbol{u})\,\mathrm{d}t$$

在约束方程

$$\dot{\boldsymbol{X}}=\boldsymbol{A}\boldsymbol{X}+\boldsymbol{B}\boldsymbol{u}$$

条件下达到极小的反馈控制律

$$\boldsymbol{u}=-\boldsymbol{K}\boldsymbol{X}$$

另一个命令[K, P, E]=lqr(A, B, Q, R)也可计算相关的矩阵黎卡提方程

$$\boldsymbol{A}^{*}\boldsymbol{P}+\boldsymbol{P}\boldsymbol{A}-\boldsymbol{P}\boldsymbol{B}\boldsymbol{R}^{-1}\boldsymbol{B}^{*}\boldsymbol{P}+\boldsymbol{Q}=0$$

有唯一正定解 $\boldsymbol{P}$。如果 $\boldsymbol{A}-\boldsymbol{B}\boldsymbol{K}$ 为稳定矩阵，则总存在这样的正定矩阵。利用这个命令还能求闭环极点或 $\boldsymbol{A}-\boldsymbol{B}\boldsymbol{K}$ 的特征值。

对于某些系统，由于系统本身不稳定无论选择什么样的 $\boldsymbol{K}$，都不能使 $\boldsymbol{A}-\boldsymbol{BK}$ 为稳定矩阵。在此情况下，这个矩阵黎卡提方程不存在正定矩阵。对此情况，命令

```
K=lqr(A, B, Q, R)
[K, P, E]=lqr(A, B, Q, R)
```

不能求解，见例 7-3。

例 7-3　研究由下式确定的系统：

$$\begin{bmatrix}\dot{x}_1\\ \dot{x}_2\end{bmatrix}=\begin{bmatrix}-1 & 1\\ 0 & 2\end{bmatrix}\begin{bmatrix}x_1\\ x_2\end{bmatrix}+\begin{bmatrix}1\\ 0\end{bmatrix}\boldsymbol{u}$$

求证：无论选择什么样的矩阵 $\boldsymbol{K}$，该系统都不可能通过状态反馈控制

$$\boldsymbol{u}=-\boldsymbol{KX}$$

来稳定(注意，该系统是状态不可控的)。

证　定义

$$\boldsymbol{K}=[k_1 \quad k_2]$$

则

$$\boldsymbol{A}-\boldsymbol{BK}=\begin{bmatrix}-1 & 1\\ 0 & 2\end{bmatrix}-\begin{bmatrix}1\\ 0\end{bmatrix}[k_1 \quad k_2]=\begin{bmatrix}-1-k_1 & 1-k_2\\ 0 & 2\end{bmatrix}$$

因此特征方程为

$$|s\boldsymbol{I}-\boldsymbol{A}+\boldsymbol{BK}|=\begin{vmatrix}s+1+k_1 & -1+k_2\\ 0 & s-2\end{vmatrix}=(s+1+k_1)(s-2)=0$$

闭环极点为

$$s=-1-k_1,\ s=2$$

由于极点 $s=2$ 在 s 的右半平面，所以无论选择什么样的矩阵 $\boldsymbol{K}$，该系统都是不稳定的。故二次型最佳控制方法不能用于该系统。

假设在二次型性能指标中的 $\boldsymbol{Q}$ 和 $\boldsymbol{R}$ 为

$$\boldsymbol{Q}=\begin{bmatrix}1 & 0\\ 0 & 1\end{bmatrix},\ \boldsymbol{R}=[1]$$

在 MATLAB 中运行 K=lqr(A, B, Q, R)命令时，会显示“The” lqr “command failed to stabilize the plant or find an optimal feedback gain”，系统报错，说明此系统的最佳控制解不存在，不能将二次型最佳控制方法用于该系统。

例 7-4　研究下式定义的系统：

$$\dot{\boldsymbol{X}}=\boldsymbol{AX}+\boldsymbol{Bu}$$

式中

$$\boldsymbol{A}=\begin{bmatrix}0 & 1\\ 0 & -1\end{bmatrix},\ \boldsymbol{B}=\begin{bmatrix}0\\ 1\end{bmatrix}$$

性能指标 J 为

$$J=\int_0^{\infty}(\boldsymbol{X}^{\mathrm{T}}\boldsymbol{Q}\boldsymbol{X}+\boldsymbol{u}^{\mathrm{T}}\boldsymbol{R}\boldsymbol{u})\,\mathrm{d}t$$

式中

$$\boldsymbol{Q}=\begin{bmatrix}1 & 0\\ 0 & 1\end{bmatrix},\ \boldsymbol{R}=[1]$$

假设采用下列控制 $\boldsymbol{u}$：

$$\boldsymbol{u}=-\boldsymbol{K}\boldsymbol{X}$$

确定最佳反馈增益矩阵 $\boldsymbol{K}$。

解 最佳反馈增益矩阵 $\boldsymbol{K}$ 可通过求解下列关于正定矩阵 $\boldsymbol{P}$ 的黎卡提方程得到：

$$\boldsymbol{A}^{\mathrm{T}}\boldsymbol{P}+\boldsymbol{P}\boldsymbol{A}-\boldsymbol{P}\boldsymbol{B}\boldsymbol{R}^{-1}\boldsymbol{B}^{\mathrm{T}}\boldsymbol{P}-\boldsymbol{P}\boldsymbol{B}\boldsymbol{R}^{-1}\boldsymbol{B}^{\mathrm{T}}\boldsymbol{P}+\boldsymbol{Q}=0$$

其结果为

$$\boldsymbol{P}=\begin{bmatrix}2 & 1\\ 1 & 1\end{bmatrix}$$

将该矩阵 $\boldsymbol{P}$ 代入下列方程，即可求的最佳矩阵 $\boldsymbol{K}$：

$$\boldsymbol{K}=\boldsymbol{R}^{-1}\boldsymbol{B}^{\mathrm{T}}\boldsymbol{P}=[1]\,[0\quad 1]\begin{bmatrix}2 & 1\\ 1 & 1\end{bmatrix}=[1\quad 1]$$

因此，最佳控制信号为

$$\boldsymbol{u}=-\boldsymbol{K}\boldsymbol{X}=-x_1-x_2$$

MATLAB 程序：

```
A=[0 1; 0 -1];
B=[0; 1];
Q=[1 0; 0 1];
R=[1];
K= lqr(A, B, Q, R)
```

运行结果：

```
K=
  1.0000    1.0000
```

例 7-5 研究下列系统：

$$\dot{\boldsymbol{X}}=\boldsymbol{A}\boldsymbol{X}+\boldsymbol{B}\boldsymbol{u}$$

式中

$$\boldsymbol{A}=\begin{bmatrix}0 & 1 & 0\\ 0 & 0 & 1\\ -35 & -27 & -9\end{bmatrix},\ \boldsymbol{B}=\begin{bmatrix}0\\ 0\\ 1\end{bmatrix}$$

性能指标 J 为

$$J=\int_0^{\infty}(\boldsymbol{X}^{\mathrm{T}}\boldsymbol{Q}\boldsymbol{X}+\boldsymbol{u}^{\mathrm{T}}\boldsymbol{R}\boldsymbol{u})\,\mathrm{d}t$$

式中

$$Q=\begin{bmatrix}1 & 0 & 0\\0 & 1 & 0\\0 & 0 & 1\end{bmatrix},\ R=[1]$$

求黎卡提方程的正定矩阵 $\boldsymbol{P}$、最佳反馈增益矩阵 $\boldsymbol{K}$ 和矩阵 $\boldsymbol{A}-\boldsymbol{BK}$ 的特征值。

解　MATLAB 程序：

```
A=[0, 1, 0; 0, 0, 1; -35, -27, -9];
B=[0; 0; 1];
Q=[1, 0, 0; 0, 1, 0; 0, 0, 1];
R=[1];
[K, P, E]=lqr(A, B, Q, R)
```

运行结果：

```
K =
     0.0143      0.1107      0.0676
P =
     4.2625      2.4957      0.0143
     2.4957      2.8150      0.1107
     0.0143      0.1107      0.0676
E =
    -5.0958 + 0.0000i
    -1.9859 + 1.7110i
    -1.9859 - 1.7110i
```

例 7-6　系统的状态空间方程为

$$\begin{cases}\dot{\boldsymbol{X}}=\boldsymbol{AX}+\boldsymbol{Bu}\\ \boldsymbol{y}=\boldsymbol{CX}+\boldsymbol{Du}\end{cases}$$

式中

$$\boldsymbol{A}=\begin{bmatrix}0 & 1 & 0\\0 & 0 & 1\\0 & -2 & -3\end{bmatrix},\ \boldsymbol{B}=\begin{bmatrix}0\\0\\1\end{bmatrix},\ \boldsymbol{C}=[1\quad 0\quad 0],\ \boldsymbol{D}=[0]$$

若控制信号 $\boldsymbol{u}$ 为

$$\boldsymbol{u}=k_1(r-x_1)-(k_2x_2+k_3x_3)=k_1r-(k_1x_1+k_2x_2+k_3x_3)$$

在确定最佳控制律时，假设输入为零，即 $r=0$。确定状态反馈增益矩阵 $\boldsymbol{K}$($\boldsymbol{K}=[k_1, k_2, k_3]$)，使得性能指标

$$J=\int_0^{\infty}(\boldsymbol{X}^{\mathrm{T}}\boldsymbol{QX}+\boldsymbol{u}^{\mathrm{T}}\boldsymbol{Ru})\,\mathrm{d}t$$

达到极小。

式中

$$\boldsymbol{Q}=\begin{bmatrix}q_{11} & 0 & 0\\0 & q_{22} & 0\\0 & 0 & q_{33}\end{bmatrix},\ \boldsymbol{R}=1,\ \boldsymbol{X}=\begin{bmatrix}x_1\\x_2\\x_3\end{bmatrix},\ \boldsymbol{Y}=\begin{bmatrix}y\\\dot{y}\\\ddot{y}\end{bmatrix}$$

为了得到快速响应，q_{11} 与 q_{22}，q_{33} 和 $\boldsymbol{R}$ 相比必须充分大。在本例中，选取

$$q_{11}=100,\ q_{22}=q_{33}=1,\ \boldsymbol{R}=0.01$$

MATLAB 求解，使用命令：

```
K=lqr(A, B, Q, R)
```

解 用 MATLAB 求解

```
A=[0, 1, 0; 0, 0, 1; 0, -2, -3];
B=[0; 0; 1];
Q=[100, 0, 0; 0, 1, 0; 0, 0, 1];
R=[0.01];
K=lqr(A, B, Q, R)
```

运行结果：

```
K =
    100.0000    53.1200   11.6711
```

采用确定的矩阵 $\boldsymbol{K}$ 来研究所设计的系统对阶跃输入的响应特性。所设计的系统的状态方程为

$$\begin{aligned}\dot{\boldsymbol{X}}&=\boldsymbol{AX}+\boldsymbol{Bu}=\boldsymbol{AX}+\boldsymbol{B}(-\boldsymbol{KX}+\boldsymbol{k}_1\boldsymbol{X})\\&=(\boldsymbol{A}-\boldsymbol{BK})\boldsymbol{X}+\boldsymbol{Bk}_1\boldsymbol{X}\end{aligned}$$

输出方程为

$$\boldsymbol{Y}=\boldsymbol{Cx}=\begin{bmatrix}1 & 0 & 0\end{bmatrix}\begin{bmatrix}x_1\\x_2\\x_3\end{bmatrix}$$

进一步，系统对单位阶跃输入的响应及系统状态变量的轨迹曲线可用下面 MATLAB 程序得出，相应曲线如图 7-5 及图 7-6 所示。

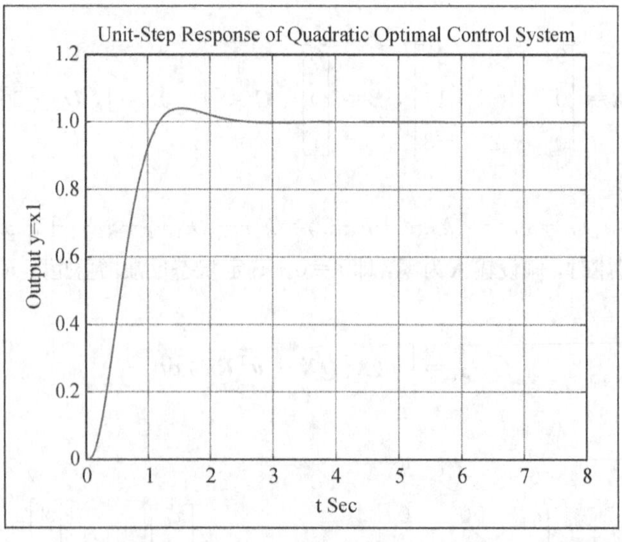

图 7-5 系统阶跃响应

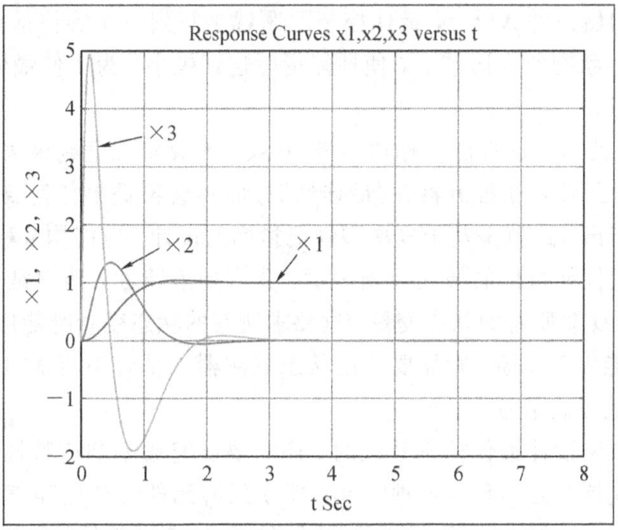

图 7－6　系统状态轨迹

```
k1=K(1); k2=K(2); k3=K(3)
C=[1  0];
D=[0];
AA=A-B*K;
BB=B*k1;
CC=C;
DD=D;
t=0:0.01:8;
[y, x, t]=step(AA, BB, CC, DD, 1, t);
figure(1);
plot(t,y)
grid
title('Unit-Step Response of Quadratic Optimal Control System')
xlabel('t Sec')
ylabel('Output y = x1')
figure(2);
plot(t, x)
grid
title('Response Curves x1, x2, x3 versus t')
xlabel('t Sec')
ylabel('x1, x2, x3')
text(2.6, 1.35, 'x1')
text(1.2, 1.5, 'x2')
text(0.6, 3.5, 'x3')
```

下面总结二次型最佳控制问题的 MATLAB 解法：

(1) 给定任意初始条件 $\boldsymbol{X}(t_0)$，最佳控制问题就是找到一个容许的控制向量 $\boldsymbol{u}(t)$，使状态转移到所期望的状态空间区域上，使性能指标达到极小。为了使最佳控制向量 $\boldsymbol{u}(t)$ 存在，系统必须是状态完全可控的。

(2) 根据定义，使所选的性能指标达到极小(或者根据情况达到极大)的系统是最佳的。在多数实际应用中，虽然对于控制器在"最佳性"方面不会再提出任何要求，但是在涉及定性方面，还应特别指出，这就是基于二次型性能指标的设计，应能构成稳定的控制系统。

(3) 基于二次型性能指标的最佳控制规律，具有如下特性，即它是状态变量的线性函数。这意味着，必须反馈所有的状态变量。这要求所有的状态变量都能用于反馈。如果不是所有的状态变量都能用于反馈，则需要使用状态观测器来估计不可测量的状态变量，并利用这些估计产生最佳控制信号。

(4) 当按照时域法设计最佳控制系统时，还需要研究频率响应特性，以补偿噪声的影响。系统的频率响应特性必须具备这种特性，即在预料元件会产生噪声和谐振的频率范围内，系统应有较大的衰减效应(为了补偿噪声的影响，在某些情况下，必须改最佳方案而接受次最佳性能或修改性能指标)。

(5) 如果在方程(7-23)给定的性能指标 J 中，积分上限是有限值，则可证明最佳控制向量仍是状态变量的线性函数，只是系统随时间变化(因此，最佳控制向量的确定包含最佳时变矩阵的确定)。

第 8 章　工程案例分析

8.1　打印机皮带驱动系统

打印机是一种复杂而精密的机械电子装置，根据打印的原理可分为针式打印机、喷墨打印机、激光打印机和热敏打印机等。而无论哪种打印机，其结构基本上都可分为机械装置和控制电路两部分，这两部分是密切相关的。机械装置包括打印头、打印头驱动机构，即字车机构、走纸机构、色带传动机构、墨水(墨粉)供给机构以及硒鼓传动机构等，它们都是打印机系统的执行机构，由控制电路统一协调和控制；而打印机的控制电路则包括 CPU 主控电路、驱动电路、输入输出接口电路及检测电路等。

本书以皮带传动打印机为例，研究其打印头驱动系统的控制模型及其性能，如图 8-1 所示。

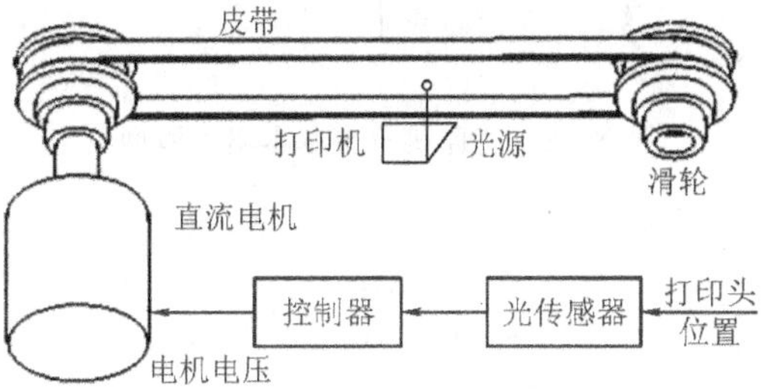

图 8-1　打印机皮带驱动系统

8.1.1　系统模型的建立

皮带传动打印机用于驱动打印头沿着打印页面横向移动。在本系统中，光传感器用于测量打印头的位置。设皮带弹性系数为 k，滑轮半径为 r，电机转动角为 θ，滑轮的转动角为 θ_1，打印头质量为 m，位移为 $y(t)$，驱动系统参数如表 8-1 所示。

表 8-1　驱动系统参数

系统部件	参　　数
打印头质量	$m=0.2$ kg
光传感器	$k_1=1$ V/m
滑轮半径	$r=0.015$ m
电机电感	$L=0$
摩擦系数	$b=0.2$ N·ms/rad
电机电阻	$R=2$ Ω
电机系数	$K_m=2$ N·m/A
转动惯量	$J=J_{电机}+J_{滑轮}=0.01$ kg·m^2

本设计的目的：选择合适的电机参数、滑轮参数和控制器参数后，研究皮带弹性系数对系统的影响。为了进行分析和设计，首先建立皮带驱动系统的基本模型，选择若干系统参数，并据此来选定系统状态变量和建立系统状态空间模型，然后确定系统相应的传递函数，进一步选定除弹性系数外的其他系统参数，最后研究弹性系数在一定范围内变化时对系统性能的影响。

图 8-2 给出了打印机皮带基本驱动模型。其中，光传感器输出电压 u_1 与输入位移的关系为

$$u_1 = k_1 y \tag{8-1}$$

k_1 为传感器变换系数，如表 8-1 所示。

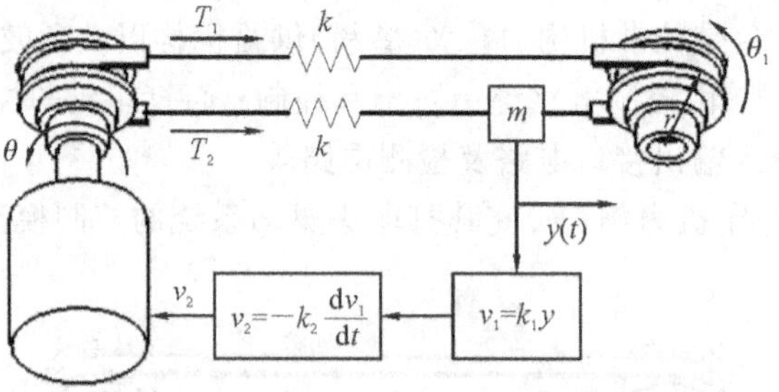

图 8-2　打印机皮带基本驱动模型

控制器输出电压为

$$u_2 = -\left(k_2 \frac{\mathrm{d}v_1}{\mathrm{d}t} + k_3 v_1\right) \tag{8-2}$$

假设 $k_2=0.1$，$k_3=0$，那么

$$u_2 = -\left(k_2 \frac{\mathrm{d}v_1}{\mathrm{d}t} + k_3 v_1\right) = -k_2 k_1 \frac{\mathrm{d}y}{\mathrm{d}t} \tag{8-3}$$

可得到如图 8-2 所示的系统基本模型。

皮带张力 T_1，T_2 分别为

$$T_1 = k(r\theta - r\theta_1) = k(r\theta - y)$$

$$T_2 = k(y - r\theta)$$

于是，作用在质量 m 上的净张力为

$$T_1 - T_2 = m \frac{\mathrm{d}^2 y}{\mathrm{d}t^2} \tag{8-4}$$

$$T_1 - T_2 = k(r\theta - y) - k(y - r\theta) = 2k(r\theta - y) = 2kx_1 \tag{8-5}$$

定义状态变量 $x_1 = r\theta - y$，$x_2 = \frac{\mathrm{d}y}{\mathrm{d}t}$，$x_3 = \frac{\mathrm{d}\theta}{\mathrm{d}t}$，则可得

$$\frac{\mathrm{d}x_2}{\mathrm{d}t} = \frac{2k}{m} x_1 \tag{8-6}$$

$$\frac{\mathrm{d}x_1}{\mathrm{d}t} = r\frac{\mathrm{d}\theta}{\mathrm{d}t} - \frac{\mathrm{d}y}{\mathrm{d}t} = rx_3 - x_2 \tag{8-7}$$

电机旋转运动微分方程对于驱动电机而言，当 $L=0$ 时，电机电流 $i=\frac{v_2}{R}$，电机电磁转矩 $\boldsymbol{T}_{\mathrm{m}}=k_{\mathrm{m}}i$，于是有

$$\boldsymbol{T}_{\mathrm{m}}=\frac{k_{\mathrm{m}}}{R}v_2 \tag{8-8}$$

又由于电机电磁转矩包括驱动皮带所需的有效转矩和克服扰动或无效负载(扰动)所需的转矩，因此

$$\boldsymbol{T}_{\mathrm{m}}=\boldsymbol{T}+\boldsymbol{T}_{\mathrm{d}}$$

$\boldsymbol{T}$ 作为有效转矩驱动电机带动滑轮运动，从而带动打印头运动，因此

$$\boldsymbol{T}=J\frac{\mathrm{d}^2\theta}{\mathrm{d}t^2}+b\frac{\mathrm{d}\theta}{\mathrm{d}t}+r(\boldsymbol{T}_1-\boldsymbol{T}_2) \tag{8-9}$$

又

$$\frac{\mathrm{d}x_3}{\mathrm{d}t}=\frac{\mathrm{d}^2\theta}{\mathrm{d}t^2}$$

故有

$$\frac{\mathrm{d}x_3}{\mathrm{d}t}=\frac{(\boldsymbol{T}_{\mathrm{m}}-\boldsymbol{T}_{\mathrm{d}})}{J}-\frac{b}{J}x_3-\frac{2kr}{J}x_1 \tag{8-10}$$

其中，$\boldsymbol{T}_{\mathrm{m}}=\frac{k_{\mathrm{m}}}{R}v_2$，将式(8－3)代入，可得

$$\boldsymbol{T}_{\mathrm{m}}=-\frac{k_{\mathrm{m}}k_2k_1}{R}\frac{\mathrm{d}y}{\mathrm{d}t}=-\frac{k_{\mathrm{m}}k_2k_1}{R}x_2 \tag{8-11}$$

将式(8－10)代入式(8－11)，得

$$\frac{\mathrm{d}x_3}{\mathrm{d}t}=\frac{-k_{\mathrm{m}}k_1k_2}{JR}x_2-\frac{b}{J}x_3-\frac{2kr}{J}x_1-\frac{T_d}{J} \tag{8-12}$$

式(8－12)即为驱动电机旋转运动方程。式(8－6)，式(8－7)和式(8－12)构成了描述打印机驱动系统的状态方程，其矩阵形式为

$$\dot{\boldsymbol{X}}=\begin{bmatrix}0 & -1 & r\\ \frac{2k}{m} & 0 & 0\\ \frac{-2kr}{J} & \frac{-k_{\mathrm{m}}k_1k_2}{JR} & \frac{-b}{J}\end{bmatrix}\boldsymbol{X}+\begin{bmatrix}0\\0\\-\frac{1}{J}\end{bmatrix}\boldsymbol{T}_{\mathrm{d}} \tag{8-13}$$

将参数代入式(8－13)，系统模型为

$$\dot{\boldsymbol{X}}=\begin{bmatrix}0 & -1 & 0.15\\ 10k & 0 & 0\\ -30k & 10 & -25\end{bmatrix}\boldsymbol{X}+\begin{bmatrix}0\\0\\-100\end{bmatrix}\boldsymbol{T}_{\mathrm{d}} \tag{8-14}$$

$$\boldsymbol{y}=[1\quad 0\quad 0]\begin{bmatrix}x_1\\x_2\\x_3\end{bmatrix}$$

式中

$$\boldsymbol{A}=\begin{bmatrix}0 & -1 & 0.15\\ 10k & 0 & 0\\ -30k & 10 & -25\end{bmatrix},\ \boldsymbol{B}=\begin{bmatrix}0\\ 0\\ -100\end{bmatrix},\ \boldsymbol{C}=[1\quad 0\quad 0],\ \boldsymbol{D}=\boldsymbol{0}$$

当 $k=20$ 时，系统矩阵为

$$\boldsymbol{A}=\begin{bmatrix}0 & -1 & 0.15\\ 200 & 0 & 0\\ -600 & 10 & -25\end{bmatrix}$$

根据第 2 章式(2-45)有

$$\boldsymbol{W}(s)=\frac{\boldsymbol{Y}(s)}{\boldsymbol{U}(s)}=\boldsymbol{C}(s\boldsymbol{I}-\boldsymbol{A})^{-1}\boldsymbol{B}+\boldsymbol{D}$$

可以算得系统传递函数为

$$W(s)=\frac{-15s}{s^3+25s^2+290s+4700}$$

8.1.2 系统抗干扰响应分析

我们希望选取合适的 k 值，使得状态变量 x_1 对扰动的响应迅速减小。由 $x_1=r\theta-y$ 可知，在 y 近似等于预期的位移 $r\theta$ 时，x_1 的幅值变小。如果皮带无弹性，即 $k=\infty$，则能精确地达到 $y=r\theta$。但实际上弹性系数 k 会导致 y 与 $r\theta$ 有偏差。由中值定理可知

$$\lim_{t\to\infty}x_1(t)=\lim_{s\to 0}sX_1(s)=0$$

这意味着 $x_1(t)$ 的稳态值为零。因为我们只需研究 k 在 1～40 范围内的实际取值，以及系统的实际响应。作为测试，取扰动力矩为单位阶跃信号，分析不同 k 值下的系统响应。

图 8-3(a)～图 8-3(c)为 $k=1$，$k=20$，$k=40$ 时的系统阶跃响应曲线。

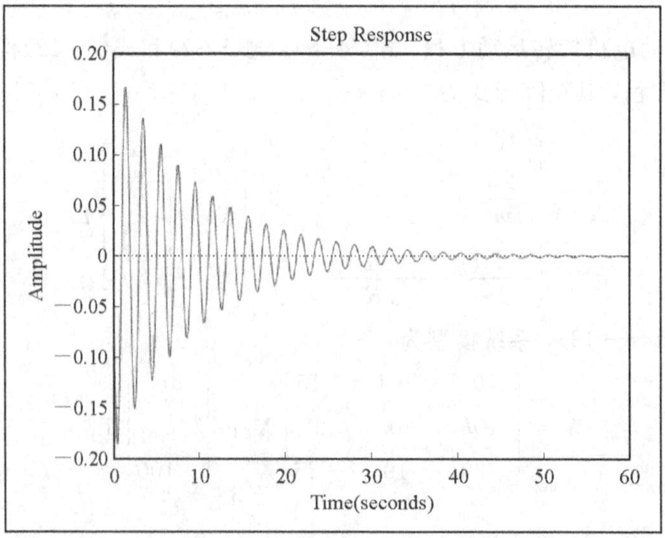

(a) k=1系统阶跃响应

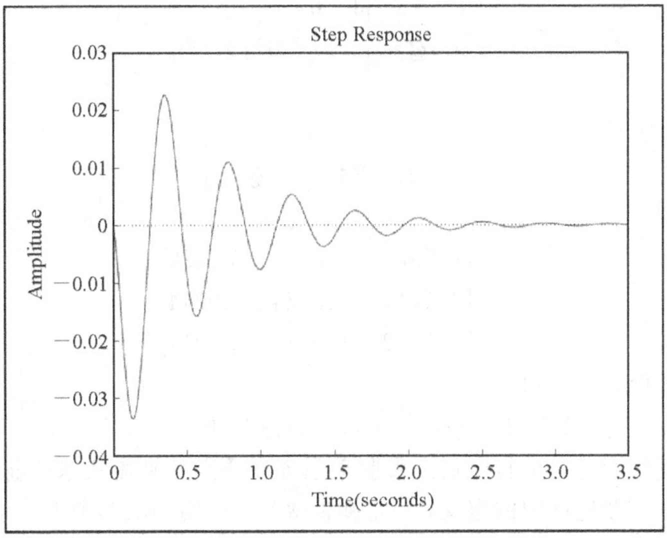

(b) k=20系统阶跃响应

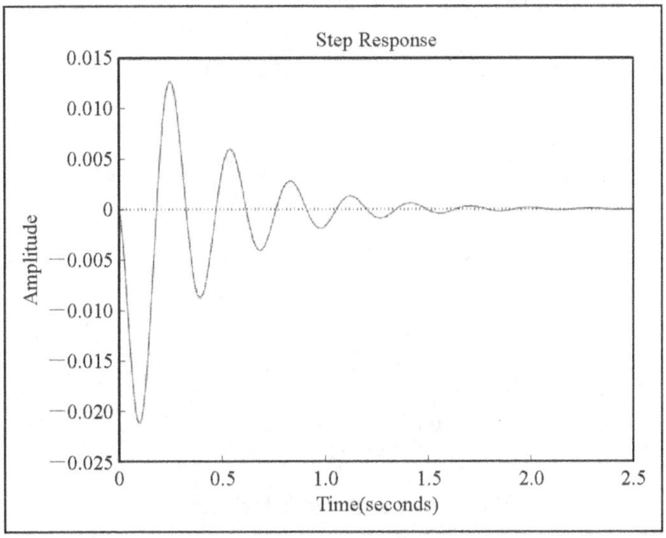

(c) k=40系统阶跃响应

图 8－3 不同 k 值下的系统阶跃响应

可见，当将皮带弹性系数参数设置为 $k \geqslant 20$ 时，该系统便能将外来扰动的影响降到相当微弱的程度。

8.1.3 系统稳定性分析

我们再来分析这个系统的稳定性。很明显 $X_e=0$ 为系统唯一平衡点，用李雅普诺夫方程判断其稳定性。令

$$Q=\begin{bmatrix}1&0&0\\0&1&0\\0&0&1\end{bmatrix}$$

可求解李雅普诺夫方程

$$AP+PA^{T}=-Q$$

得到

$$P=\begin{bmatrix}187.857&0.5441&0.1822\\0.5441&0.5484&0.0044\\0.1822&0.0044&0.0211\end{bmatrix}$$

$\boldsymbol{P}$ 的各阶主子行列式分别为

$$P_1=187.857>0,\ P_2=59.403>0,\ P_3=1.2335>0$$

所以 $\boldsymbol{P}$ 为正定，我们所建立的打印机皮带驱动系统在原点处平衡状态是渐近稳定的。

根据李雅普诺夫渐近稳定的定义，给定初值 $\boldsymbol{X}_0=[0.15,\ 0.15,\ 0.15]^{T}$，利用 MATLAB 程序画出三个状态变量的收敛轨迹图，如图 8－4 所示。可以看到当 $t\to\infty$ 时，三维系统空间状态轨迹趋于平衡状态原点处，与理论分析一致。

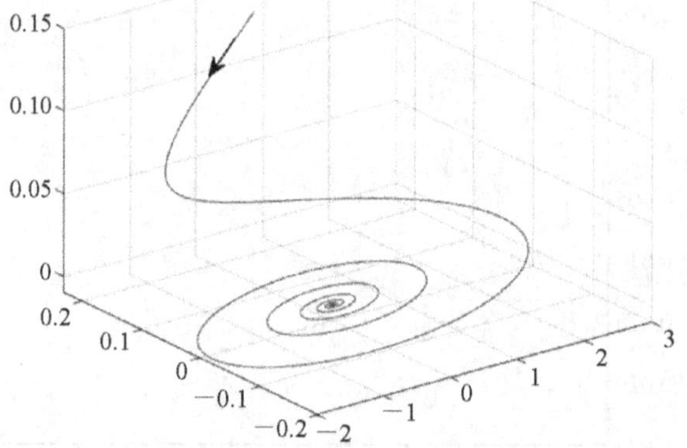

图 8－4　状态空间状态变量轨迹图

8.1.4　系统可控性与可观性分析

因为可控判别阵

$$M=[b\quad Ab\quad A^2b]=\begin{bmatrix}0&60\,000&-1\,700\,000\\0&-1000&-35\,000\\-100&2500&-53\,500\end{bmatrix}$$

显然矩阵 $\boldsymbol{M}$ 的秩为 3，与系统矩阵 $\boldsymbol{A}$ 同秩，所以打印机皮带驱动系统是可控的。

进一步我们可以利用

$$\begin{cases}A_{c2}=M^{-1}AM\\b_{c2}=M^{-1}b\\C_{c2}=CM\end{cases}$$

变换关系，将原系统转换为如下所示的可控Ⅱ型。

$$\begin{cases}\boldsymbol{A}_{c2}=\begin{bmatrix}0&0&0&\cdots&0&-a_0\\1&0&0&\cdots&0&-a_1\\0&1&0&\cdots&0&-a_2\\\vdots&\vdots&\vdots&&\vdots&\vdots\\0&0&0&\cdots&1&-a_{n-1}\end{bmatrix},\ \boldsymbol{b}_{c2}=\begin{bmatrix}1\\0\\\vdots\\0\end{bmatrix}\\\boldsymbol{C}_{c2}=[\beta_0\quad\beta_1\quad\cdots\quad\beta_{n-1}]\end{cases}$$

通过矩阵变换运算，可以得到可控Ⅱ型的各系数矩阵为

$$\boldsymbol{A}_{c2}=\begin{bmatrix}0&0&-4700\\1&0&-290\\0&1&-25\end{bmatrix},\ \boldsymbol{b}_{c2}=\begin{bmatrix}1\\0\\0\end{bmatrix},\ \boldsymbol{C}_{c2}=[0\quad 60\,000\quad -1\,700\,000],\ \boldsymbol{D}_{c2}=\boldsymbol{0}。$$

因为可观判别阵

$$\boldsymbol{N}=\begin{bmatrix}\boldsymbol{C}\\\boldsymbol{CA}\\\vdots\\\boldsymbol{CA}^{n-1}\end{bmatrix}=\begin{bmatrix}1&0&0\\0&200&-600\\-290&0&17\,000\end{bmatrix}$$

显然矩阵 $\boldsymbol{N}$ 的秩为 3，与系统矩阵 $\boldsymbol{A}$ 同秩，因此打印机皮带驱动系统是可观的。

进一步我们可以将原系统化为可控标准型系统，在这里，

$$\boldsymbol{T}_{o1}=\boldsymbol{N}^{-1}=\begin{bmatrix}\boldsymbol{C}\\\boldsymbol{CA}\\\vdots\\\boldsymbol{CA}^{n-1}\end{bmatrix}^{-1}$$

的变换，将原系统变换成如下所示的可观Ⅰ型。

$$\begin{cases}\boldsymbol{A}_{o1}=\begin{bmatrix}0&1&0&\cdots&0\\0&0&1&\cdots&0\\\vdots&\vdots&\vdots&&\vdots\\0&0&0&\cdots&1\\-a_0&-a_1&0&\cdots&-a_{n-1}\end{bmatrix},\ \boldsymbol{b}_{o1}=\begin{bmatrix}\beta_0\\\beta_1\\\vdots\\\beta_{n-1}\end{bmatrix}\\\boldsymbol{C}_{o1}=[1\quad\cdots\quad 0\quad 0]\end{cases}$$

通过矩阵变换运算，可以得到可控Ⅱ型的各系数矩阵为

$$\boldsymbol{A}_{o1}=\begin{bmatrix}0&1&0\\0&0&1\\-4700&-290&-25\end{bmatrix},\ \boldsymbol{b}_{o1}=\begin{bmatrix}0\\60\,000\\-1\,700\,000\end{bmatrix},\ \boldsymbol{C}_{o1}=[1\quad 0\quad 0],\ \boldsymbol{D}_{o1}=\boldsymbol{0}$$

8.1.5　系统反馈设计

为了进一步降低系统的超调量和受干扰后的收敛速度，我们对系统进行状态反馈设计。假设希望系统性能指标达到下述要求(皮带弹性系数取为 40)：

(1) 超调量：$\sigma\%\leqslant 5\%$；

(2) 峰值时间：$t_p \leqslant 0.5$ s；

(3) 系统带宽：$\omega_b = 10$。

我们从系统矩阵 $\boldsymbol{A}$，或传递函数均能方便求得，本系统极点或系统特征方程的根为 $-2.6297+21.6624i$、$-2.6297-21.6624i$、$-19.7406+0.0000i$。我们利用状态反馈方法对系统极点进行重新配置。对于此三阶系统，运用主导极点的概念，选主导极点为 s_1，s_2，系统性能主要由主导极点决定，另一非主导极点只有微小的影响，其闭环极点分布如图 8-5 所示。

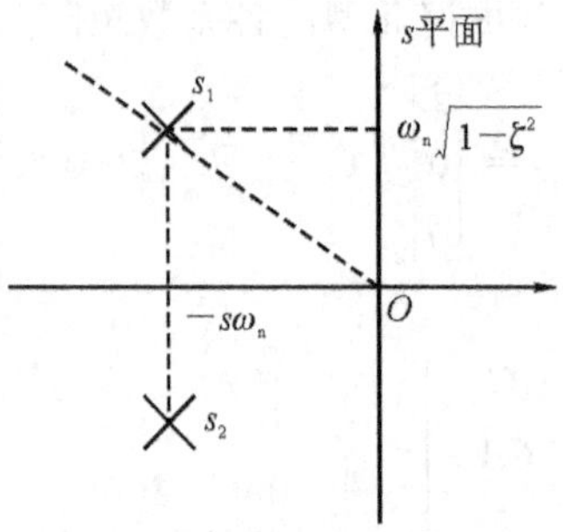

图 8-5　闭环极点分布图

从经典控制理论可知，二阶系统的复数极点在 s 平面的位置为

$$s_{1,2} = -\zeta\omega_n \pm j\omega_n\sqrt{1-\zeta^2},\ \theta = \arccos\zeta$$

既然系统的性能主要由主导极点决定，则可根据二阶系统的指标公式

$$t_p = \frac{\pi}{\omega_n\sqrt{1-\zeta^2}} \leqslant 0.5\ \text{s},\ M_p = \exp\left(\frac{-\pi\zeta}{\omega_n\sqrt{1-\zeta^2}}\right) \leqslant 5\%$$

来确定 s_1 和 s_2。

首先，由

$$M_p = \exp\left(\frac{-\pi\zeta}{\omega_n\sqrt{1-\zeta^2}}\right) \leqslant 5\%$$

可得 $\zeta \geqslant 0.6899$，取 ζ 为最佳阻尼 $\zeta = \frac{1}{\sqrt{2}}$，则由 $t_p = \frac{\pi}{\omega_n\sqrt{1-\zeta^2}} \leqslant 0.5$ 可解出 $\omega_n \geqslant \frac{\sqrt{2}\pi}{0.5} \approx 9$，取 $\omega_n = 10$，从而得到

$$s_{1,2} = -\zeta\omega_n \pm j\omega_n\sqrt{1-\zeta^2} = \frac{10}{\sqrt{2}} \pm j\frac{10}{\sqrt{2}}$$

按主导极点的要求，非主导极点 s_3 应满足：

$$|s_3| > 5\zeta\omega_n = \frac{50}{\sqrt{2}}$$

现取 $s_3 = -100$，根据确定的极点位置，求取状态反馈矩阵 $\boldsymbol{K}$。

通过计算，可求得状态反馈矩阵为

$$\boldsymbol{K} = [\ -62.2647\quad 5.8432\quad -0.8914]$$

此时，系统矩阵为

$$\boldsymbol{A}=\begin{bmatrix} 0 & -1 & 0.1 \\ 400 & 0 & 0 \\ -7426.5 & 594.3 & -114.1 \end{bmatrix}$$

可以算得闭环系统传递函数为

$$W(s)=\frac{-15s}{s^3+114.1s^2+1514s+9997}$$

极点配置之后的系统单位阶跃响应如图 8-6 所示。

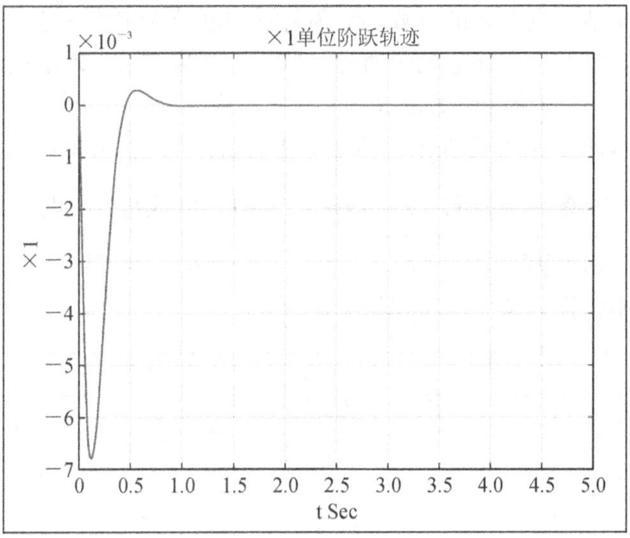

图 8-6　经过状态反馈之后的系统单位阶跃响应

将图 8-6 与图 8-3 中性能最好的图 8-3(c)比较，可见最大超调量和收敛速度均得到了极大改善。

8.2　光伏发电系统

8.2.1　光伏发电模型的建立

20 世纪 70 年代初期，由于“石油危机”出现了能源紧张的问题，人们认识到常规矿物能源供应的不稳定性和有限性，于是寻求清洁的可再生能源遂成为现代世界的一个重要课题。太阳能作为可再生的、无污染的自然能源又重新引起了人们重视。太阳能光伏发电是用可再生能源——太阳光能来发电的。

太阳能电池板是光伏发电的主要单元，主要功能是将太阳能转换为电能，其等效电路如图 8-7 所示。等效电路由电流源、光敏二极管、串联电阻及并联电阻组成，其参数如电路中所示。

输出电压可表示为

$$U_{pv}=\frac{N}{\lambda}\ln\left(\frac{I_{ph}-I_{pv}+MI_0}{MI_0}\right)-\frac{N}{M}R_sI_{pv} \tag{8-15}$$

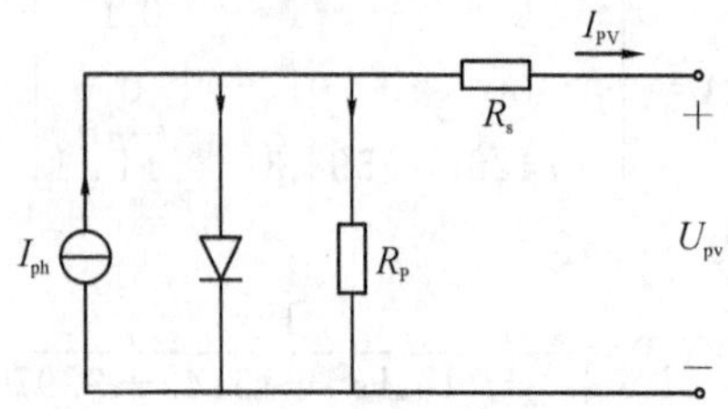

图 8-7　太阳能电池发电等效电路

式中，M 为太阳能电池阵列并联的行数，N 为每行串联的太阳能电池个数，I_0 为光敏二极管的反向饱和电流，I_{ph}与太阳能电池板的光照(曝光)强度有关，表示电池板接受的太阳辐射的度量，λ 为表示电池材料性能的常数。

根据式(8-15)，我们对给定太阳光照外部环境条件下，太阳能电池板的输出电压和输出功率分析如下：分析条件为 1 行 10 个串联的太阳能电池板，其电池材料性能常数$\frac{1}{\lambda}=0.05$，光敏二极管的反向饱和电流为 $I_0=0.001$，$R_s=0.025$，不同光照强度下，光伏电池的伏安特性及输出功率特性如图 8-8 和图 8-9 所示。

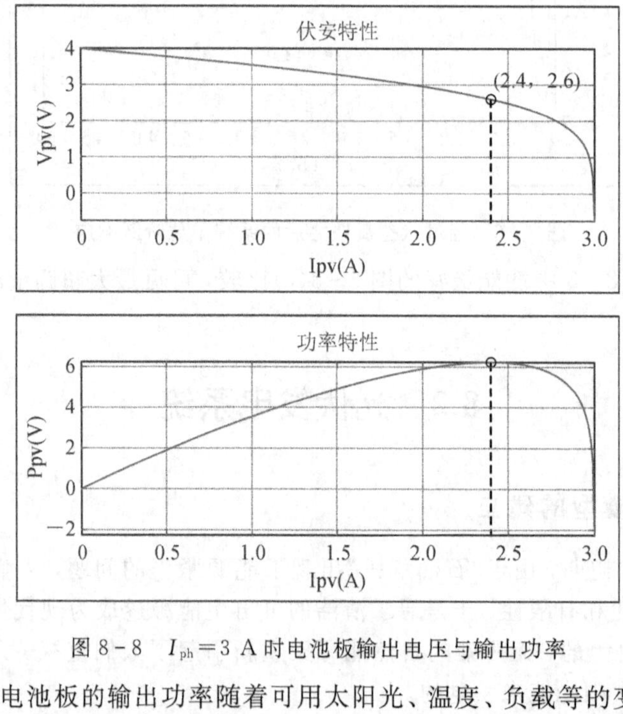

图 8-8　$I_{ph}=3$ A 时电池板输出电压与输出功率

可见，太阳能电池板的输出功率随着可用太阳光、温度、负载等的变化而变化，当光照强度变化时，将会形成不同的功率曲线。在同一条件下，太阳能电池板的电流和电压取特定的值时，其输出功率将达到最大值。从图 8-8 可知，在 $I_{ph}=3$ A 的条件下，太阳能电池板的电流为 2.4 A，电压为 2.6 V 时，其输出电功率达到最大值。由图 8-9 可知，在 $I_{ph}=5$ A的条件下，太阳能电池板的电流为 3.82 A，电压为 2.58 V 时，其输出电功率达到最大值。

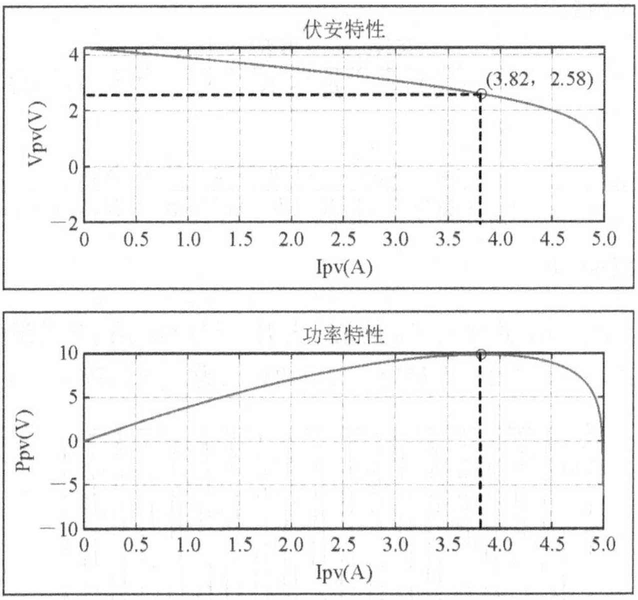

图 8－9　$I_{ph}=5$ A 时电池板输出电压与输出功率

为了提高光伏发电的效率，采用反馈控制使每一个固定光照下的输出功率最大化，在电力系统中就称为最大功率跟踪控制(Maximum Power Point Tracking，MPPT)。MPPT 控制的目的是，当工作条件变化时，寻求对应的输出电压和输出电流，使得输出功率最大。实现这个控制的思路是及时变更参考输出电压，而反馈控制系统的作用就是使实际输出电压快速、精准地跟踪参考输出电压。

图 8－10 为系统控制框图。构成受控对象的主要部件包括一个功率电路(例如用一个相控集成电路和闸流管电桥构成)、太阳能电池和变流器等，受控对象的模型可用下列三阶模型表示：

$$G(s)=\frac{K}{s(s+p)(s+q)}$$

其中，K、p、q 为依赖于光伏发电机及相关电子器件的参数，$K=3000$，$p=300$，$q=10$。

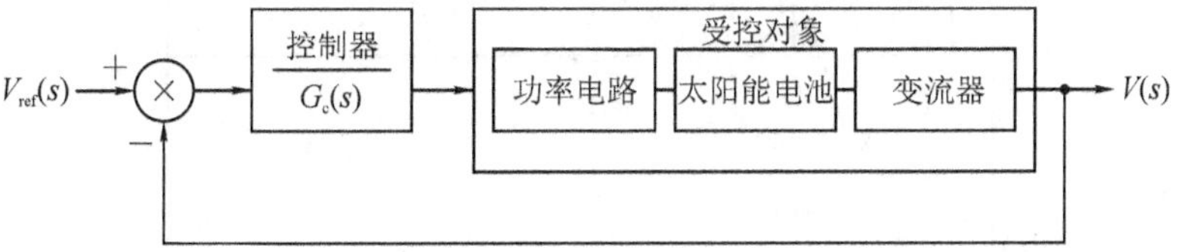

图 8－10　控制框图

$G_c(s)$的设计宗旨是，当光照强度变化时，输出电压接近参考电压 U_{ref}，U_{ref}可由前面所述的不同光照强度下的电池板模型获得，即在此电压下，光伏发电机的实际输出功率将达到最大值。实际控制中我们一般取 PI 控制，即

$$G_c(s)=K_P+\frac{K_I}{s}+K_D s$$

则控制系统闭环传递函数为

$$T(s)=\frac{KK_{D}s^{2}+KK_{P}s+KK_{I}}{s^{4}+(p+q)s^{3}+(pq+KK_{D})s^{2}+KK_{P}s+KK_{I}} \tag{8-16}$$

将 $K=3000$，$p=300$，$q=10$ 代入得

$$T(s)=\frac{3000K_{D}s^{2}+3000K_{P}s+3000K_{I}}{s^{4}+310s^{3}+(3000+3000K_{D})s^{2}+3000K_{P}s+3000K_{I}} \tag{8-17}$$

8.2.2 PID 控制器设计

首先令 $K_D=0$，$K_I=0$，并增大 K_P 的值。当 $K_P=310$ 时，闭环系统的输出出现持续振荡，如图 8-11 所示，系统进入临界稳定，对应的极点为 $\pm j0.5477$，-310，0。

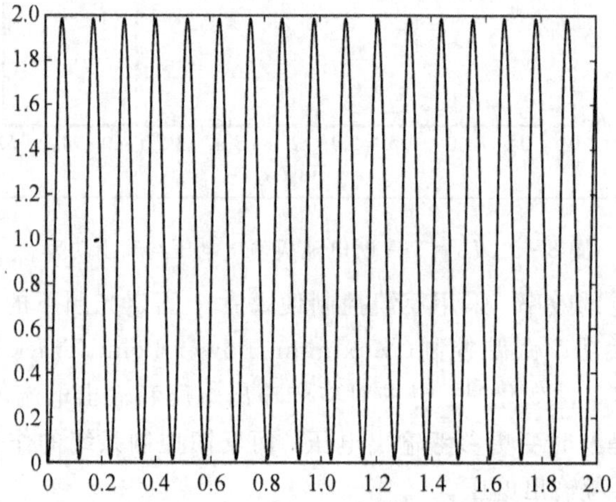

图 8-11　$K_P=310$，$K_D=0$，$K_I=0$ 时系统阶跃响应

以 $K_P=310$ 为基础对 K_P 进行调试，如图 8-12 所示，当 $K_P=40$ 时，其幅值在一个振荡周期内下降幅度达到了最大幅值的 25%左右。

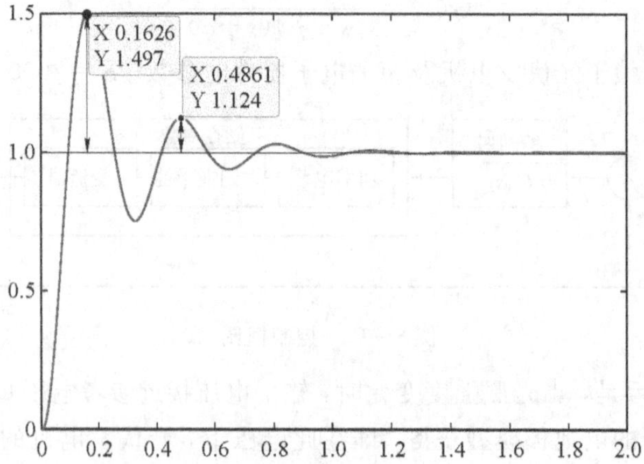

图 8-12　$K_P=40$ 时，阶跃响应曲线

令 $K_P=40$，$K_I=0$，对 K_D 进行调试，如图 8-13 所示。从时域响应的角度来说，D 环

节可以增大阻尼，抑制超调，改善动态性能，抑制外部扰动。如图 8－13(c)所示，当 $K_D=4$ 时，系统的超调量和收敛时间综合最优。

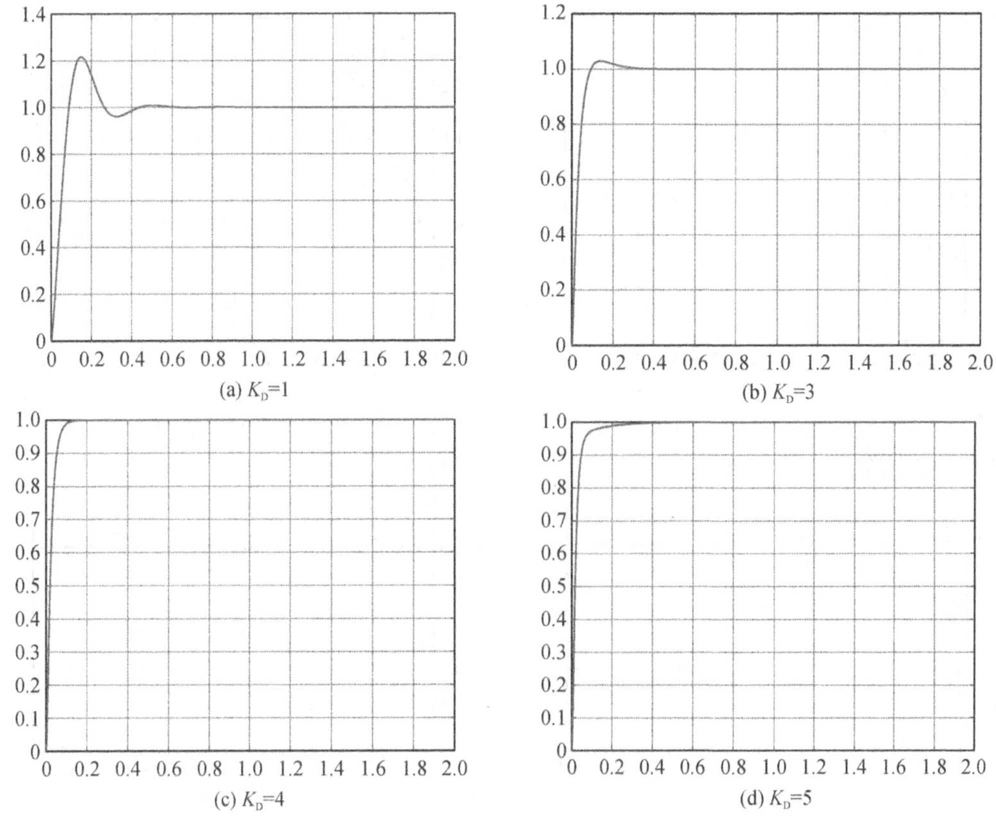

图 8－13　不同微分系数系统响应曲线

我们加入高频的正弦干扰信号，系统单位阶跃响应如图 8－14 所示。

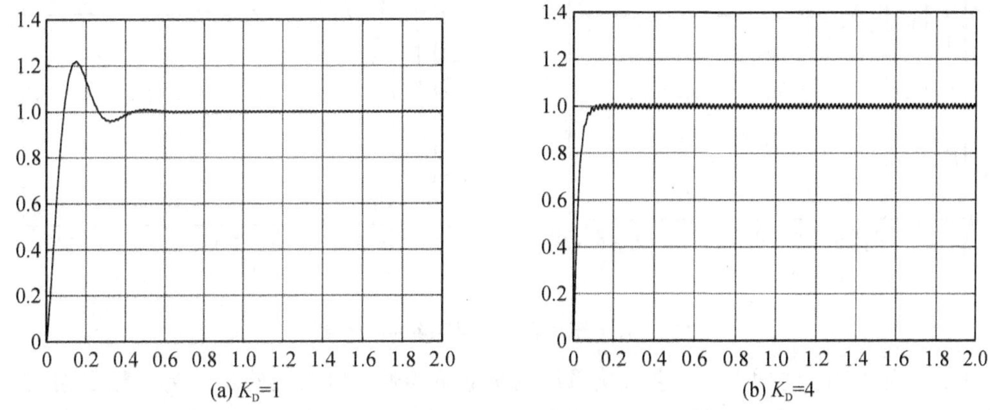

图 8－14　不同微分系数系统抗负载波动响应曲线

可以发现，当 K_D 增大时系统响应的负载鲁棒性能急剧下降。

令 $K_P=40$，$K_D=0$，对 K_I 进行调试，同样输入带高频干扰的阶跃信号，调试过程如图 8－15 所示。

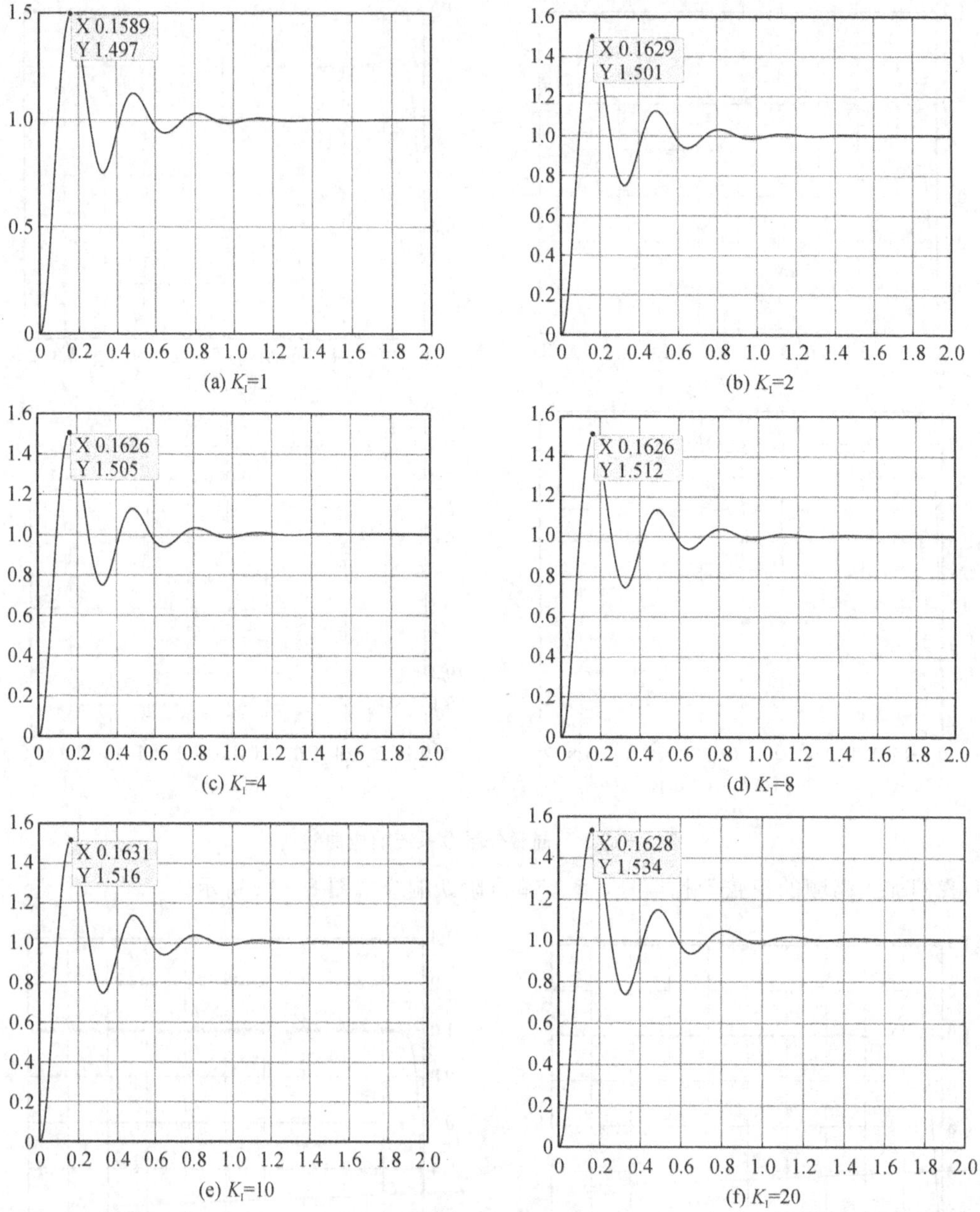

图 8－15　不同积分系数系统响应曲线

可见，随着 K_I 的增大，不会影响系统的负载鲁棒性，但系统的超调量会随之增大，收敛速度减慢，即到达稳态时长增大，系统稳态误差减小，系统跟踪参考输入的性能提高。

如果希望系统超调量 $\sigma\%\leqslant5\%$，系统稳态误差 $e\%\leqslant5\%$，综合考虑各项性能指标，我们选择 $K_P=40$，$K_I=10$，$K_D=3$，得到系统响应曲线如图 8－16 所示。

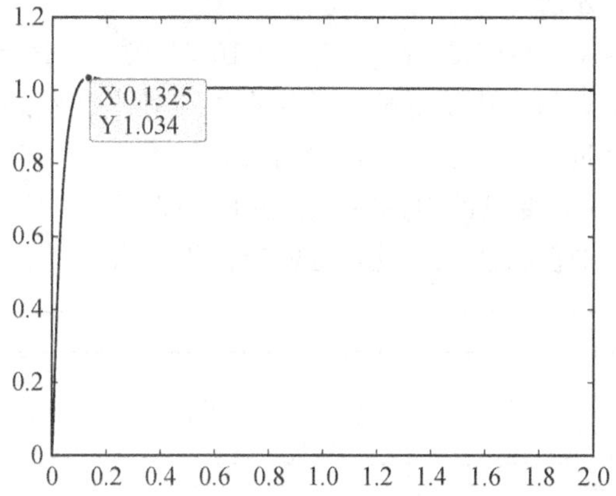

图 8-16　PID 控制器系统阶跃响应曲线

当 $t=2$ 秒时，跟踪稳态误差为 0.1%，超调量为 3.4%，满足系统要求。此时系统极点分布为 −266.6895，−26.5186，−16.5353，−0.2565。

8.2.3　系统稳定性分析

将 $K_P=40$，$K_I=10$，$K_D=3$ 代入式(8-17)，可得给定 PID 控制器的系统闭环传递函数为

$$T(s)=\frac{9000s^2+12\ 000s+30\ 000}{s^4+310s^3+12\ 000s^2+120\ 000s+30\ 000}$$

可以求出系统状态方程：

$$\dot{\boldsymbol{X}}=\begin{bmatrix}0 & 1 & 0 & 0\\ 0 & 0 & 1 & 0\\ 0 & 0 & 0 & 1\\ -30\ 000 & -120\ 000 & -12\ 000 & -310\end{bmatrix}\boldsymbol{X}+\begin{bmatrix}0\\0\\0\\1\end{bmatrix}\boldsymbol{u}$$

输出方程：

$$\boldsymbol{Y}=[30000\quad 12000\quad 9000\quad 0]\boldsymbol{X}$$

下面分析系统李雅普诺夫稳定性。

显然 $\boldsymbol{X}_e=0$ 为系统唯一平衡点，用李雅普诺夫方程判断其稳定性。令

$$\boldsymbol{Q}=\begin{bmatrix}1 & 0 & 0\\ 0 & 1 & 0\\ 0 & 0 & 1\end{bmatrix}$$

可求解李雅普诺夫方程：

$$\boldsymbol{AP}+\boldsymbol{PA}^{\mathrm{T}}=-\boldsymbol{Q}$$

得到

$$\boldsymbol{P}=\begin{bmatrix}0 & 0 & 0 & 0\\ 0 & 25.2 & 201.4 & 50\\ 0 & 201.4 & 2019.2 & 504.9\\ 0 & 50 & 504.9 & 128.3\end{bmatrix}$$

$\boldsymbol{P}$ 的各阶主子行列式分别为

$$P_1=0.0017>0,\ P_2=0.0418>0,\ P_3=16.7430>0,\ P_4=34.9305>0$$

所以 $\boldsymbol{P}$ 为正定，我们所建立的光伏发电控制系统在原点处平衡状态是渐近稳定的。

根据李雅普诺夫渐近稳定的定义，给定初值 $\boldsymbol{X}_0=[1.5,1.5,1.5,1.5]^{\mathrm{T}}$，利用 MATLAB 程序画出四个状态变量的轨迹图，如图 8-17 所示。可以看到，当 $t\to\infty$ 时，三维系统空间状态轨迹趋于平衡状态原点处，与理论分析一致。

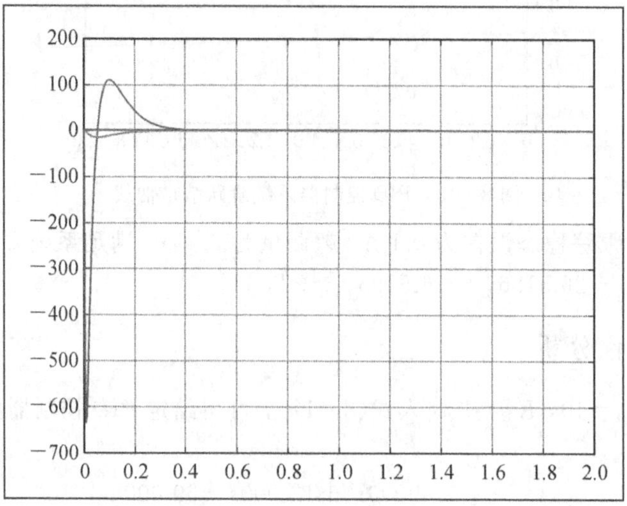

图 8-17　状态变量的轨迹图

8.2.4　系统可控性与可观性分析

由稳定性分析过程可知，光伏发电系统矩阵：

$$\boldsymbol{A}=\begin{bmatrix}0&1&0&0\\0&0&1&0\\0&0&0&1\\-30\,000&-120\,000&-12\,000&-310\end{bmatrix}$$

由此可得可控判别矩阵：

$$\boldsymbol{M}=[\boldsymbol{b}\quad \boldsymbol{Ab}\quad \boldsymbol{A}^2\boldsymbol{b}\quad \boldsymbol{A}^3\boldsymbol{b}]=\begin{bmatrix}1&-310&84\,100&-22\,471\,000\\0&1&-310&84\,100\\0&0&1&-310\\0&0&0&1\end{bmatrix}$$

显然矩阵 $\boldsymbol{M}$ 的秩为 4，与系统矩阵 $\boldsymbol{A}$ 同秩，所以光伏发电系统是可控的。

进一步我们可以利用

$$\begin{cases}\boldsymbol{A}_{c2}=\boldsymbol{M}^{-1}\boldsymbol{AM}\\ \boldsymbol{b}_{c2}=\boldsymbol{M}^{-1}\boldsymbol{b}\\ \boldsymbol{C}_{c2}=\boldsymbol{CM}\end{cases}$$

变换关系，将原系统转换为如下所示的可控Ⅱ型标准型系统。

$$\begin{cases} \boldsymbol{A}_{c2}=\begin{bmatrix} 0 & 0 & 0 & \cdots & 0 & -a_0 \\ 1 & 0 & 0 & \cdots & 0 & -a_1 \\ 0 & 1 & 0 & \cdots & 0 & -a_2 \\ \vdots & \vdots & \vdots & & 0 & \vdots \\ 0 & 0 & 0 & \cdots & 1 & -a_{n-1} \end{bmatrix} \\ \boldsymbol{b}_{c2}=\begin{bmatrix} 1 \\ 0 \\ \vdots \\ 0 \end{bmatrix} \\ \boldsymbol{C}_{c2}=[\beta_0 \quad \beta_1 \quad \cdots \quad \beta_{n-1}] \end{cases}$$

通过矩阵变换运算，可以得到可控Ⅱ型的各系数矩阵为

$$\boldsymbol{A}_{c2}=\begin{bmatrix} 0 & 0 & 0 & -30\ 000 \\ 1 & 0 & 0 & -120\ 000 \\ 0 & 1 & 0 & -12\ 000 \\ 0 & 0 & 1 & -310 \end{bmatrix}$$

$$\boldsymbol{b}_{c2}=\begin{bmatrix} 1 \\ 0 \\ 0 \\ 0 \end{bmatrix}$$

$$\boldsymbol{C}_{c2}=[0 \quad 9000 \quad -2\ 670\ 000 \quad 719\ 730\ 000]$$

$$\boldsymbol{D}_{c2}=\boldsymbol{0}$$

$$\boldsymbol{Ob}=1.0\mathrm{e}+11 * \begin{bmatrix} 0 & 0.0000 & 0.0000 & 0.0000 \\ 0.0000 & 0.0000 & 0.0000 & 0 \\ -0.0000 & -0.0017 & -0.0108 & -0.0027 \\ 0.0072 & 0.3096 & 3.2013 & 0.8010 \end{bmatrix}$$

由于可观判别矩阵

$$\boldsymbol{N}=\begin{bmatrix} \boldsymbol{C} \\ \boldsymbol{CA} \\ \vdots \\ \boldsymbol{CA}^{n-1} \end{bmatrix}=10^6 \times \begin{bmatrix} 0 & 0 & 0 & 0 \\ 0 & 0 & 0 & 0 \\ 0 & -11 & -108 & -27 \\ 72 & 3096 & 32\ 013 & 8\ 010 \end{bmatrix}$$

显然矩阵 $\boldsymbol{N}$ 的秩为 4，与系统矩阵 $\boldsymbol{A}$ 同秩，因此所设计的光伏发电系统是可观的。

进一步可以将原系统转换为可观标准型系统，在这里利用

$$\boldsymbol{T}_{o1}=\boldsymbol{N}^{-1}=\begin{bmatrix} \boldsymbol{C} \\ \boldsymbol{CA} \\ \vdots \\ \boldsymbol{CA}^{n-1} \end{bmatrix}^{-1}$$

的变换，将原系统变换成如下所示的可观Ⅰ型。

$$A_{o1}=\begin{bmatrix}0 & 1 & 0 & \cdots & 0\\ 0 & 0 & 1 & \cdots & 0\\ \vdots & \vdots & \vdots & & \vdots\\ 0 & 0 & 0 & \cdots & 1\\ -a_0 & -a_1 & 0 & \cdots & -a_{n-1}\end{bmatrix}$$

$$b_{o1}=\begin{bmatrix}\beta_0\\ \beta_1\\ \vdots\\ \beta_{n-1}\end{bmatrix}$$

$$C_{o1}=[1 \quad \cdots \quad 0 \quad 0]$$

通过矩阵变换运算，可以得到可控Ⅱ型的各系数矩阵为

$$A_{o1}=\begin{bmatrix}0 & 1 & 0\\ 0 & 0 & 1\\ -4700 & -290 & -25\end{bmatrix}$$

$$B_{o1}=\begin{bmatrix}0\\ 60\ 000\\ -1\ 700\ 000\end{bmatrix}$$

$$C_{o1}=[1 \quad 0 \quad 0]$$

$$D_{o1}=\mathbf{0}$$

8.2.5 系统最优设计

由前面的分析可知，系统状态空间模型为

$$\begin{cases}\dot{X}=\begin{bmatrix}0 & 1 & 0 & 0\\ 0 & 0 & 1 & 0\\ 0 & 0 & 0 & 1\\ -30\ 000 & -120\ 000 & -12\ 000 & -310\end{bmatrix}X+\begin{bmatrix}0\\0\\0\\1\end{bmatrix}u\\ Y=[30\ 000 \quad 12\ 000 \quad 9\ 000 \quad 0]X\end{cases}$$

此时系统极点分布为−266.6895，−26.5186，−16.5353，−0.2565。

为了提高系统跟踪最大功率的性能，降低系统能耗，我们采用二次型最优控制方法对本系统进行优化设计。系统性能指标定义为

$$J=\int_0^{\infty}(X^{*}QX+U^{*}RU)\,\mathrm{d}t$$

在上述状态方程约束条件下达到极小的$U=-KX$。计算相关的矩阵黎卡提方程：

$$A^{*}P+PA-PBR^{-1}B^{*}P+Q=0$$

唯一正定解P，令$Q=\begin{bmatrix}1 & 0\\ 0 & 1\end{bmatrix}$，$R=[1]$，根据

$$K=T^{-1}(T^{*})^{-1}B^{*}P=R^{-1}B^{*}P$$

得到最优反馈控制系统的K，即

$$\boldsymbol{K}=[0.0017 \quad 0.0168 \quad 0.0042 \quad 0]$$

系统阶跃响应如图 8－18 所示。

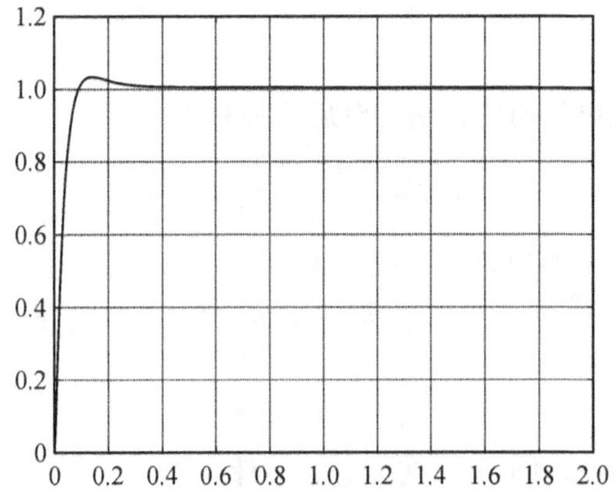

图 8－18　系统阶跃响应

系统超调量由原来的 4.09％下降为 3.43％，优化后的系统在原点处的平衡状态也是渐近稳定的，系统可控并可观。

8.3　直流电机驱动的精密机床位置控制系统

精密机床中电机驱动控制的主要目标是准确地控制工作台按照预期的路径移动，即精确定位机床的加工台面。带有牵引驱动电机的绞盘具有低摩擦、无反冲等优良特性，但易受到扰动的影响。下面利用本书前面学过的知识，对电枢控制式直流电机驱动的车床定位控制系统进行建模、分析与综合设计。

8.3.1　电枢控制直流电机模型的建立

直流电机是向负载提供动力的执行机构，将电能转换为转子旋转的机械能，转子(电枢)产生的转矩用于驱动外部机械负载。由于转矩大、转速可控范围宽、转速-转矩特性优良、适用面广等优点，直流电机在机器人操纵系统、传送带系统、机床及伺服阀驱动等实际控制系统中得到了广泛应用。

电枢控制直流电机电路如图 8－19 所示。

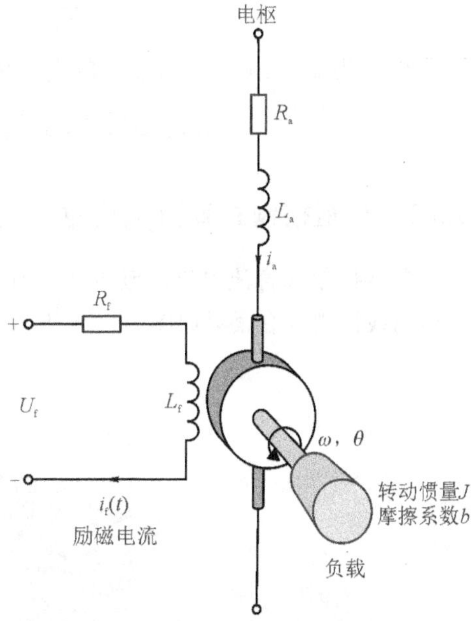

图 8－19　电枢控制直流电机电路

在建模过程中，忽略二阶以上的高阶影响，如磁滞现象和电刷上的电压降等。电枢控制式直流电机以电枢电流 i_a 作为控制变量，通过励磁线圈电路或者永磁体建立电枢的定子磁场。电机转矩为

$$\boldsymbol{T}_{\mathrm{m}}=k_1\phi i_{\mathrm{a}}=k_1(k_{\mathrm{f}}i_{\mathrm{f}})i_{\mathrm{a}} \tag{8-18}$$

当励磁电流恒定时，式(8-18)可写为

$$\boldsymbol{T}_{\mathrm{m}}=k_1\phi i_{\mathrm{a}}=k_1(k_{\mathrm{f}}i_{\mathrm{f}})i_{\mathrm{a}}=k_{\mathrm{m}}i_{\mathrm{a}} \tag{8-19}$$

其中，k_1，k_{f}，k_{m} 为常数。

由电路图可知，电枢电流与电枢输入电压的关系为

$$u_{\mathrm{a}}=R_{\mathrm{a}}i_{\mathrm{a}}+L_{\mathrm{a}}\frac{\mathrm{d}i_{\mathrm{a}}}{\mathrm{d}t}+u_{\mathrm{b}} \tag{8-20}$$

其中，u_{b} 为电枢感应电势，与电机转速成正比：

$$u_{\mathrm{b}}=k_{\mathrm{b}}\omega \tag{8-21}$$

转矩平衡方程为

$$\boldsymbol{T}_{\mathrm{m}}=\boldsymbol{T}_{\mathrm{L}}+\boldsymbol{T}_{\mathrm{d}} \tag{8-22}$$

$\boldsymbol{T}_{\mathrm{L}}$ 为负载转矩；$\boldsymbol{T}_{\mathrm{d}}$为扰动转矩，在此忽略不计。又

$$\boldsymbol{T}_{\mathrm{L}}=J\frac{\mathrm{d}\omega}{\mathrm{d}t}+b\omega \tag{8-23}$$

其中 J 为电机转子转动惯量，ω 为电机旋转角速度。

对式(8-19)～式(8-23)进行拉普拉斯变换可得

$$\boldsymbol{T}_{\mathrm{m}}(s)=k_1\phi(s)I_{\mathrm{a}}(s)=k_1(k_{\mathrm{f}}I_{\mathrm{f}})I_{\mathrm{a}}(s)=k_{\mathrm{m}}I_{\mathrm{a}}(s) \tag{8-24}$$

$$U_{\mathrm{a}}(s)=(R_{\mathrm{a}}+L_{\mathrm{a}}s)I_{\mathrm{a}}(s)+U_{\mathrm{b}}(s) \tag{8-25}$$

$$U_{\mathrm{b}}(s)=k_{\mathrm{b}}\omega(s) \tag{8-26}$$

$$\boldsymbol{T}_{\mathrm{L}}(s)=Js\omega(s)+b\omega(s) \tag{8-27}$$

由式(8-24)～式(8-27)可得 $\omega(s)$为输出、$V_{\mathrm{a}}(s)$为输入的电机传输函数：

$$G(s)=\frac{\omega(s)}{U_{\mathrm{a}}(s)}=\frac{k_{\mathrm{m}}}{(L_{\mathrm{a}}s+R_{\mathrm{a}})(Js+b)+k_{\mathrm{b}}k_{\mathrm{m}}} \tag{8-28}$$

可得 $\theta(s)$为输出、$U_{\mathrm{a}}(s)$为输入的电机传输函数：

$$G(s)=\frac{\theta(s)}{U_{\mathrm{a}}(s)}=\frac{k_{\mathrm{m}}}{s[(L_{\mathrm{a}}s+R_{\mathrm{a}})(Js+b)+k_{\mathrm{b}}k_{\mathrm{m}}]} \tag{8-29}$$

8.3.2　电枢控制式直流电机驱动的机床加工台建模

电枢控制式直流电机驱动的机床加工台面，电机的输出轴安装有绞盘，绞盘通过驱动杆移动线性滑动台面，如图 8-20 所示。

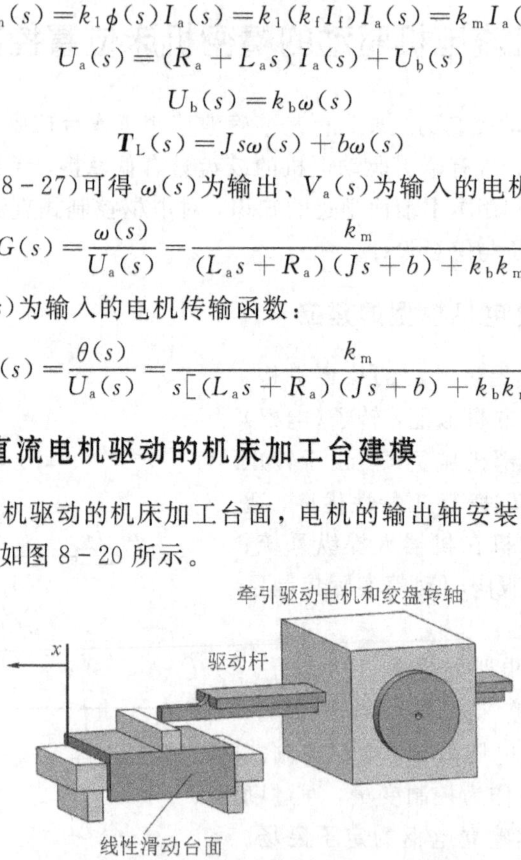

图 8-20　电枢控制式直流电机驱动的机床加工台面

由于台面使用空气轴承，因此台面与工作台之间的摩擦可以忽略不计。假设滑块质量为 M_s，驱动杆质量为 M_g，滚轮、转轴、电机及转速计等的转动物体的转动惯量为 J_m，滚轮半径为 r。

首先，计算系统总的等值转动惯量：

$$J_T = J_m + r^2(M_s + M_b)$$

滑块位移 $X(s)$ 与电机旋转角速度 $\omega(s)$ 之间的关系为

$$X(s) = \frac{V(s)}{s} = \frac{r\omega(s)}{s}$$

其中，$V(s)$ 为驱动杆的速度。

我们可以得到系统传递函数为

$$\begin{aligned} G_1(s) &= \frac{X(s)}{U_a(s)} = \frac{k_m}{(L_a s + R_a)(J_T s + b) + k_b k_m} \cdot \frac{r}{s} \\ &= \frac{r k_m}{s[(L_a s + R_a)(J_T s + b) + k_b k_m]} \\ &= \frac{\dfrac{r k_m}{L_a J_T}}{s^3 + \dfrac{R_a J_T + L_a b}{L_a J_T} s^2 + \dfrac{R_a b + k_b k_m}{L_a J_T} s} \end{aligned} \tag{8-30}$$

利用传递函数的系统直接实现法，令 $x_1 = x$，$x_2 = \dot{x}$，$x_3 = \ddot{x}$，可得到系统的状态空间模型为

$$\begin{cases} \begin{bmatrix} \dot{x}_1 \\ \dot{x}_2 \\ \dot{x}_3 \end{bmatrix} = \begin{bmatrix} 0 & 1 & 0 \\ 0 & 0 & 1 \\ 0 & -\dfrac{R_a b + k_b k_m}{L_a J_T} & -\dfrac{L_a b + R_a J_T}{L_a J_T} \end{bmatrix} \begin{bmatrix} x_1 \\ x_2 \\ x_3 \end{bmatrix} + \begin{bmatrix} 0 \\ 0 \\ 1 \end{bmatrix} \boldsymbol{u}_a \\ \boldsymbol{y} = \begin{bmatrix} \dfrac{r k_m}{L_a J_T} & 0 & 0 \end{bmatrix} \begin{bmatrix} x_1 \\ x_2 \\ x_3 \end{bmatrix} \end{cases}$$

8.3.3 反馈控制系统的设计

针对上节建立的系统模型，设计反馈控制系统，框图如图 8-21 所示。

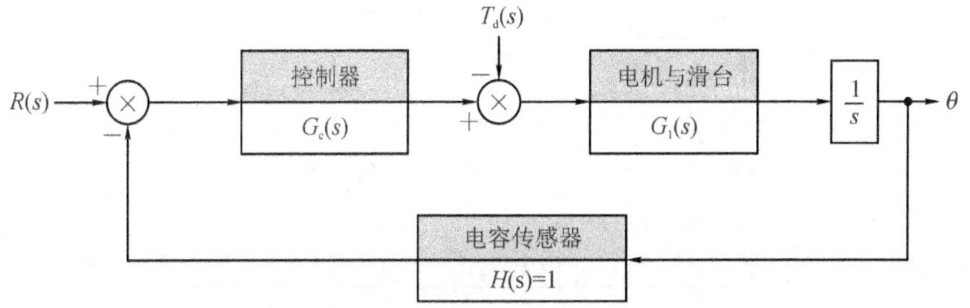

图 8-21　反馈控制系统

采用位置传感器测量滚轮旋转角度作为工件位移反馈信号，反馈回路的 $H(s)=1$，控制器选放大器，放大器增益 $G_c(s)=K_a$，$T_d(s)=0$ 时，系统开环传递函数为

$$G(s)=\frac{\theta(s)}{V_a(s)}=\frac{k_m}{s[(L_a s+R_a)(J_T s+b)+k_b k_m]}\times G_c(s)$$

$$=\frac{\dfrac{k_a\cdot k_m}{L_a J_T}}{s^3+\dfrac{R_a J_T+L_a b}{L_a J_T}s^2+\dfrac{R_a b+k_b k_m}{L_a J_T}s} \tag{8-31}$$

则系统闭环传递函数为

$$T(s)=\frac{G(s)}{1+G(s)H(s)}$$

为了分析系统响应，给出系统参数如表 8-2 所示。

表 8-2　系统参数

M_s	滑块质量	5.693 kg
M_b	驱动杆质量	6.96 kg
J_m	滚轮、转轴、电机与转速计的转动惯量	10.91×10^{-3} kg·m^2
r	滚轮半径	31.75×10^{-3} m
b_m	电机阻尼	0.268 N·m·s/rad
k_m	扭矩常数	0.8379 N·m/amp
k_b	逆电动势常数	0.838 V·s/rad
R_m	电机电阻	1.36 Ω
L_m	电机电感	3.6 mH

分别给定 $k_a=2$，$k_a=5$，$k_a=10$，$k_a=100$，分析反馈控制系统阶跃响应，如图 8-22 所示。

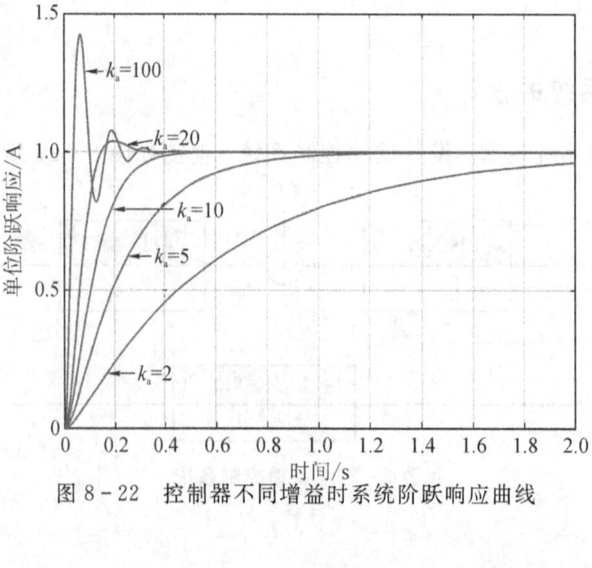

图 8-22　控制器不同增益时系统阶跃响应曲线

从图 8-22 中可以看出，随着控制器增益的增大，系统响应上升时间减小，调节时间也减小，但当增益增大到一定程度时，系统的超调量逐步增大，综合考虑，选择增益 $k_a=20$。

8.3.4　系统抗干扰能力分析

机床加工台面控制过程中总有干扰信号的存在，例如，当工件移动时，加工部位会发生各种变化，需要分析系统抗干扰能力，并确定最大的放大器倍数，使得超调量满足小于5%的基本要求。

针对式(8-31)，当我们忽略电机电枢时间常数 $\tau_a=\dfrac{L_a}{R_a}$时，不考虑控制器作用，可得到工作台本身传递函数模型为

$$G(s)=\frac{\theta(s)}{U_a(s)}=\frac{k_m}{s[R_a(J_Ts+b)+k_bk_m]}=\frac{k_m/R_aJ_T}{s^2+\dfrac{R_ab+k_bk_m}{R_aJ_T}s} \tag{8-32}$$

代入表 8-2 各项参数后可得

$$G(s)=\frac{\theta(s)}{U_a(s)}=\frac{26.03}{s^2+33.14s}$$

对于所设计的反馈控制系统，干扰输入的系统闭环传递函数模型为

$$\frac{\theta(s)}{T_d(s)}=\frac{26.03}{s^2+33.14s+26.03k_a}$$

对于 k_a 不同的值，系统干扰阶跃响应曲线如图 8-23 所示。

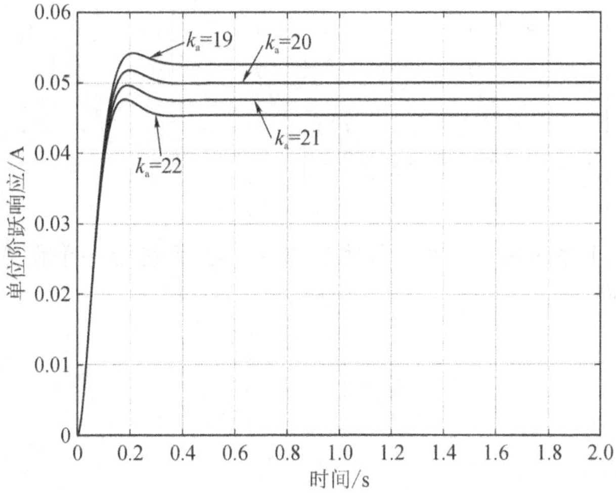

图 8-23　单位阶跃干扰输入响应曲线

由图 8-23 可知，随着 k_a 的增大，阶跃干扰输入响应幅值会降低，即系统的抗干扰能力提高。但是，由图 8-23 可知，随着 k_a 的增大，系统本身的超调量会增大，系统的稳定性能会变差。经分析，当 $k_a=22$ 时，系统本身超调量达到 4.91%；当 $k_a=19$ 时，系统本身超

调量达到5.55%，大于5%。当$k_a=21$时，系统本身超调量为4.72%，满足超调量小于5%的条件下，我们可选取k_a最大值为21，阶跃响应曲线如图8-24所示。

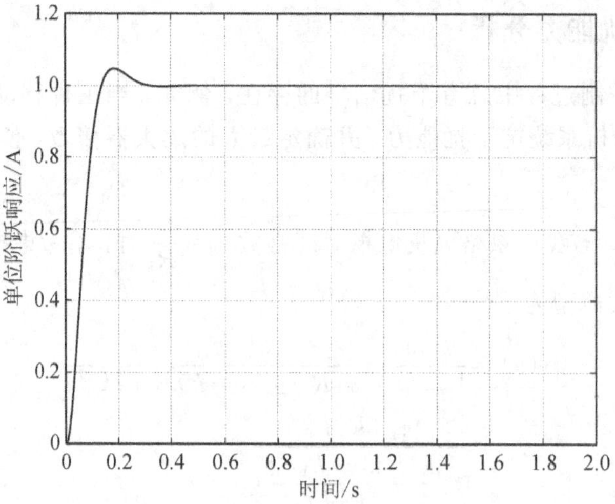

图8-24　系统阶跃响应曲线

8.3.5　系统稳定性分析

当$k_a=21$时，系统对控制电压输入的闭环控制系统传递函数模型和状态空间模型为

$$T(s)=\frac{\theta(s)}{U_a(s)}=\frac{216\ 400}{s^3+389.1s^2+12\ 520s+216\ 400}$$

$$\begin{cases}\begin{bmatrix}\dot{x}_1\\ \dot{x}_2\\ \dot{x}_3\end{bmatrix}=\begin{bmatrix}390 & 12\ 520 & -216\ 370\\ 0 & 0 & 0\\ 0 & 0 & 0\end{bmatrix}\begin{bmatrix}x_1\\ x_2\\ x_3\end{bmatrix}+\begin{bmatrix}1\\ 0\\ 0\end{bmatrix}\boldsymbol{u}_a\\ \boldsymbol{y}=[0\quad 0\quad 2.1637]\begin{bmatrix}x_1\\ x_2\\ x_3\end{bmatrix}\end{cases}$$

我们再来分析这个系统的稳定性。很明显$X_e=0$为系统唯一平衡点，用李雅普诺夫方程判断其稳定性。令

$$\boldsymbol{Q}=\begin{bmatrix}1 & 0 & 0\\ 0 & 1 & 0\\ 0 & 0 & 1\end{bmatrix}$$

求解李雅普诺夫方程

$$\boldsymbol{AP}+\boldsymbol{PA}^{\mathrm{T}}=-\boldsymbol{Q}$$

得到

$$\boldsymbol{P}=\begin{bmatrix}0 & 0 & 0\\ 0 & 25.9 & 291\\ 0 & 291 & 5037.6\end{bmatrix}$$

P 的各阶主子行列式分别为

$$P_1=0.0013>0，P_2=0.0343>0，P_3=58.838>0$$

所以 **P** 为正定，我们所建立的机床加工反馈控制系统在原点处平衡状态是渐近稳定的。

根据李雅普诺夫渐近稳定的定义，给定初值 $\boldsymbol{X}_0=[0.15，0.15，0.15]^{\mathrm{T}}$，利用 MATLAB 程序画出三个状态变量的收敛轨迹图，如图 8-25 所示。可以看到，当 $t\to\infty$ 时，三维系统空间状态轨迹趋于平衡状态原点处，与理论分析一致。

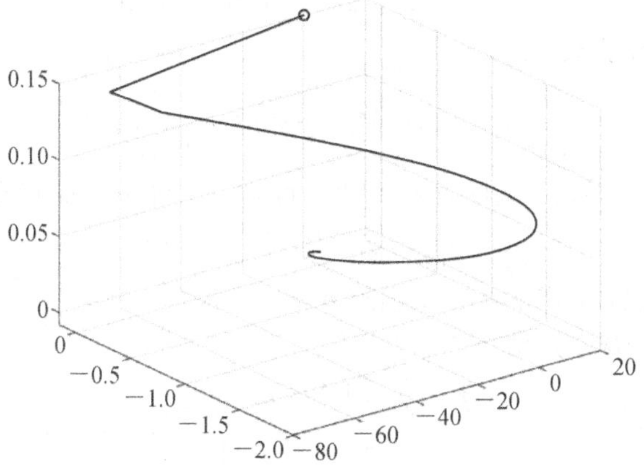

图 8-25　状态空间状态变量轨迹图

8.3.6　状态变量反馈控制器设计

前面设计并分析了输出反馈控制系统，下面设计状态变量反馈控制系统。对于式(8-30)所示：

$$G_1(s)=\frac{X(s)}{U_a(s)}=\frac{rk_m/L_aJ_T}{s^3+\dfrac{R_aJ_T+L_ab}{L_aJ_T}s^2+\dfrac{R_ab+k_bk_m}{L_aJ_T}s}$$

忽略电机电枢时间常数，结合控制器之后，系统传递函数为

$$G(s)=\frac{X(s)}{U_a(s)}=\frac{k_ark_m}{s[R_a(J_Ts+b)+k_bk_m]}=\frac{k_ark_m/R_aJ_T}{s^2+\dfrac{R_ab+k_bk_m}{R_aJ_T}s}$$

代入相关参数后得

$$G_1(s)=\frac{X(s)}{U_a(s)}=\frac{0.5774}{s^2+33.14s}$$

直接实现法可得系统状态方程为

$$\begin{cases}\dot{\boldsymbol{X}}=\begin{bmatrix}0 & 1\\ 0 & -33.14\end{bmatrix}\boldsymbol{X}+\begin{bmatrix}0\\ 0.5774\end{bmatrix}\boldsymbol{u}_a\\ \boldsymbol{y}=[1\quad 0]\boldsymbol{X}\end{cases}$$

其中，$x_1=x$，$x_2=\dot{x}$。显然，上述系统是完全可控可观的。

假设我们可以对 x 和 $\dot{x}$ 进行反馈，根据状态反馈的知识，可设输入为

$$u_a=-k_1x_1(t)-k_2x_2(t)+u(t)$$

其中，$u(t)$为参考输入，也就是需要的位置 $x(t)$，k_1，k_2 是需要确定的。给定的设计目标状态反馈后的系统节约输入响应的调节时间 $t_s=\dfrac{4}{\zeta\omega_n}<0.25\ \text{s}$，超调量

$$M_p=\exp\left(-\frac{\pi\zeta}{\sqrt{1-\zeta^2}}\right)<2\%$$

从经典控制理论可知，二阶系统的复数极点在 s 平面的位置为

$$s_{1,2}=-\zeta\omega_n\pm j\omega_n\sqrt{1-\zeta^2},\ \theta=\arccos\zeta$$

可根据二阶系统的指标公式

$$t_s=\frac{4}{\zeta\omega_n}<0.25\ \text{s},\ M_p=\exp\left(-\frac{\pi\zeta}{\sqrt{1-\zeta^2}}\right)<2\%$$

求得 $\zeta=0.8$ 时，满足 $M_p<2\%$，此时 $\omega_n=20$，可确定 s_1 和 s_2，从而得到

$$s_{1,2}=-\zeta\omega_n+j\omega_n\sqrt{1-\zeta^2}=-16\pm j12$$

根据确定的极点位置，求取状态反馈阵 $\boldsymbol{K}$。

通过计算，可求得状态反馈矩阵为

$$\boldsymbol{K}=[\ -1.1415\quad 400]$$

此时，系统矩阵为

$$\boldsymbol{A}=\begin{bmatrix}-32 & -400\\ 1 & 0\end{bmatrix}$$

可以算得闭环系统传递函数为

$$W(s)=\frac{0.5774}{s^2+32s+400}$$

极点配置之后的系统单位阶跃响应如图 8-26 所示。

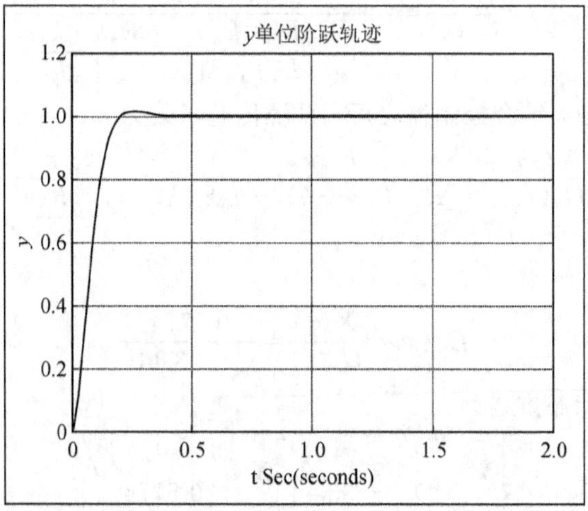

图 8-26　经过状态反馈之后的系统单位阶跃响应

将图 8-26 与图 8-24 相比，可以看到状态反馈从最大超调量和收敛速度上均得到极大改善，其响应效果要优于输出反馈的响应效果，是因为状态反馈极大提高了极点配置范围。

8.3.7 状态反馈控制系统稳定性分析

当 $k_a=21$ 时，状态反馈控制系统对控制电压输入的闭环控制系统传递函数模型和状态空间模型为

$$T(s)=\frac{s(s)}{u(s)}=\frac{0.5774}{s^2+32s+400}$$

$$\begin{cases}\begin{bmatrix}\dot{x}_1\\ \dot{x}_2\end{bmatrix}=\begin{bmatrix}-32 & -400\\ 1 & 0\end{bmatrix}\begin{bmatrix}x_1\\ x_2\end{bmatrix}+\begin{bmatrix}1\\ 0\end{bmatrix}\boldsymbol{u}_a\\ \boldsymbol{y}=\begin{bmatrix}0 & 0.5774\end{bmatrix}\begin{bmatrix}x_1\\ x_2\end{bmatrix}\end{cases}$$

我们再来分析这个系统的稳定性。很明显 $\boldsymbol{X}_e=0$ 为系统唯一平衡点，用李雅普诺夫方程判断其稳定性。令

$$\boldsymbol{Q}=\begin{bmatrix}1 & 0 & 0\\ 0 & 1 & 0\\ 0 & 0 & 1\end{bmatrix}$$

可求解李雅普诺夫方程

$$\boldsymbol{AP}+\boldsymbol{PA}^{\mathrm{T}}=-\boldsymbol{Q}$$

得到

$$\boldsymbol{P}=\begin{bmatrix}0.0157 & 0.0012\\ 0.0012 & 6.3056\end{bmatrix}$$

$\boldsymbol{P}$ 的各阶主子行列式分别为

$$P_1=0.0157>0,\ P_2=0.0988>0$$

所以 $\boldsymbol{P}$ 为正定，所设计的状态反馈控制系统在原点处平衡状态是渐近稳定的。

根据李雅普诺夫渐近稳定的定义，我们给定初值 $\boldsymbol{X}_0=[0.15,\ 0.15,\ 0.15]^{\mathrm{T}}$，利用 MATLAB 程序画出三个状态变量的收敛轨迹图，如图 8-27 所示。可以看到，当 $t\to\infty$时，三维系统空间状态轨迹趋于平衡状态原点处，与理论分析一致。

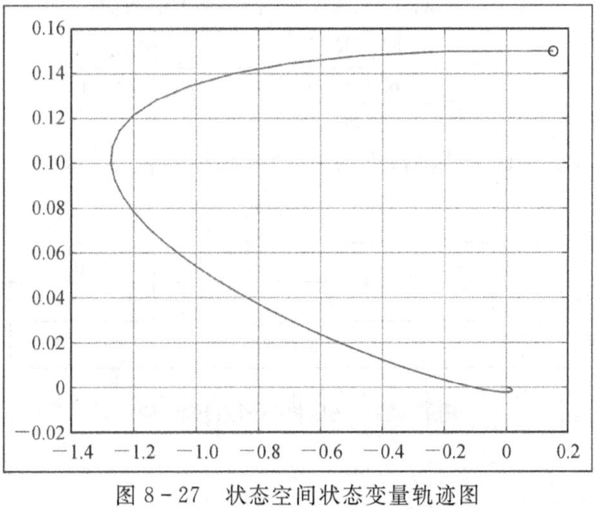

图 8-27 状态空间状态变量轨迹图

8.3.8　系统的 PID 控制器设计

下面为电枢控制式直流电机驱动的滑动绞盘控制系统设计一个 PID 控制器，希望通过 PID 控制参数的调整，使得系统对单位阶跃信号 $r(t)$ 的响应的超调量小于 3%，调节时间(按 2%准则)小于 250 ms，并确定设计后系统的抗干扰性能，控制系统如图 8－28 所示。

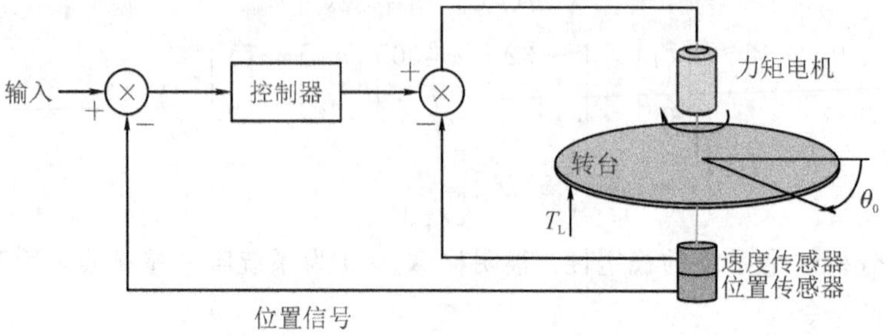

(a)

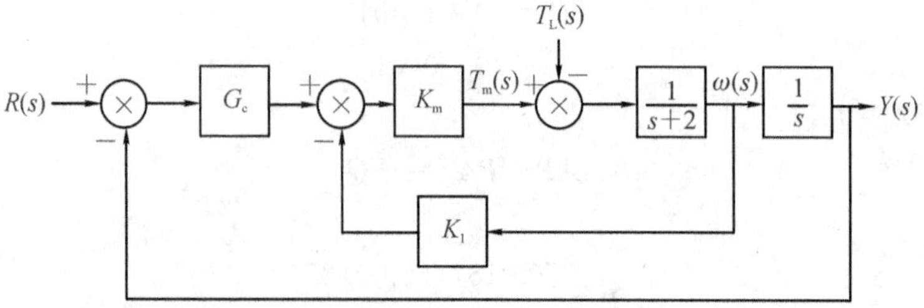

(b)

图 8－28　电枢控制式直流电机驱动的滑动绞盘控制系统

由前面分析可知，当忽略电机电枢时间常数 $\tau_a=\dfrac{L_a}{R_a}$，不考虑控制器作用时，可得到工作台本身传递函数模型为

$$G(s)=\frac{\theta(s)}{V_a(s)}=\frac{K_m}{s[R_a(J_Ts+b)+K_bK_m]}$$

$$=\frac{K_m/R_aJ_T}{s^2+\dfrac{R_ab+K_bK_m}{R_aJ_T}s}=\frac{26.03}{s^2+33.14s}$$

设计 $G_c(s)$ 控制器为 PID 控制器，则对应的系统控制框图如图 8－29 所示。

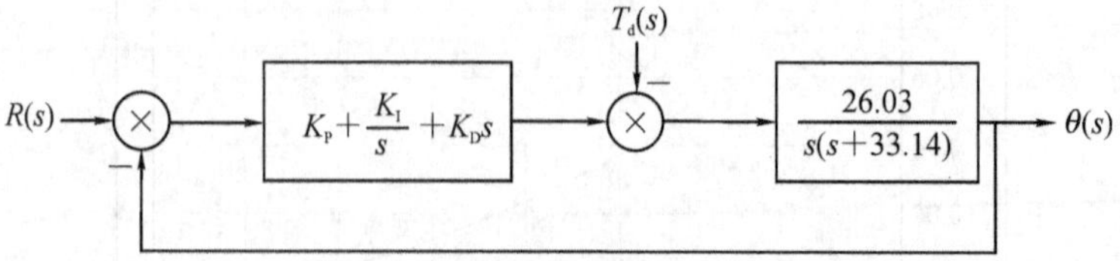

图 8－29　PID 控制器系统框图

由控制框图可得系统参考位置输入系统闭环传递函数为

$$T(s)=\frac{26.03K_{\mathrm{D}}s^2+26.03K_{\mathrm{P}}s+26.03K_{\mathrm{I}}}{s^3+(33.14+26.03K_{\mathrm{D}})s^2+26.03K_{\mathrm{P}}s+26.03K_{\mathrm{I}}}$$

干扰信号输入的系统闭环传递函数为

$$T_2(s)=\frac{26.03s}{s^3+(33.14+26.03K_{\mathrm{D}})s^2+26.03K_{\mathrm{P}}s+26.03K_{\mathrm{I}}}$$

调节 K_{P}、K_{D} 和 K_{I} 的值，如图 8－30～图 8－35 所示，初调至 $K_{\mathrm{P}}=50$，$K_{\mathrm{D}}=0.9$，$K_{\mathrm{I}}=0.1$时，控制系统的综合参数满足设计要求。

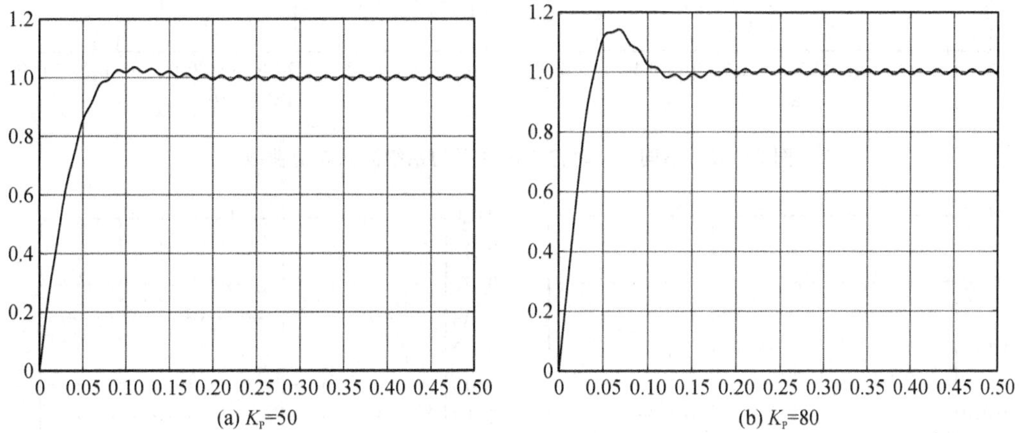

图 8－30　不同 K_{P} 时输入波动下的系统阶跃响应曲线

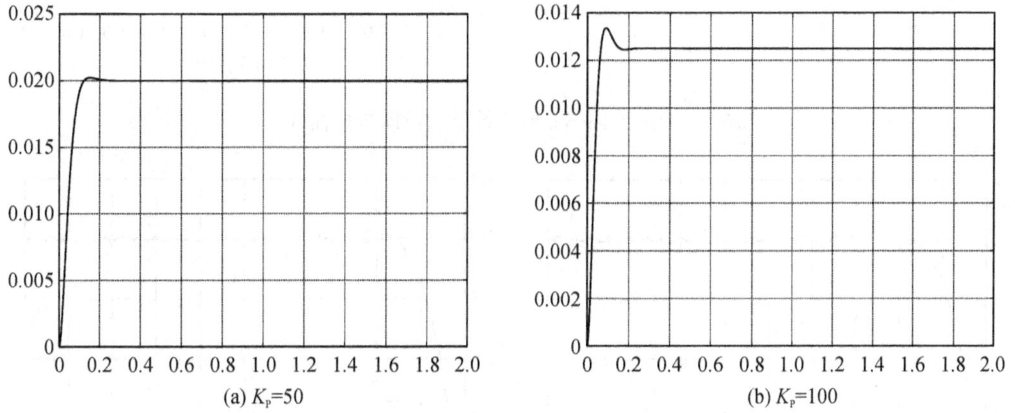

图 8－31　不同 K_{P} 时系统干扰阶跃响应曲线

针对不同的 PID 参数，系统阶跃响应指标如表 8－3 所示。

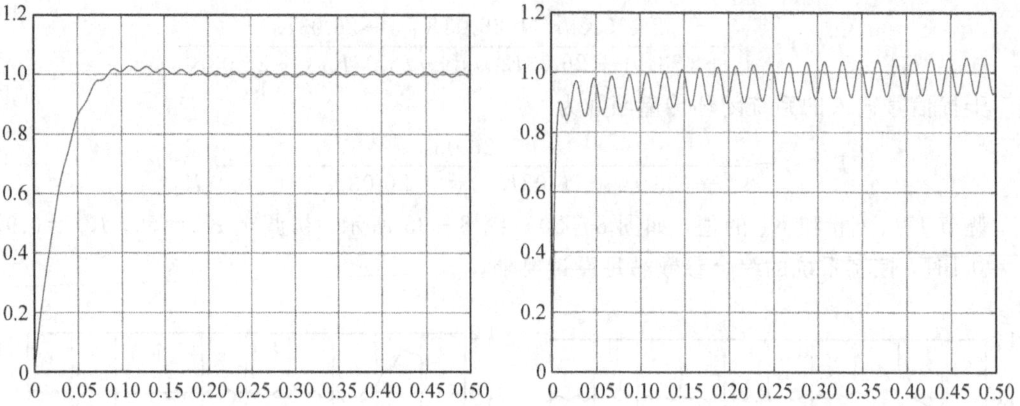

(a) K_D=1 (b) K_D=10

图 8-32 不同 K_D 时输入波动下的系统阶跃响应曲线

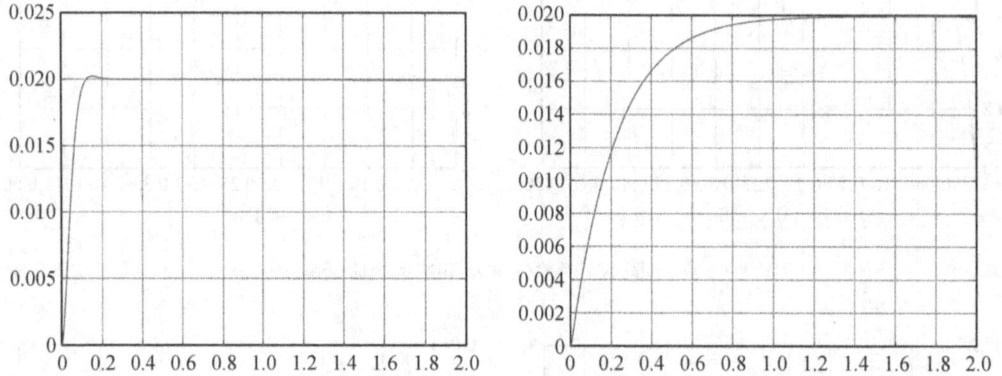

(a) K_D=1 (b) K_D=10

图 8-33 不同 K_D 时系统干扰阶跃响应曲线

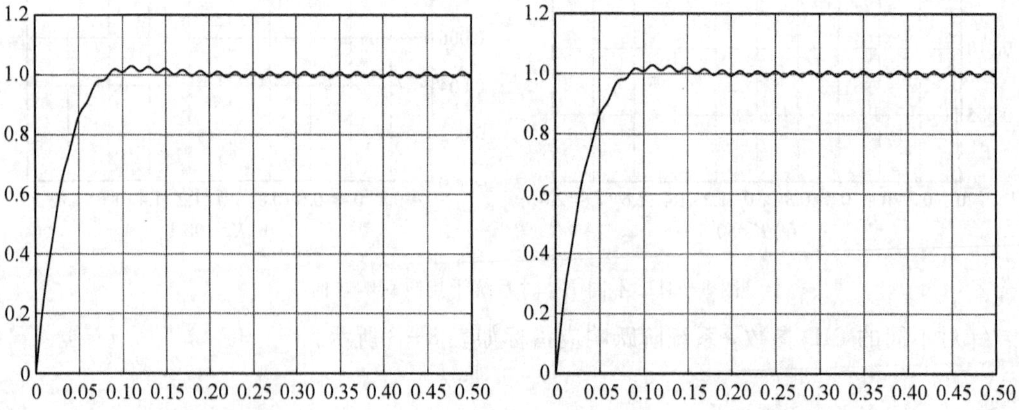

(a) K_I=1 (b) K_I=10

图 8-34 不同 K_I 时输入波动下的系统阶跃响应曲线

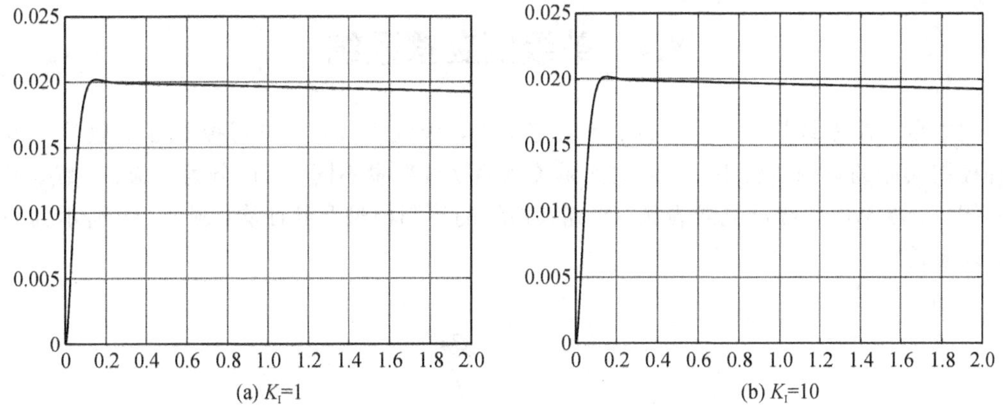

图 8-35　不同 K_I 时系统干扰阶跃响应曲线

表 8-3　不同 PID 参数系统阶跃响应指标

K_P	K_D	K_I	超调量（%）	调整时间/ms	上升时间/ms	峰值时间/ms	稳态误差（%）
50	0.9	0.1	2.87	196.8	56.5	109.7	0.0051
70	0.9	0.1	7.81	148.1	45.6	62.8	0.0027
100	0.9	0.1	14.17	219.3	37.3	42.4	0.0013
200	0.9	0.1	27.84	163.7	26	34.3	0.000 32
400	0.9	0.1	35.94	199.9	21.1	26.6	0.000 18
50	1	0.1	2	199.2	56.2	113.9	0.0051
50	1.1	0.1	1.29	199	55.8	119.8	0.0051
50	1.2	0.1	0.7	193.9	55.5	128.8	0.0051
50	0.9	0.2	2.87	197.2	56.5	109.6	0.0101
50	0.9	0.4	2.88	198	56.5	109.6	0.0201
50	0.9	1	2.91	200.6	56.5	109.6	0.049
50	0.9	10	3.36	2000	56.8	110.2	0.3471
50	0.9	50	5.33	2000	57.9	112.3	0.349

依据表 8-3，经过参数变化分析，对此三阶控制系统，随着 K_P 的增大，会增大超调量，减小稳态误差，对干扰波动无影响，抗干扰性能提高；随着 K_D 增大，会增大干扰波动的影响，对稳态误差没有影响，会显著降低超调量，增大系统调节时间，抗干扰性能随 K_D 的变化基本不受影响；随着 K_I 的增大，会增大超调量，增大系统稳态误差，输入干扰波动和抗干扰性能基本不受影响。根据设计指标，综合系统 PID 参数，选取为 $K_P=50$、$K_D=1$、$K_I=0.1$。

8.4　单级倒立摆系统

倒立摆控制系统是一个复杂的、不稳定的、非线性系统，是进行控制理论教学及展开各种控制实验的理想实验平台。倒立摆系统按照摆杆数量不同，可以分为一级、二级、三级倒立摆等。本书以一级倒立摆为例，研究其系统的控制模型及其性能，图 8-36 所示为一级倒立摆系统。

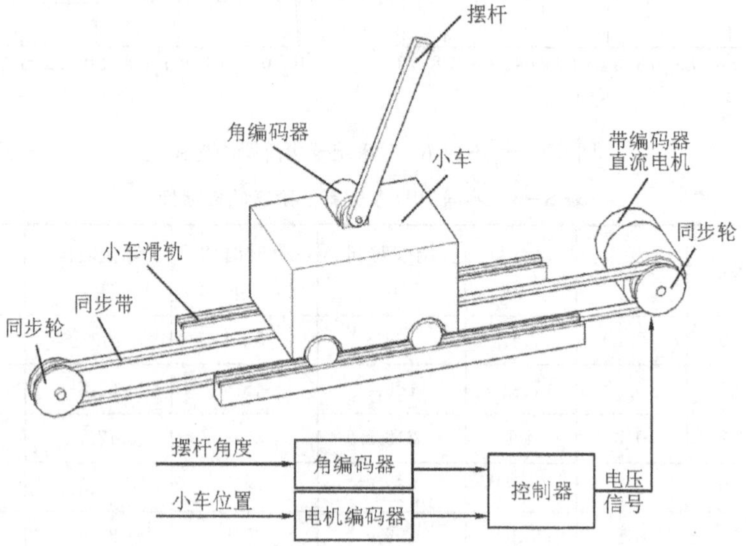

图 8-36　一级倒立摆系统

系统由小车及其传动部分组成，小车置于滑轨之上，由电机同步带驱动小车在滑轨上做水平运动，滑轨长为 800 mm，两侧设有限位装置，用来防止小车过运动使系统损坏。小车上有一单臂摆杆，能够绕小车上的转轴进行转动，同时设有角编码器来实时采集摆杆的转动角度。其控制问题就是使摆杆尽快地达到一个平衡位置，并且使之没有大的振荡和过大的角度和速度。

8.4.1　系统模型的建立

在本系统中，小车只能沿着导轨方向运动，角编码器用来测量摆杆的角度位置，电机编码器用来测量小车在导轨上的位置。当电机转动时，转轴通过同步轮和同步带对与同步带相互固定的小车产生一个沿小车运动方向的牵引力，对系统进行简化后，可得如图 8-37 所示的系统模型。

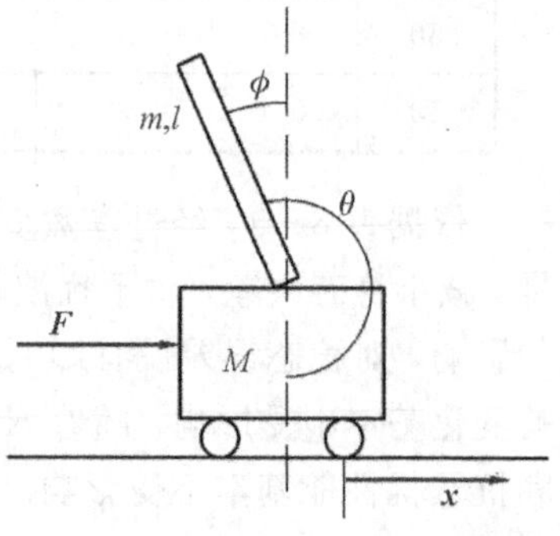

图 8-37　一级倒立摆模型

设系统中小车的质量为 M，摆杆的质量为 m，小车与导轨之间的摩擦系数为 b，摆杆绕小车上转轴的转动惯量为 $\boldsymbol{I}$，摆杆转动轴心到其质心的距离为 l，采样频率为 T，系统的参数如表 8-4 所示。设小车初始位置开始的位移量为

$\boldsymbol{x}$，电机对小车的牵引力为 $\boldsymbol{F}$，小车与摆杆间的相互作用力的水平分量设为 $\boldsymbol{N}$，竖直分量设为 $\boldsymbol{P}$，摆杆与竖直方向夹角为 ϕ，角 $\theta=\phi+\pi$。

表 8-4　系统的参数

M	小车质量	1.096 kg
m	摆杆质量	0.109 kg
b	小车与导轨间的摩擦系数	0.1 N/m/s
$\boldsymbol{I}$	摆杆转动惯量	0.0034 kg · m^2
l	摆杆轴心到质心的距离	0.25 m
T	采样频率	0.005 s

小车在水平方向受到电机的牵引力 $\boldsymbol{F}$、导轨摩擦力 $\boldsymbol{f}_{摩}$、摆杆的水平方向作用力 $\boldsymbol{N}$，分析后可得

$$M\ddot{\boldsymbol{x}}=\boldsymbol{F}-\boldsymbol{f}_{摩}-\boldsymbol{N}=\boldsymbol{F}-b\dot{\boldsymbol{x}}-\boldsymbol{N} \tag{8-33}$$

分析摆杆在水平方向的受力

$$\boldsymbol{N}=m\boldsymbol{a}=m\frac{\mathrm{d}^2}{\mathrm{d}t^2}(\boldsymbol{x}+l\sin\theta)=m\ddot{\boldsymbol{x}}+ml\ddot{\theta}\cos\theta-ml\dot{\theta}^2\sin\theta \tag{8-34}$$

由式(8-33)和式(8-34)可得到系统的第一个运动方程：

$$(M+m)\ddot{\boldsymbol{x}}+b\dot{\boldsymbol{x}}+ml\ddot{\theta}\cos\theta-ml\dot{\theta}^2\sin\theta=\boldsymbol{F} \tag{8-35}$$

摆杆在竖直方向的受力：

$$\boldsymbol{P}-m\boldsymbol{g}=m\frac{\mathrm{d}^2}{\mathrm{d}t^2}(l\cos\theta)=-ml(\dot{\theta}^2\cos\theta+\ddot{\theta}\sin\theta) \tag{8-36}$$

摆杆的力矩平衡方程为

$$\boldsymbol{I}\ddot{\theta}=-\boldsymbol{P}l\sin\theta+\boldsymbol{N}l\cos\theta \tag{8-37}$$

式(8-37)和式(8-34)、式(8-36)联立，消去参数 $\boldsymbol{P}$，$\boldsymbol{N}$，得到第二个运动方程：

$$(\boldsymbol{I}+ml^2\cos2\theta)\ddot{\theta}+m\boldsymbol{g}l\sin\theta-ml^2\dot{\theta}^2\sin2\theta+ml\ddot{\boldsymbol{x}}\cos\theta=0 \tag{8-38}$$

由于 $\theta=\phi+\pi$ 且 ϕ 为一个极小的角度，因此做近似处理：

$$\begin{cases}\cos\phi=1,\sin\phi=\phi\\ \cos2\phi=1,\sin2\phi=\phi\\ \left(\dfrac{\mathrm{d}\phi}{\mathrm{d}t}\right)^2=0\end{cases} \tag{8-39}$$

将式(8-39)代入式(8-35)和式(8-38)中可得

$$\begin{cases}(\boldsymbol{I}+ml^2)\ddot{\phi}(t)-m\boldsymbol{g}l\phi(t)-ml\ddot{x}(t)=0\\ (M+m)\ddot{x}(t)+b\dot{x}(t)-ml\ddot{\phi}(t)-F(t)=0\end{cases} \tag{8-40}$$

对式(8-40)进行拉普拉斯变换可得

$$\begin{cases}(\boldsymbol{I}+ml^2)s^2\Phi(s)-m\boldsymbol{g}l\Phi(s)=mls^2X(s)\\(M+m)s^2X(s)+bsX(s)-mls^2\Phi(s)=F(s)\end{cases}\tag{8-41}$$

整理可得输出摆杆角与输入力 $\boldsymbol{F}$ 的传递函数为

$$\frac{\Phi(s)}{F(s)}=\frac{\frac{ml}{q}s}{s^3+\frac{b(\boldsymbol{I}+ml^2)}{q}s^2-\frac{(M+m)m\boldsymbol{g}l}{q}s-\frac{bm\boldsymbol{g}l}{q}}\tag{8-42}$$

其中，$q=[(M+m)(I+ml^2)-(ml^2)]$。

控制系统的状态空间方程可写成如下形式：

$$\begin{cases}\dot{\boldsymbol{X}}=\boldsymbol{A}\boldsymbol{X}+\boldsymbol{b}\boldsymbol{U}\\\boldsymbol{y}=\boldsymbol{C}\boldsymbol{X}+\boldsymbol{D}\boldsymbol{U}\end{cases}\tag{8-43}$$

一级倒立摆系统有 4 个状态变量，分别是 x，$\dot{x}$，ϕ，$\dot{\phi}$，根据式(8－40)求解可得

$$\begin{cases}\dot{x}=\dot{x}\\\ddot{x}=\frac{-(\boldsymbol{I}+ml^2)b}{\boldsymbol{I}(M+m)+Mml^2}\dot{x}+\frac{m^2\boldsymbol{g}l^2}{\boldsymbol{I}(M+m)+Mml^2}\phi+\frac{(\boldsymbol{I}+ml^2)}{\boldsymbol{I}(M+m)+Mml^2}\boldsymbol{F}\\\dot{\phi}=\dot{\phi}\\\ddot{\varphi}=\frac{-mlb}{\boldsymbol{I}(M+m)+Mml^2}\dot{x}+\frac{mgl(M+m)}{\boldsymbol{I}(M+m)+Mml^2}\phi+\frac{ml}{\boldsymbol{I}(M+m)+Mml^2}\boldsymbol{F}\end{cases}\tag{8-44}$$

由式(8－44)整理可得以外力 $\boldsymbol{F}$ 作为系统输入的状态空间方程：

$$\begin{bmatrix}\dot{x}\\\ddot{x}\\\dot{\phi}\\\ddot{\phi}\end{bmatrix}=\begin{bmatrix}0&1&0&0\\0&\frac{-(\boldsymbol{I}+ml^2)b}{\boldsymbol{I}(M+m)+Mml^2}&\frac{m^2\boldsymbol{g}l^2}{\boldsymbol{I}(M+m)+Mml^2}&0\\0&0&0&1\\0&\frac{-mlb}{\boldsymbol{I}(M+m)+Mml^2}&\frac{m\boldsymbol{g}l(M+m)}{\boldsymbol{I}(M+m)+Mml^2}&0\end{bmatrix}\begin{bmatrix}x\\\dot{x}\\\phi\\\dot{\phi}\end{bmatrix}+\begin{bmatrix}0\\\frac{\boldsymbol{I}+ml^2}{\boldsymbol{I}(M+m)+Mml^2}\\0\\\frac{ml}{\boldsymbol{I}(M+m)+Mml^2}\end{bmatrix}\boldsymbol{u}\tag{8-45}$$

$$\boldsymbol{y}=\begin{bmatrix}1&0&0&0\\0&0&1&0\end{bmatrix}\begin{bmatrix}x\\\dot{x}\\\phi\\\dot{\phi}\end{bmatrix}+\begin{bmatrix}0\\0\end{bmatrix}\boldsymbol{u}\tag{8-46}$$

将实际系统参数代入上式可得

$$\begin{bmatrix}\dot{x}\\\ddot{x}\\\dot{\phi}\\\ddot{\phi}\end{bmatrix}=\begin{bmatrix}0&1&0&0\\0&-0.0883&0.6293&0\\0&0&0&1\\0&-0.2357&27.8285&0\end{bmatrix}\begin{bmatrix}x\\\dot{x}\\\phi\\\dot{\phi}\end{bmatrix}+\begin{bmatrix}0\\0.8832\\0\\2.3566\end{bmatrix}\boldsymbol{u}\tag{8-47}$$

$$\boldsymbol{y}=\begin{bmatrix}1 & 0 & 0 & 0\\0 & 0 & 1 & 0\end{bmatrix}\begin{bmatrix}x\\\dot{x}\\\phi\\\dot{\phi}\end{bmatrix}+\begin{bmatrix}0\\0\end{bmatrix}\boldsymbol{u} \tag{8-48}$$

8.4.2 系统稳定性分析

首先分析这个系统的稳定性，通过对该开环系统平面上极点的分布研究发现，一个极点在右半平面上，还有一个极点在原点，因此系统不稳定。

MATLAB 仿真的开环单位阶跃响应曲线如图 8-38 所示，系统是发散的。

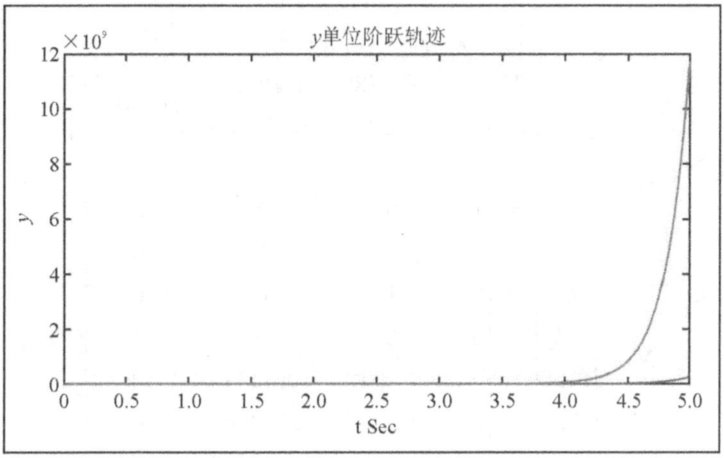

图 8-38 开环单位阶跃响应曲线

8.4.3 系统可控性与可观性分析

可控判别矩阵：

$$\boldsymbol{M}=[\boldsymbol{A}\quad \boldsymbol{AB}\quad \boldsymbol{A}^2\boldsymbol{B}\quad \boldsymbol{A}^3\boldsymbol{B}]=\begin{bmatrix}0 & 0.8832 & -0.0780 & 1.4899\\0.8832 & -0.0780 & 1.4899 & -0.2626\\0 & 2.3566 & -0.2081 & 65.5978\\2.3566 & -0.2081 & 65.5978 & -6.1429\end{bmatrix}$$

显然矩阵 $\boldsymbol{M}$ 的秩为 4，与系统矩阵 $\boldsymbol{A}$ 同秩，所以系统是可控的。

进一步可以利用

$$\begin{cases}\boldsymbol{A}_{c2}=\boldsymbol{M}^{-1}\boldsymbol{AM}\\\boldsymbol{b}_{c2}=\boldsymbol{M}^{-1}\boldsymbol{b}\\\boldsymbol{C}_{c2}=\boldsymbol{CM}\end{cases}$$

变换关系，将原系统转换为如下所示的可控Ⅱ型。

$$\begin{cases} \boldsymbol{A}_{c2} = \begin{bmatrix} 0 & 0 & 0 & \cdots & 0 & -a_0 \\ 1 & 0 & 0 & \cdots & 0 & -a_1 \\ 0 & 1 & 0 & \cdots & 0 & -a_2 \\ \vdots & \vdots & \vdots & & \vdots & \vdots \\ 0 & 0 & 0 & \cdots & 1 & -a_{n-1} \end{bmatrix}, \boldsymbol{b}_{c2} = \begin{bmatrix} 1 \\ 0 \\ \vdots \\ 0 \end{bmatrix} \\ \boldsymbol{C}_{c2} = [\beta_0 \quad \beta_1 \quad \cdots \quad \beta_{n-1}] \end{cases}$$

通过矩阵变换运算，可以得到可控Ⅱ型的各系数矩阵为

$$\boldsymbol{A}_{c2} = \begin{bmatrix} 0 & 0 & 0 & 0 \\ 1 & 0 & 0 & 2.3094 \\ 0 & 1 & 0 & 27.8285 \\ 0 & 0 & 1 & -0.0883 \end{bmatrix}, \boldsymbol{b}_{c2} = \begin{bmatrix} 1 \\ 0 \\ 0 \\ 0 \end{bmatrix}$$

$$\boldsymbol{C}_{c2} = \begin{bmatrix} 0 & 0.8832 & -0.0780 & 1.4899 \\ 0 & 2.3566 & -0.2081 & 65.5978 \end{bmatrix}, \boldsymbol{D}_{c2} = \begin{bmatrix} 0 \\ 0 \end{bmatrix}$$

可观判别矩阵：

$$\boldsymbol{N} = \begin{bmatrix} \boldsymbol{C} \\ \boldsymbol{CA} \\ \boldsymbol{CA}^2 \\ \boldsymbol{CA}^3 \end{bmatrix} = \begin{bmatrix} 1 & 0 & 0 & 0 \\ 0 & 0 & 1 & 0 \\ 0 & 1 & 0 & 0 \\ 0 & 0 & 0 & 1 \\ 0 & -0.0883 & 0.6293 & 0 \\ 0 & -0.2357 & 27.8285 & 0 \\ 0 & 0.0078 & -0.0556 & 0.6293 \\ 0 & 0.0208 & -0.1483 & 27.8285 \end{bmatrix}$$

矩阵 $\boldsymbol{N}$ 的秩为 4，与系统矩阵 $\boldsymbol{A}$ 同秩，因此系统是可观的。

8.4.4 系统反馈设计

1. 状态反馈控制器设计

根据上述分析，该系统是可控且可观的，但系统不稳定，因此需外加控制器，使原来不稳定的系统达到稳定。极点配置控制器的设计思想是设计状态反馈控制器，将单级倒立摆系统的闭环系统极点配置在期望的位置上，从而使单级倒立摆系统满足设计提出的瞬态和稳态性能指标。设计目标是，通过状态反馈的方法将极点配置在期望的位置并留有一定的裕量，经过大量数据分析得到期望的闭环极点

$$s_1 = -2 + 2\sqrt{3}\mathrm{j},\ s_2 = -2 - 2\sqrt{3}\mathrm{j},\ s_3 = s_4 = -10$$

经计算可以得到状态反馈增益矩阵：

$$\boldsymbol{K} = [-69.1584 \quad -31.2520 \quad 120.8878 \quad 21.8592]$$

2. LQR 控制器设计

LQR 控制器的设计思想是通过优化线性系统的性能指标函数，设计目标极小的控制器。LQR 控制器可得到状态线性反馈的最优控制规律，易于构成闭环最优控制。

二次性能指标函数为

$$J=\frac{1}{2}\int_0^{\infty}[\boldsymbol{y}^{\mathrm{T}}\boldsymbol{Q}\boldsymbol{y}+\boldsymbol{u}^{\mathrm{T}}\boldsymbol{R}\boldsymbol{u}]\,\mathrm{d}t \tag{8-49}$$

在系统方程约束下，寻求 $\boldsymbol{u}^*(t)$，使得 J 最小，最优控制为

$$\boldsymbol{u}^*(t)=\boldsymbol{R}^{-1}\boldsymbol{B}^{\mathrm{T}}\boldsymbol{P}\boldsymbol{X}=-\boldsymbol{K}\boldsymbol{X} \tag{8-50}$$

通过求解黎卡提矩阵代数方程，获得 $\boldsymbol{P}$ 值以及最优反馈增益矩阵 $\boldsymbol{K}$ 值。由

$$\boldsymbol{P}\boldsymbol{A}+\boldsymbol{A}^{\mathrm{T}}\boldsymbol{P}-\boldsymbol{P}\boldsymbol{B}\boldsymbol{R}^{-1}\boldsymbol{B}^{\mathrm{T}}\boldsymbol{P}+\boldsymbol{Q}=0 \tag{8-51}$$

通过仿真试凑法选取合适的加权矩阵 $\boldsymbol{Q}$、$\boldsymbol{R}$，即 $\boldsymbol{Q}=\mathrm{diag}(1000, 0, 200, 0)$，$\boldsymbol{R}=1$。计算反馈矩阵：

$$\boldsymbol{K}=[-31.6228 \quad -21.4522 \quad 82.4526 \quad 15.7430]$$

在 MATLAB 中分别对基于极点配置控制和基于 LQR 控制的单级倒立摆系统进行仿真。如图 8-39 和图 8-40 所示，分别是 y_1 和 y_2 的单位阶跃响应轨迹，y_1 是小车位移，y_2 是摆杆的角度，实线表示基于极点配置控制的单级倒立摆系统，虚线表示基于 LQR 控制的单级倒立摆系统。从图中可知，两种控制方法的调节时间均小于 2.5 s，但是基于 LQR 控制的方法控制效果更好，有较小的超调量。

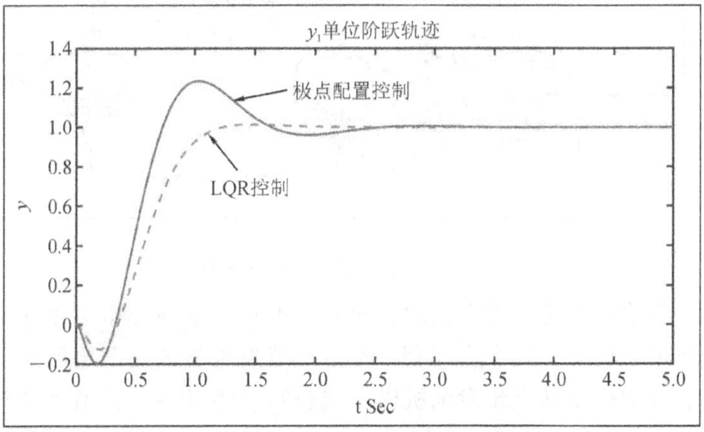

图 8-39 y_1 单位阶跃响应曲线

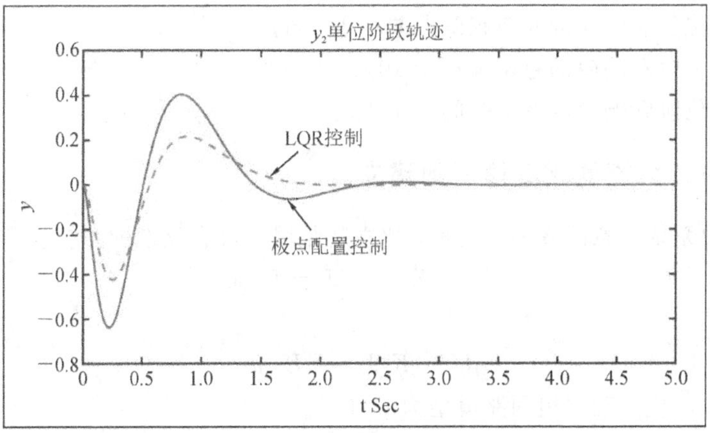

图 8-40 y_2 单位阶跃响应曲线

8.5　柴电动力系统

柴电动力又称柴油电力、柴油机电力，很多混合动力装置均使用柴电传动系统来提供牵引力，一套柴电系统使用一个柴油机连接一个发电机产生电力供牵引电机使用。柴电动力系统中柴油机的工作效率对电机的转速十分敏感，这里我们设计柴电动力系统转速控制系统，系统示意图如图 8-41 所示。柴油机油门的位置通过输入电位计的移动加以调节，而输入电位计的位置，即大小与设定的电机转速 ω_r 成正比。控制目标是在有外加负载干扰的前提下，将电机转轴的转速调节到指定转速。显然，受控变量为电机转轴的转速 ω_o。

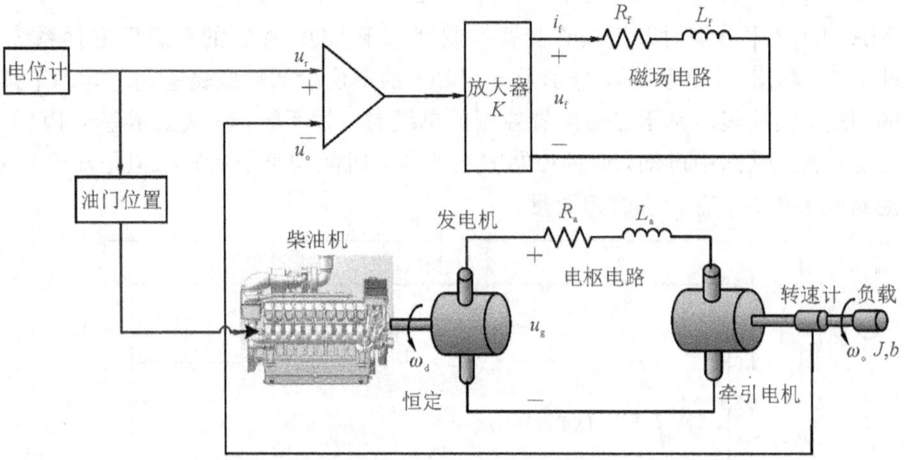

图 8-41　柴电动力系统示意图

控制过程为：转速计测量被控电机的转速 ω_o，并产生反馈电压信号 u_o，电子放大器放大参考输入电压和和反馈电压的偏差信号，产生直流发电机的励磁电压 u_f，输入给直流发电机的励磁绕组。柴油机驱动直流发电机以 ω_d 旋转，产生电压 u_g，作为直流牵引电机的电枢电压源。一般地，直流牵引电机为电枢控制电机。电机产生转矩 T_m，通过转轴带动负载，保证转轴转速趋于指令转速 ω_r。我们规定控制系统设计指标要求如下：

指标 1：单位阶跃响应的稳态跟踪误差小于 2%；

指标 2：单位阶跃响应的超调量小于 10%；

指标 3：单位阶跃响应的调节时间小于 1 s。

8.5.1　柴电动力系统复频域模型的建立

由柴电动力系统示意图 8-41 所示，建立复频域下没有反馈的系统模型。

$$U_r = K_p\omega_r,\ U_o = K_t\omega_o \tag{8-52}$$

因此

$$U_f = KU_r = KK_p\omega_r \tag{8-53}$$

系统直流发电机励磁绕组回路模型为

$$U_f = (R_f + L_f s)I_f \tag{8-54}$$

故

$$I_f = \frac{1}{R_f + L_f s} U_f \tag{8-55}$$

牵引直流电机电枢回路模型为

$$U_g = K_g I_f \tag{8-56}$$

$$U_g = [(R_g + R_a) + (L_g + L_a)s] \cdot I_a + K_b \omega_o = (R_t + L_t s) I_a + K_b \omega_o \tag{8-57}$$

所以

$$I_a = \frac{1}{(R_g + R_a) + (L_g + L_a)s} \cdot U_g = \frac{1}{R_t + L_t s} U_g \tag{8-58}$$

牵引电机电磁转矩为

$$T_m = K_m I_a \tag{8-59}$$

转轴动力学模型为

$$T_m - T_d = J\omega_o s + b\omega_o \tag{8-60}$$

所以

$$\omega_o = \frac{1}{Js + b} \cdot (\boldsymbol{T}_m - \boldsymbol{T}_d)$$

根据系统模型及控制目标，画出系统仅有转速反馈的控制框图，如图 8-42 所示。

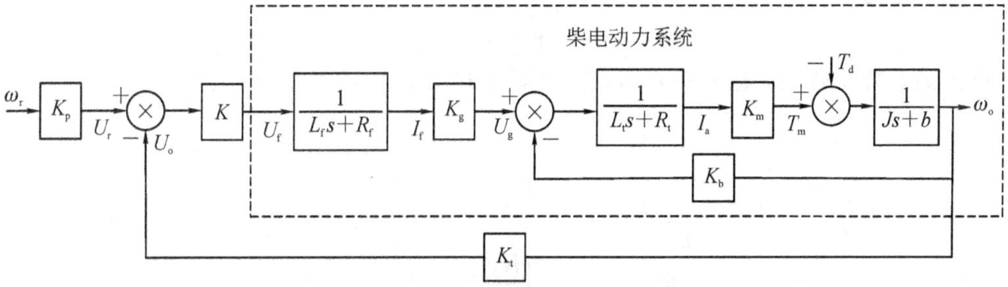

图 8-42　系统控制框图

柴电动力系统对 v_f 输入的开环传递函数为

$$G(s) = \frac{K_g K_m}{(R_f + L_f s)[(R_t + L_t s)(Js + b) + K_m K_b]} \tag{8-61}$$

系统主要参数如表 8-5 所示。

表 8-5　系统主要参数

K_m	K_g	J	b	L_a	R_a	L_g	R_g	L_f	R_f	K_t	K_p	K_b
10	100	1	1	0.2	1	0.1	1	0.1	1	1	1	0.62

8.5.2　柴电动力系统状态空间模型的建立

柴电动力系统包括三个主要的子系统，分别为直流发电机子系统、牵引直流电动机子系统和机械子系统。因此，根据图 8-42 系统控制框图，选择三个状态变量分别为 $x_1 = \omega_o$，

$x_2=i_a$，$x_{13}=i_f$，由式(8-59)和式(8-60)可得

$$\dot{x}_1=-\frac{b}{J}x_1+\frac{K_m}{J}x_2-\frac{1}{J}T_d \tag{8-62}$$

由式(8-56)及式(8-57)可得

$$\dot{x}_2=-\frac{K_b}{L_t}x_1-\frac{R_t}{L_t}x_2+\frac{K_g}{L_t}x_3 \tag{8-63}$$

由式(8-53)和式(8-54)可得

$$\dot{x}_3=-\frac{R_f}{L_f}x_3+\frac{KK_p}{L_f}\omega_r \tag{8-64}$$

由式(8-62)，式(8-63)，式(8-64)可得柴电动力系统状态空间模型为

$$\begin{aligned}\dot{x}_1&=-\frac{b}{J}x_1+\frac{K_m}{J}x_2-\frac{1}{J}T_d\\\dot{x}_2&=-\frac{K_b}{L_t}x_1-\frac{R_t}{L_t}x_2+\frac{K_g}{L_t}x_3\\\dot{x}_3&=-\frac{R_f}{L_f}x_3+\frac{KK_p}{L_f}u\end{aligned} \tag{8-65}$$

其中，$u=\omega_r$。

输出模型为

$$y=x_1 \tag{8-66}$$

由此可得到系统矩阵 **A**、输入矩阵 **B**、输出矩阵 **C** 和转移矩阵 **D** 分别为

$$\boldsymbol{A}=\begin{bmatrix}-\frac{b}{J} & \frac{K_m}{J} & 0\\-\frac{K_b}{L_t} & -\frac{R_t}{L_t} & \frac{K_g}{L_t}\\0 & 0 & -\frac{R_f}{L_f}\end{bmatrix},\ \boldsymbol{B}=\begin{bmatrix}0 & -\frac{1}{J}\\0 & 0\\\frac{KK_p}{L_f} & 0\end{bmatrix},\ \boldsymbol{C}=[1\quad 0\quad 0],\ \boldsymbol{D}=\boldsymbol{0} \tag{8-67}$$

8.5.3　系统的可控性与可观性分析

将表8-5参数代入式(8-67)的系统各系数矩阵中，可得到

$$\boldsymbol{A}=\begin{bmatrix}-1 & 10 & 0\\-2.067 & -6.67 & 333.3\\0 & 0 & -10\end{bmatrix},\ \boldsymbol{B}=\begin{bmatrix}0 & -1\\0 & 0\\10K & 0\end{bmatrix},\ \boldsymbol{C}=[1\quad 0\quad 0],\ \boldsymbol{D}=\boldsymbol{0}$$

在不考虑干扰输入影响时，系统输入矩阵为

$$\boldsymbol{B}=\begin{bmatrix}0\\0\\10K\end{bmatrix}$$

K 取任何参数对系统的可控与可观性并无影响，在这里取 $K=1$，进行判别分析。

可控判别阵：

$$M=[A\quad AB\quad A^2B]=\begin{bmatrix}0 & 0 & 3330\\ 0 & 3333 & -5556\\ 10 & -100 & 1000\end{bmatrix}$$

显然矩阵 $\boldsymbol{M}$ 的秩为 3，与系统矩阵 $\boldsymbol{A}$ 同秩，所以系统是可控的。

进一步可以利用

$$\begin{cases}A_{c2}=M^{-1}AM\\ b_{c2}=M^{-1}b\\ C_{c2}=CM\end{cases}$$

变换关系，将原系统转换为如下所示的可控Ⅱ型。

$$\begin{cases}A_{c2}=\begin{bmatrix}0 & 0 & 0 & \cdots & 0 & -a_0\\ 1 & 0 & 0 & \cdots & 0 & -a_1\\ 0 & 1 & 0 & \cdots & 0 & -a_2\\ \vdots & \vdots & \vdots & & \vdots & \vdots\\ 0 & 0 & 0 & \cdots & 1 & -a_{n-1}\end{bmatrix},\ b_{c2}=\begin{bmatrix}1\\0\\ \vdots\\0\end{bmatrix}\\ C_{c2}=[\beta_0\quad \beta_1\quad \cdots\quad \beta_{n-1}]\end{cases}$$

通过矩阵变换运算，可以得到可控Ⅱ型的各系数矩阵为

$$A_{c2}=\begin{bmatrix}0 & 0 & -273.4\\ 1 & 0 & -104.04\\ 0 & 1 & -17.67\end{bmatrix},\ b_{c2}=\begin{bmatrix}1\\0\\0\end{bmatrix},\ C_{c2}=[0\quad 0\quad 33330],\ D_{c2}=\mathbf{0}$$

可观判别阵为

$$N=\begin{bmatrix}C\\ CA\\ CA^2\end{bmatrix}=\begin{bmatrix}1 & 0 & 0\\ -1 & 10 & 0\\ -19.7 & -76.7 & 3333\end{bmatrix}$$

矩阵 $\boldsymbol{N}$ 的秩为 3，与系统矩阵 $\boldsymbol{A}$ 同秩，因此系统是可观的。

8.5.4　转速计反馈控制系统

从输入、输出角度来看，此时的系统可以简化为一个单位负反馈系统，如图 8-43 所示。

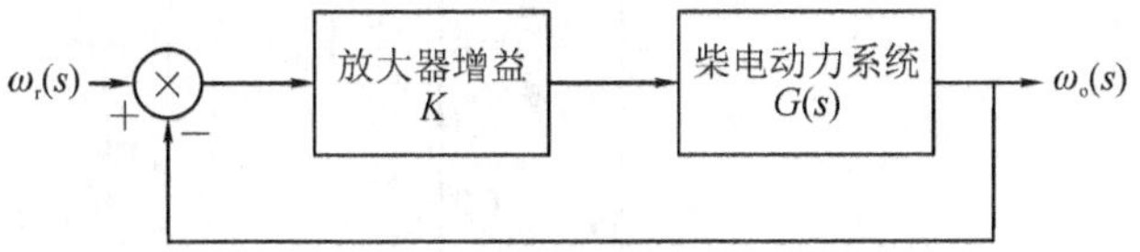

图 8-43　柴电动力系统速度单位负反馈控制框图

单位反馈闭环传递函数为

$$T(s)=\frac{\omega_o(s)}{\omega_r(s)}=\frac{KG(s)}{1+KG(s)} \tag{8-68}$$

将式(8-61)代入式(8-68)，得

$$T(s)=\frac{KK_gK_m}{(R_f+L_fs)[(R_t+L_ts)(Js+b)+K_mK_b]+KK_gK_m}$$

将表 8－5 主要参数代入，得

$$T(s)=\frac{1000K}{0.03s^3+0.53s^2+3.12s+8.2+1000K} \tag{8-69}$$

由式(8－69)可得保持速度反馈的闭环系统稳定的 K 的取值范围为

$$-0.0082<K<0.0468$$

单位阶跃响应的稳态跟踪误差为

$$e_{ss}=\frac{1}{1+KG(0)}=\frac{8.2}{8.2+1000K}=\frac{1}{1+121.95K}$$

可见，K 越大，稳态跟踪误差越小。但是随着 K 的增大，系统的振荡会越来越强烈，如图 8－44 所示。当 $K=0.0468$ 时，系统的稳态跟踪误差达到最小 14.91%，但此时系统已达等幅振荡状态，系统临界稳定。可见，对此柴电动力系统而言，单纯的转速计反馈回路控制无法满足系统性能指标需求。

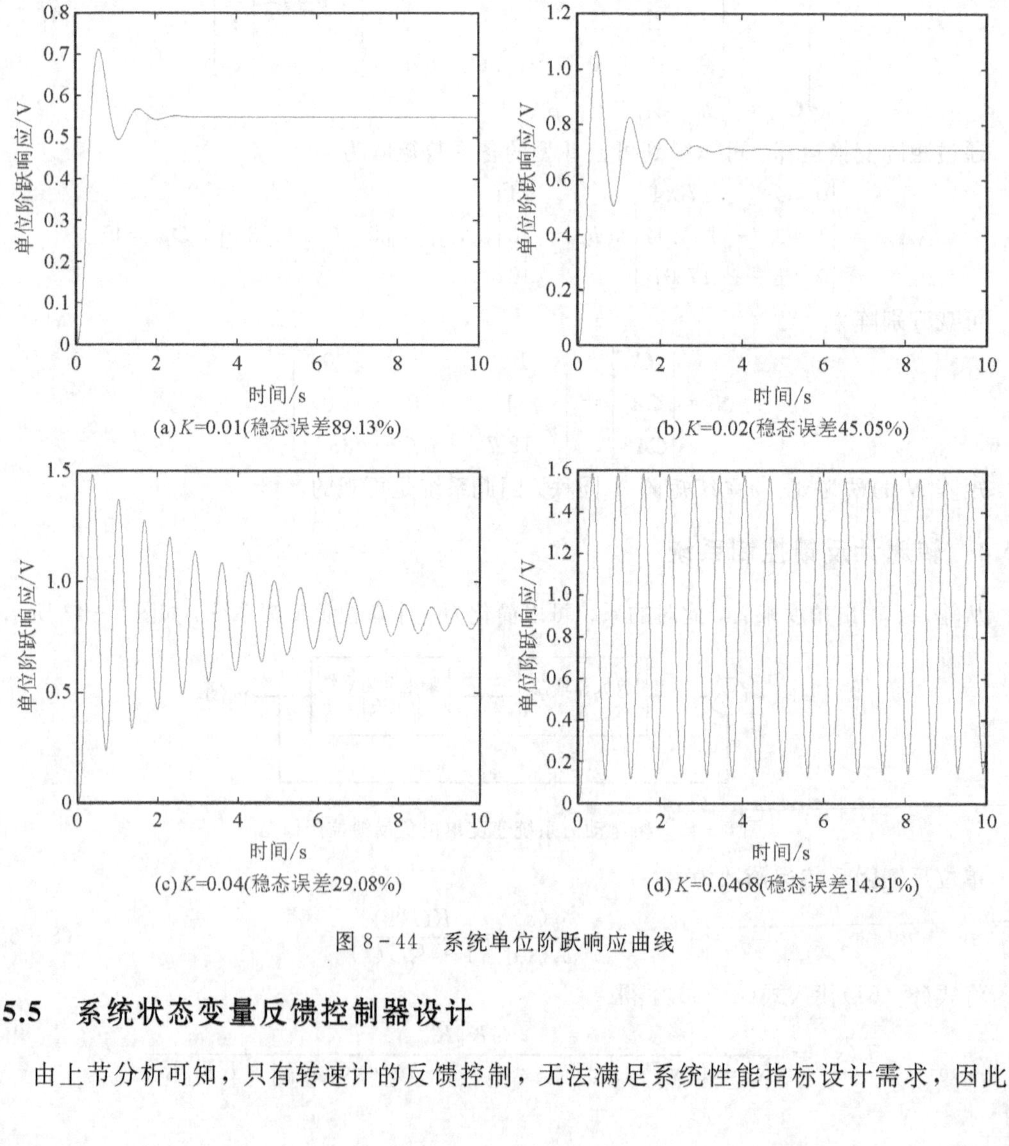

图 8－44　系统单位阶跃响应曲线

8.5.5　系统状态变量反馈控制器设计

由上节分析可知，只有转速计的反馈控制，无法满足系统性能指标设计需求，因此考虑为系统设计状态反馈控制。通过前面的分析可得，柴电动力系统完全可控、可观。因此假定三个状态变量均可作为反馈变量，将闭环系统的极点配置到合适的位置，使系统性能满足指标设计要求 2 和指标设计要求 3。不失一般性，我们在状态反馈控制中，先假设 $K=1$。设计状态反馈控制框图如图 8-45 所示。

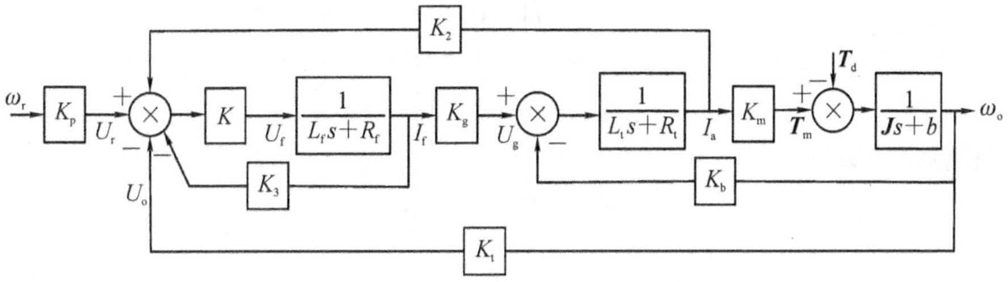

图 8-45　柴电动力系统状态反馈控制框图

以 $K=1$ 进行系统的状态变量反馈控制设计。

原开环系统的系统极点为 $-3.8350+3.5543i$、$-3.8350-3.5543i$、-10.0000。

根据指标 2：单位阶跃响应的超调量 P.O.$<10\%$，可计算得到阻尼 $\zeta>0.59$；

根据指标 3：单位阶跃响应的调节时间 $T_s<1$ s，可计算得到 $\zeta\omega_n>4$。

取闭环状态反馈控制系统极点位置分别为 $-4.0000+3.0000i$、$-4.0000-3.0000i$、$-50.0000+0.0000i$，此时，系统配置矩阵，即三个状态变量的反馈系数 K_1、K_2、K_3 为

$$\boldsymbol{K}=[-0.0041\quad 0.0035\quad 4.033]$$

配置后的系统矩阵为

$$\boldsymbol{AP}=\begin{bmatrix}-1 & 10 & 0\\ -2.067 & -6.67 & 333.3\\ 0.0413 & -0.0349 & -50.33\end{bmatrix},\ \boldsymbol{BP}=\begin{bmatrix}0\\0\\10\end{bmatrix},\ \boldsymbol{CP}=[1\quad 0\quad 0],\ \boldsymbol{DP}=\boldsymbol{0}$$

可得到如图 8-46 所示的状态反馈控制系统单位阶跃响应，此时系统稳态跟踪误差为 1.76%，系统超调量为 1.51%，调节时间为 0.7726，均满足系统设计指标要求。

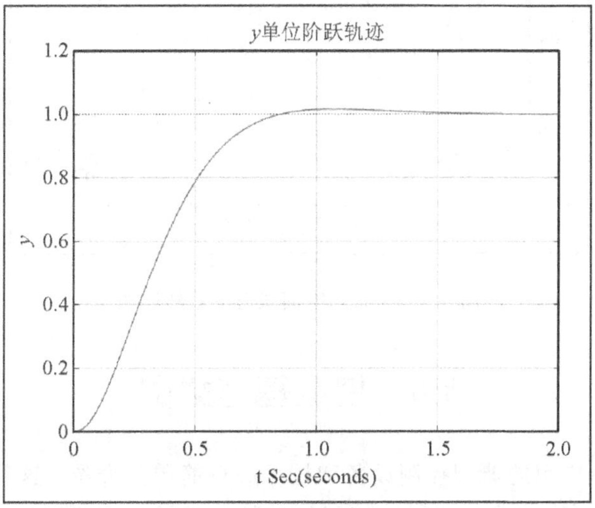

图 8-46　状态反馈控制系统单位阶跃响应曲线

8.5.6 状态反馈控制系统稳定性分析

我们再来分析这个系统的稳定性。很明显 $\boldsymbol{X}_e=0$ 为系统唯一平衡点，用李雅普诺夫方程判断其稳定性。令

$$\boldsymbol{Q}=\begin{bmatrix}1 & 0 & 0\\ 0 & 1 & 0\\ 0 & 0 & 1\end{bmatrix}$$

可求解李雅普诺夫方程

$$\boldsymbol{AP}+\boldsymbol{PA}^{\mathrm{T}}=-\boldsymbol{Q}$$

得到

$$\boldsymbol{P}=\begin{bmatrix}0.1914 & 0.1699 & 1.0320\\ 0.1699 & 0.3190 & 2.0382\\ 1.0320 & 2.0382 & 13.5077\end{bmatrix}$$

$\boldsymbol{P}$ 的各阶主子行列式分别为

$$P_1=0.1914>0,\ P_2=0.0322>0,\ P_3=0.0147>0$$

所以 $\boldsymbol{P}$ 为正定，我们所建立的柴电动力系统状态反馈控制系统在原点处平衡状态是渐近稳定的。

根据李雅普诺夫渐近稳定的定义，给定初值 $\boldsymbol{X}_0=[0.15,\ 0.15,\ 0.15]^{\mathrm{T}}$，利用 MATLAB 程序画出三个状态变量的收敛轨迹图，如图 8-47 所示。可以看到，当 $t\to\infty$ 时，三维系统空间状态轨迹趋于平衡状态原点处，与理论分析一致。

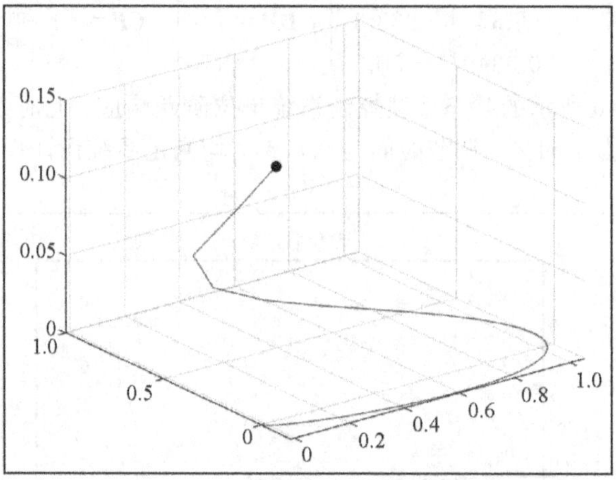

图 8-47　状态空间状态变量轨迹图

8.6 控制基础案例

本节对机械行业应用的典型控制设备和技术进行简单的介绍。这些工程机械都是基于强大的计算机软硬件资源支持，以满足工程机械任务目标的不确定性、控制目标的多样化

等，而这些都离不开控制理论与技术。

8.6.1 工程机械世界之最

1. 世界上最大的挖掘机——TEREX/O&K RH400 正铲挖掘机

如图 8-48 所示，RH400 操作重量为 980 t，发动机输出功率达 3280 kW，正铲能容纳 85 t 的矿物，它在加拿大油砂矿创造了液压正铲新的世界纪录，在性能测试时大大超过 9000 t/h，平均产量超过 5500 t/h，对于超大型的卡车例如 CAT 797B 等，3～5 铲即可装满。RH400 挖掘机可配备柴油发动机或电机驱动装置。

图 8-48　TEREX/O&K RH400 正铲挖掘机

2. 全球最大的卡车

由白俄罗斯唐卡公司设计的别拉斯 75710 矿用自卸卡车，如图 8-49 所示。它的长度达到了 20.6 m，高度也将近 10 m 左右，车子自身的重量达到 360 t，牵引力相当于 300 辆福特福克斯的汽车，或者是 37 辆双层公共汽车的总和。这款车的最大核载为 450 t，就算与

图 8-49　别拉斯卡车

载货飞机相比，这辆卡车的载重量也是毫不逊色。别拉斯 75710 矿用自卸车有 8 个巨型轮胎，发动机最大输出功率为 4600 马力，虽然十分庞大，但是却十分灵活，满载时最高速度可达到 64 km/h。另外，别拉斯 75710 卡车的油箱达到 5600 L，加满一箱油就需要 3 万元左右，100 km 消耗 1300 L 油。既能适应零下 50℃的低温，而且也能在 50℃的高温环境下工作。

3. 全球最大的起重机

中国制造的骄傲——徐工 XGC88000 履带起重机是全球最大的起重机。徐工 4000 t 级履带起重机 XGC88000 采用大跨距前后履带车＋组合臂＋组合回转装置的设计，以最可靠的布局确保了大起重量和大力矩的实现，如图 8－50 所示。

图 8－50　徐工 XGC88000 起重机

该起重机是目前国际上最先进的起重设备，最大起重单位达到 3200 t，是迄今为止起重能力最大的移动式起重机，目前在全球范围内实际应用不超过 10 台。

4. 世界海拔最高混凝土搅拌站

世界海拔最高的搅拌站由三一重工在西藏那曲建成。此套搅拌站的建成填补了三一重工在国内高海拔地区的销售空白，十八天的建设速度，也刷新了三一重工建站的纪录。

西藏那曲属高原亚寒带季风气候区，这里海拔为 4500 m 以上，冬季长达半年，昼夜温差大，全年无绝对无霜期。中铁建工集团在这里安装搅拌站，建设青藏铁路物流中心。

恶劣的自然条件对搅拌站安装的要求极高。三一重工搅拌站的高原特色保证了高海拔、高寒地区的搅拌站正常打料。首先，搅拌站的外包装采用 100 mm 厚彩钢夹芯板(一般 50 mm)，保温保暖；其次，搅拌站配置了两套空压机、两套储气罐供气；由于青藏高原日照时间长，紫外线浓度高，早晚温差大，一般的管道容易脆化，三一重工特别选用进口高配置气管和管接头，从而保证了供液管路抗高压、防腐、防酸碱。

建成后的那曲物流中心，是西藏最大的物资转运基地，成为国内一流水平的物流中心，也是目前世界海拔最高最大的现代化物流中心。它的建成有利于进一步挖掘青藏铁路的巨大潜力，充分利用青藏铁路运营后形成的人流、物流、资金流、信息流，最大限度地发挥青藏铁路的辐射作用。

目前三一重工搅拌站运行稳定，承担着西藏那曲物流中心所有的混凝土的生产。同时三一重工的 3 台泵车也承担着大部分混凝土浇筑任务，在雪域高原默默地发挥着它们应有的作用。

5. 世界上最大的混凝土泵车

2011 年日本海啸引发的福岛核电站泄漏震惊世界，引起了各国广泛的关注。日本政府要求展开快速行动的救援工作。2011 年 4 月 8 日，两辆由普茨迈斯特公司制造的世界上最大混凝土泵车分别从美国亚特兰大机场和洛杉矶机场装运，前往日本参与福岛第一核电站抢修。

普茨迈斯特 M70－5 泵车，伸展高度达到 70 米，该泵车大幅提高了混凝土施工的覆盖范围，配备了大容量双活塞泵，最大排量可达到 200 m^3/h。由于其大排量、长臂架的特点，非常适合大型工地使用，是目前唯一在世界各地实际中使用的超长臂架的泵车。

该泵车配备了 EOC(人性化排量控制系统)，该系统可根据排量要求，自动调节发动机转速，有效降低柴油消耗。当需要提高或降低发动机转速时，可通过无线遥控器调节，在泵送时节约柴油消耗，减少磨损，降低噪声。

与传统的液压控制方式不同，M70－5 泵车上配置的 EPS(人性化泵送系统)完全是电控系统。这种先进的控制系统只用了很少的部件，优化整个泵送过程，并有效提高了泵送效率。实践证明，该系统能使 S 换向阀换向更平稳，磨损更少，油耗也更低。

遥控器和电控箱上的 EGD(人性化图形显示系统)使得泵车操作人员(或服务工程师)可以非常方便地了解机器的工作信息。显示的参数包括液压油温度、压力、冲程时间、发动机转速、输出压力/设定限值、排量/设定限值和泵送时间等。

通过这些，我们也可以知道混凝土泵车在工程建设以及其他方面，发挥着越来越重要的作用。

8.6.2 世界上最大的发电机

发电机是将其他形式的能源转换成电能的机械设备，它由水轮机、汽轮机、柴油机或其他动力机械驱动，将水流、气流、燃料燃烧或原子核裂变产生的能量转化为机械能传给发电机，再由发电机转换为电能。发电机在工农业生产、国防、科技及日常生活中有广泛的用途。

1. 世界单机容量最大的水轮发电机组

2011 年 11 月 12 日，世界单机容量最大的水轮发电机组——金沙江向家坝水电站 1 号机组转子顺利吊装就位，进入总装环节。这是中国三峡集团金沙江流域水电开发项目中的首台投产发电的机组，该电站 1 号机组转子直径达 18.97 m，整体起吊重量超过 2100 t，单机容量达 80 万千瓦，是世界上单机容量最大的水轮发电机组。

2. 世界最大单机容量核能发电机

2013 年 8 月 24 日，世界最大单机容量核能发电机——台山核电站 1 号 1750 MW 核能发电机，由中国东方电气集团东方电机有限公司完成制造，并从四川德阳市顺利发运。台山核电站是我国首座、世界第三座采用EPR三代核电技术建设的大型商用核电站，是中法两国在核能领域的最大合作项目。东方电机为台山核电站提供首期全部两台核能发电机，单机容量高达1750 MW，是东方电机迄今为止制造的技术难度最高、结构最复杂、体积最大、最重的核能发电机。

3. 世界最大海浪发电机组

世界上最大海浪发电机组是一台2013年建成的波浪发电机，名为Oyster(牡蛎)。该电厂位于北爱尔兰的斯特兰福德湾海域，这座巨型潮汐涡轮机的发电量达120万瓦，是目前全世界规模最大的一个潮汐涡轮机，发电量超过任何潮汐涡轮机4倍，满足附近1140户居民的用电需求。

4. 世界最大风力发电机组

如图8-51所示，在中国，一部5 MW的风力发电机可以不消耗任何燃料，从空气中最终获取超过4亿人民币的电能。SL5000称为海上巨无霸，它的机舱上可以起降直升机，它的风轮高度超过40层楼。

图8-51　SL5000风电机组

8.6.3　PLC控制音乐喷泉

音乐喷泉是把现代控制技术应用于人工喷泉，是在程序控制喷泉的基础上加入了音乐控制系统，通过音乐控制喷泉的水形及灯光的变化，从而达到喷泉水型、灯光及色彩的变化与音乐情绪的完美结合，使喷泉表演生动且富有内涵。

目前音乐喷泉最常采用的控制方式为实时控制，即对音乐的主要音素进行实时跟踪采集、分解处理并转换成模拟量或数字量信号，用以控制水泵的运行组合和转速变化，或用以控制液压伺服阀或电动调节阀的运行组合和开启度，同时相应控制灯光的组合变化。这种控制方式不必对音乐预先进行编辑处理，所以对任何新版音乐文件甚至现场即兴演奏都可响应，形成声、光、水、色交融的美景，灯光、音响、水景统一的立体效果。

随着科学技术突飞猛进的发展，可编程控制器和变频调速器技术正大步走进喷泉控制领域，发挥着不可替代的作用。利用小型 PLC 结合变频器的音乐喷泉控制系统，可以实现喷泉彩灯、水泵的多点控制，简单的接线和编程即可完成水形灯光完美地伴随音乐节奏和情感，适合追求时尚的家居生活和娱乐场所等场合。

8.6.4　变频器的应用

变频器(Variable-Frequency Drive，VFD)是应用变频技术与微电子技术，通过改变电机工作电源频率方式来控制交流电动机的电力控制设备。随着工业自动化程度的不断提高，变频器也得到了非常广泛的应用。

变频器主要由整流(交流变直流)、滤波、逆变(直流变交流)、制动单元、驱动单元、检测单元、微处理单元等组成。变频器靠内部绝缘栅双极型晶体管(Insulated Gate Bipolar Transistor，IGBT)的开断来调整输出电源的电压和频率，根据电机的实际需要来提供其所需要的电源电压，进而达到节能、调速的目的。另外，变频器还有很多的保护功能，如过流、过压、过载保护等。变频器的主要功能和作用如下：

(1) 变频节能。变频节能主要表现在风机、泵类的应用上。风机、泵类负载采用变频调速后，节电率为 20%～60%，这是因为风机、泵类负载的实际消耗功率基本与转速的三次方成比例。当用户需要的平均流量较小时，风机、泵类采用变频调速使其转速降低，节能效果非常明显。而传统的风机、泵类采用挡板和阀门进行流量调节，电动机转速基本不变，耗电功率变化不大。据统计，风机、泵类电动机用电量占全国用电量的 31%，占工业用电量的 50%。在此类负载上使用变频调速装置具有非常重要的意义。目前，应用较成功的有恒压供水、各类风机、中央空调和液压泵的变频调速。

(2) 在自动化系统中应用。由于变频器内置 32 位或 16 位的微处理器，具有多种算术逻辑运算和智能控制功能，输出频率精度为 0.1%～0.01%，且设置有完善的检测、保护环节，因此在自动化系统中获得广泛应用。例如：化纤工业中的卷绕、拉伸、计量、导丝；玻璃工业中的平板玻璃退火炉、玻璃窑搅拌、拉边机、制瓶机；电弧炉自动加料、配料系统以及电梯的智能控制等。

(3) 在提高工艺水平和产品质量方面的应用。变频器还可以广泛应用于传送、起重、挤压和机床等各种机械设备控制领域，它可以提高工艺水平和产品质量，减少设备的冲击和噪声，延长设备的使用寿命。采用变频调速控制后，使机械系统简化，操作和控制更加方便，有的甚至可以改变原有的工艺规范，从而提高了整个设备的功能。例如，纺织和许多行业用的定型机，机内温度是靠改变送入热风的多少来调节的。输送热风通常用的是循环风机，由于风机速度不变，因而送入热风的多少只有用风门来调节。如果风门调节失灵或调节不当就会造成定型机失控，从而影响产品质量。循环风机高速启动，传动带与轴承之间磨损也非常严重，使传动带变成了一种易耗品。在采用变频调速后，温度调节可以通过变频器自动调节风机的速度来实现，解决了产品质量问题。此外，变频器能够很方便地实现风机在低频、低速下启动，并减少了传动带与轴承之间的磨损，还可以延长设备的使用寿命，同时可以节能 40%。

(4) 实现电机软启动。电机硬启动不仅会对电网造成严重的冲击，而且对电网容量要求过高，启动时产生的大电流和震动对挡板和阀门的损害极大，对设备、管路的使用寿命极为不利。而使用变频器后，变频器的软启动功能将使启动电流从零开始变化，最大值也不超过额定电流，减轻了对电网的冲击和对供电容量的要求，延长了设备和阀门的使用寿命，同时也节省设备的维护费用。

随着IT技术的迅速普及，变频器相关技术发展迅速，未来发展的主要方面如下：

(1) 网络智能化。智能化的变频器使用时不必设定很多参数，本身具备故障自诊断功能，具有高稳定性、高可靠性及实用性。利用互联网可以实现多台变频器联动，甚至是以工厂为单位的变频器综合管理控制系统。

(2) 专门化和一体化。变频器的制造专门化，可以使变频器在某一领域的性能更强，如风机、水泵用变频器，电梯专用变频器，起重机械专用变频器，张力控制专用变频器等。除此以外，变频器有与电动机一体化的趋势，使变频器成为电动机的一部分，可以使体积更小，控制更方便。

(3) 节能环保无公害。保护环境，制造“绿色”产品是人类的新理念。电力拖动装置应着重考虑节能、变频器能量转换过程的低公害，使变频器在使用过程中的噪声、电源谐波对电网的污染等问题减小到最低程度。

(4) 适应新能源。现在以太阳能和风力为能源的燃料电池以其低廉的价格崭露头角，有后来居上之势。这些发电设备的最大特点是容量小而分散，将来的变频器就要适应这样的新能源，既要高效，又要低耗。现在电力电子技术、微电子技术和现代控制技术以惊人的速度向前发展，变频调速传动技术也随之取得了日新月异的进步，这种进步集中体现在交流调速装置的大容量化、变频器的高性能化和多功能化、结构的小型化等方面。

8.6.5 神奇机械臂规划控制技术

北京航天飞行控制中心精确控制嫦娥三号巡视器舒展“玉兔之手”——机械臂(见图8-52)，对月壤成功进行了第一次元素成分科学探测分析。

“玉兔之手”位于“玉兔”号月球车正面的五星红旗图案下方，是一个“四肢三轴”的活动机构。肢，犹如人的手臂；轴，是肢的连接点，如同手臂的关节。机械臂展开后，最里面的关节只能左右移动，中间的关节和末端的关节只能上下移动，就像人的手臂和手掌绕关节运动一样。

“玉兔之手”是如何在地面控制下完成科学探测的呢？对机械臂的控制，主要依靠机械臂的遥操作控制技术。北京航天飞行控制中心总工程师周建亮介绍说，“我们综合考虑机械臂的构造特点和科学探测的各类约束条件，建立了精确的控制算法模型，研发了具有自主知识产权的机械臂遥操作控制系统，能够实现对机械臂毫米量级的精确控制。”由于活动维度限制和避障等因素的影响，要完成对一个目标点的探测，机械臂一次投放一般要经过十几步操作，而且每一步的投放角度都要经过极其精密的计算。

北京航天飞行控制中心轨道室控制组组长刘勇是机械臂遥操作控制技术的负责人。他结合自己多年轨道控制的经验，通过近一年的计算钻研，自主建立了机械臂规划控制正向求解算法、逆向求解算法和机械臂避障算法等三个算法模型，有效解决了机械臂精确控制和有效避障接近目标点的困难。“机械臂末端的 X 射线谱仪是一个高精度的科学探测仪。”刘勇说，“如果不能有效避障，机械臂移动时一旦碰触到本体或者探测目标就会对探测仪器造成损害。”

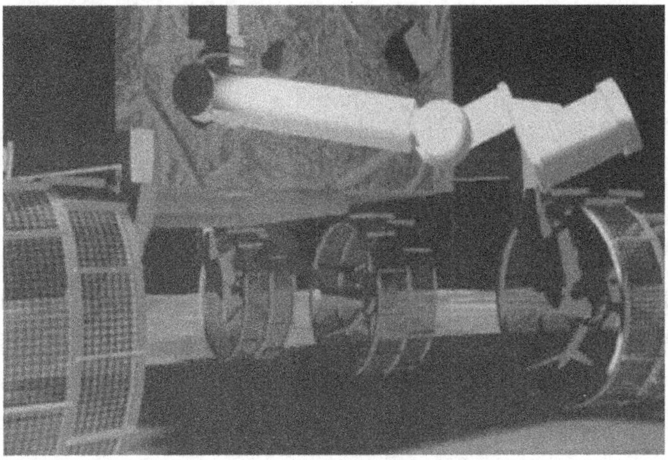

图 8-52　“玉兔之手”机械臂

在遥操作厅，刘勇和荣志飞协同配合现场演示了机械臂的整个遥操作控制流程。大屏幕上，纤细灵巧的“玉兔之手”在荣志飞的精确操控下缓缓舒展，精确避障，最终到达预定位置。据介绍，月壤探测只是月面工作段科学探测的一个开始，后续还有更多的科学探测任务要依赖“玉兔之手”。

开展月面探测，“玉兔”必须随时掌握三个问题：“我在哪？”“我要去哪？”和“我怎么去？”这需要一个精密的“大脑”。我国首套巡视探测系统担当了此项重任。

知道自己的位置，这是月球车实现能源供应和对地通信的根本。但月面环境具有低重力、弱磁场、真空和辐射等特点，在地球应用成熟的指南针、导航仪等手段都不可用，加之月球车有严苛的重量和功耗约束，其定位方式的选择更是难上加难。科技人员经过长期调研论证，走访了多家国内机器人和野外车辆研究院所，完成了上千次数学仿真，最终找到了适合月球车的导航定姿、定位方案，并确定了导航敏感器指标。

想知道“我要去哪”，要求月球车具备一双明亮的“眼睛”，让它能在陌生的月面看清周围的地形。中国航天科技集团公司五院(简称五院)研发了我国首套月球双目视觉在轨三维恢复系统。该系统拥有两个镜头，能把“看”到的二维地形信息经过处理运算后，变成三维坐标信息。尽管月面被尘土覆盖，纹理不清；太阳斜照，月面上阴影遍布，但在这双“眼睛”的帮助下，“玉兔”照样能准确地辨别障碍。

目的地确定了，怎么去？“玉兔”必须自己寻找一条安全的道路。科技人员找遍了国内外所有能查到的路径规划方法，逐一进行适用性研究和仿真验证，最终提出了自己的路径规划方法。但找到了路，还要具备准确沿路径行驶的能力。“玉兔”采用的是六轮摇臂式移动装置，六个轮子都能独立驱动，其中四个角轮可以转向，但除了自身运动能力外，还需考虑月面松软月壤下的轮土接触力学关系，减少滑移等现象。针对这些因素，科技人员设计了十多种运动控制律，经过千余次仿真验算，最终确定了协调的控制方法，实现了对规划路径的准确跟踪控制。

8.6.6 火星探测器“天问一号”

2021 年 5 月 15 日 7 时 18 分，实施我国首次火星探测任务的“天问一号”(见图 8-53)探测器稳稳降落在火星北半球的乌托邦平原。

“天问一号”探测器自 2020 年 7 月 23 日成功发射、精确入轨后，已按预定飞行程序在轨飞行了约 10 个月。自 2021 年 2 月 10 日成功环绕火星后，探测器相继完成了着陆区预探测、轨道维持、自检等关键飞行控制任务。

5 月 15 日凌晨 2 时许，“天问一号”在火星停泊轨道上进入着陆窗口，随后探测器实施降轨，环绕器与着陆巡视器开始两器分离，继而环绕器升轨返回停泊轨道，着陆巡视器运行到距离火星表面 125 km 高度的进入点，开始进入火星大气，并最终软着陆在火星表面。

与月球探测任务相比，火星探测不仅要面临最远 4 亿千米的遥远距离，而且火星环境与地球环境也有较大差异。火星大气稀薄，受季节、昼夜、火星风暴等影响非常不稳定；火星表面地形复杂，遍布岩石、斜坡、沟壑等障碍物；火星尘暴较地球更为严重。这些因素都给探测器着陆火星带来了极大困难，安全着陆风险非常高。要想平安稳定地降落到火星表面，首先要让高速奔驰的“天问一号”减速，“要保证在超音速、低密度、低动压的环境下打开降落伞。”五院“天问一号”探测器总体主任设计师王闯介绍说，由于火星大气非常稀薄，还要求探测器的气动外形具备高效的减速性能，需要更轻量化的防热材料。

图 8-53 火星探测器“天问一号”

除了减速设计，火星进入方案的选择也至关重要，甚至可以说决定“生死”。因为从开始踏上进入点的那一刻起，“天问一号”就迎来了此次探火星旅程中最为凶险、最为惊心动魄的“恐怖 9 分钟”。目前，人类火星探测任务成功率仅有五成左右，大部分失败都是折戟在“进入/下降/着陆”这一阶段。“这个过程需要融合气动外形、降落伞、发动机、多级减速、着陆反冲等多项技术才能实施软着陆。每个环节都必须确保精准无误，差一秒都可能造成整个任务的失败。”五院“天问一号”探测器总设计师孙泽洲说。

为此，“天问一号”探测器在火星停泊轨道上就对着陆区进行了详细预探测，获取了大量着陆区地形地貌的数据，并对火星尘暴发生的概率进行了评估；同时，探测器继承了嫦娥三号、四号、五号探测器成熟的悬停、避障技术，确保安全着陆。此外，我国还首次采用了基于配平翼的弹道-升力式进入方案，降低火星大气参数不确定性带来的着陆风险，提高探测器的适应能力。

据悉，“天问一号”探测器成功登陆火星后，我国第一辆火星车“祝融号”即将闪亮登场，开展火星表面巡视探测。

参考文献

[1] 卢伯英，佟明安. 现代控制工程[M]. 5 版. 北京：电子工业出版社，2017.
[2] 谢红卫，孙志强，等. 现代控制系统[M]. 12 版. 北京：电子工业出版社，2015.
[3] 王划一，杨西侠，林家恒. 现代控制理论基础[M]. 2 版. 北京：国防工业出版社，2015.
[4] 刘豹. 现代控制理论[M]. 3 版. 北京：机械工业出版社，2010.
[5] 郑大钟. 线性系统理论[M]. 2 版. 北京：清华大学出版社，2002.
[6] 史密斯. MATLAB 工程计算[M]. 北京：清华大学出版社，2008.
[7] 董慧敏. 电力电子技术[M]. 哈尔滨：哈尔滨工业大学出版社，2012.